Die Schmierung von Dampfturbinen

Von

Dr. techn. Dipl.-Ing. Karl Wolf

Gerichtl. beeid. Sachverständiger für Schmiertechnik, Wien

Mit 45 Abbildungen

Springer-Verlag

Berlin / Göttingen / Heidelberg

1951

ISBN-13: 978-3-540-01602-1   e-ISBN-13: 978-3-642-92566-5

DOI: 10.1007/978-3-642-92566-5

Meiner lieben Frau

Vorwort.

Der Verlauf der Tagung der Wirtschaftsgruppe Elektrizitätsversorgung in Stuttgart im Juni 1943, bei der ich als Leiter des Turbinenölgeschäftes der Rhenania-Ossag, Mineralölwerke AG., Hamburg, zur Teilnahme eingeladen war, veranlaßte mich, im Winter 1943/44 in den wichtigsten Industriezentren Deutschlands, Österreichs und der Tschechoslowakei einen Vortrag über „Die Praxis der Dampfturbinenschmierung" zu halten, um die neuesten Erfahrungen und Forschungsergebnisse auf diesem interessanten Gebiet der angewandten Schmiertechnik den Fachkreisen zugänglich zu machen.

In den sich stets an diesen Vorträgen anschließenden Diskussionen wurde von den Teilnehmern immer wieder angeregt und der Wunsch geäußert, meine nahezu 25 jährigen Erfahrungen und Forschungsergebnisse in einem Buch niederzulegen und so der Allgemeinheit zu übergeben.

Ich entschloß mich daher, mit Zustimmung meines Vorstandes, bereits im Jahre 1944 mit dieser Arbeit zu beginnen und aus der Praxis für die Praxis das gesamte Gebiet der Schmierung von Dampfturbinen umfassend zu behandeln. Darin verwertete ich auch alle Anregungen, die ich als schmiertechnischer Berater und Mitarbeiter der Reichsstelle für Mineralöl, Berlin, der Wirtschaftsgruppe Elektrizitätsversorgung (WEV), Berlin, des Arbeitsausschusses Dampfturbinen, Prof. Dr. techn. h. c. Dr.-Ing. E. A. KRAFT und des Arbeitsausschusses Wasser-Turbinen Prof. Dr.-Ing. FABRITZ, des Sonderausschusses Kraftmaschinen im Hauptausschuß Maschinen, Berlin, sowie als schmiertechnischer Berater sämtlicher Turbinen-Fabriken Deutschlands, Österreichs, der Tschechoslowakei und der Schweiz und der meisten Großkraftwerke Deutschlands und Österreichs erhielt.

Mein Entschluß, alle Fragen der Dampfturbinenschmierung in einem Buche zu behandeln, wurde nicht nur durch die mir zugekommenen Aufforderungen, sondern auch durch die Erkenntnis gefördert, damit dieses Gebiet erstmalig geschlossen zu erfassen und dadurch gleichzeitig eine in der Praxis stark empfundene Lücke in der Fachliteratur zu schließen.

Es ist mir eine angenehme Pflicht, an dieser Stelle allen meinen Mitarbeitern, insbesonders Herrn Dr. F. EVERS — der in langjähriger Zusammenarbeit mit mir die chemische Seite so manchen Schmierungsproblems an Dampfturbinen löste — und allen Geschäftsfreunden, für die mir zugekommenen Anregungen und Ratschläge, sowie meiner Firma, deren turbinentechnische Abteilung ich von 1939 bis 1946 leitete, und den Maschinenfabriken für die Überlassung zahlreicher Unterlagen, meinen besten Dank auszusprechen. Nicht zuletzt danke ich meiner Frau für ihre Unterstützung beim Lesen der Korrekturen.

Einer Berufung auf ein neues Arbeitsgebiet folgend, übergebe ich nunmehr diese Arbeit der Öffentlichkeit und hoffe, damit nicht nur meinen Dank der Technik und Wissenschaft abzustatten, sondern auch meinen Beitrag zur Weiterentwicklung geleistet und Anregungen zu neuem Forschen und Fortschritt auf diesem Spezialgebiet gegeben zu haben. Möge dieses Buch ein treuer Berater sowohl aller mit der Konstruktion, Montage und mit dem Betrieb der Dampfturbinen befaßten Ingenieure als auch der mit der Dampfturbinenöl-Untersuchung betrauten Chemiker sein.

Salzburg, im Juni 1950.

K. WOLF.

Inhaltsverzeichnis.

I. Einleitung.

Die Bedeutung der Schmierung, vor allem eines einwandfreien Schmieröles für Dampfturbinen veranlaßte in Deutschland im Jahre 1921 die Vereinigung der Elektrizitätswerke (VDEW) zur Herausgabe der „Lieferbedingungen für Dampfturbinenöle". Es ist das Verdienst Direktors Dipl.-Ing. PH. REUTER, als Vorsitzender des Maschinentechnischen Ausschusses der VDEW im Mai 1922 auf der Rothenburger Tagung nicht nur eine Neubearbeitung dieser „Lieferbedingungen für Dampfturbinenöle" gemeinsam mit der Ölindustrie, der Wissenschaft und dem Verein Deutscher Eisenhüttenleute (VDEh) angeregt, sondern auch eine grundlegende Gemeinschaftsarbeit veranlaßt zu haben, die 1927 zur Veröffentlichung der „Dauerversuche über die Alterung von Dampfturbinenölen im Betrieb" von Dr. BAADER, Dr. BAUM und HANA führte.

Diese „Dauerversuche" [1][1] lassen erstmalig die Zusammenhänge zwischen den chemisch-analytischen Untersuchungen und den Anforderungen an das Dampfturbinenöl im Betrieb sowie die Brauchbarkeit der analytischen Methoden zur Beurteilung von Dampfturbinen-Gebrauchsölen erkennen. Diese Versuche zeigten auch die Notwendigkeit, dem Laborbefund des Chemikers einen turbinentechnischen Befund des Maschineningenieurs nicht gegenüber, sondern an die Seite zu stellen, um ein klares, einwandfreies Bild über das Verhalten des Schmieröles in der Turbine und den Schmierungszustand der Dampfturbinen zu erhalten.

Diese klassische Arbeit auf diesem Gebiete führte im Jahre 1929 zur Herausgabe der ersten Auflage von „Die Ölbewirtschaftung", worin Vorschriften für Neu- und Gebrauchsöle enthalten waren. Dieser folgte im Jahre 1937 von der Wirtschaftsgruppe Elektrizitätsversorgung (WEV) — als Rechtsnachfolgerin der VDEW — herausgegebene „Ölbewirtschaftung — Betriebsanweisung für Prüfung, Überwachung und Pflege der im elektrischen Betrieb verwendeten Öle". Diese „Ölbewirtschaftung" [2] wurde in Zusammenarbeit mit dem Verein Deutscher Eisenhüttenleute (VDEh) und dem Verband Deutscher Elektrotechniker (VDE) unter Beiziehung der Turbinenölerzeuger und Großverbraucher herausgegeben und enthält Richtlinien für Dampfturbinen-Neu- und -Gebrauchsöle. Die von der WEV darin gegebene Betriebsanweisung hat in

---

[1] Die in eckigen Klammern stehenden Ziffern beziehen sich auf das am Schluß des Buches gebrachte Literaturverzeichnis.

Deutschland und Österreich Geltung. Nahezu sämtliche Dampfturbinenhersteller haben sich in ihren Vorschriften für Dampfturbinenöl an die „Ölbewirtschaftung" angelehnt, so daß man von den „WEV-Vorschriften" praktisch nahezu als „Norm" sprechen kann.

Dank der „Ölbewirtschaftung" haben sich außer den Großkraftwerken — die vielfach eigene Ölchemiker zur Überwachung der im Betriebe verwendeten Öle angestellt haben — auch kleinere Kraftzentralen entschlossen, der Prüfung und Pflege der Dampfturbinenöle besondere Aufmerksamkeit zu schenken. Der technische Dienst der führenden Dampfturbinenöl-Herstellerfirmen führt ebenfalls eine Überwachung der Dampfturbinenschmierung und Untersuchung der Umlauföle durch.

Im Dezember 1944 hat in Deutschland die Reichsstelle für Mineralöl mit Merkblatt 7 „Dampfturbinenöl" Richtlinien für die Bewirtschaftung und sparsame Verwendung dieses höchstwertigen Schmierstoffes herausgegeben. Diesem Merkblatt wurden zum Teil die „Ölbewirtschaftung", zum Teil neuere Erkenntnisse auf dem Gebiete der Dampfturbinenschmierung zugrunde gelegt.

In den letzten zwei Jahrzehnten ist die *Entwicklung des Dampfturbinenbaues* durch die Erhöhung der zur Anwendung gelangenden Dampftemperaturen und Dampfdrücke und Senkung des Enddruckes, somit Vergrößerung des Wärmegefälles, sowie Steigerung der Leistung und Drehzahlen gekennzeichnet. Dampftemperaturen von 500 bis 525 ° C und Dampfdrücke von 100 bis 150 atü werden wiederholt im Dampfturbinenbau angewendet. Die Höchstdruckdampfturbinen stellen nicht nur an die Turbinenbaustoffe, sondern auch an das zur Verwendung gelangende Dampfturbinenöl wesentlich erhöhte Anforderungen, da im allgemeinen mit stärkerer thermischer Beanspruchung desselben zu rechnen ist, wenn nicht konstruktiv entsprechende Vorkehrungen getroffen werden. Zur Forderung nach unbedingter Betriebssicherheit, der bei Höchstdruckdampfturbinen besondere Bedeutung zukommt und im hohen Maße von dem zur Verwendung gelangenden Schmieröl abhängig ist, kommt als zweiter Faktor die Wirtschaftlichkeit des Turbinenbetriebes, die ebenfalls von der richtigen Schmierung in starkem Maße beeinflußt wird.

Die *richtige Schmierung* [3], [4] einer Maschine wird durch vollkommene Flüssigkeitsreibung unter allen Betriebsverhältnissen bei geringstem Schmierstoffverbrauch erzielt. Diese allein gewährleistet Betriebssicherheit und Wirtschaftlichkeit des Turbinenbetriebes. Die Wirtschaftlichkeit des Turbinenbetriebes wird, soweit es die Schmierung betrifft, nur zum geringsten Teil durch die Schmierölkosten, dagegen vielmehr durch die *Schmierungskosten* beeinflußt. Beide Begriffe dürfen einander nicht gleichgesetzt werden, denn die Schmierungskosten setzen sich wie folgt zusammen [5]:

Schmierölkosten,

Reparaturkosten infolge unrichtiger Schmierung,

Überholungskosten,

Kosten der außerordentlichen Betriebsstillstände und somit der Produktionsstörungen,

Erhaltungskosten, Verkürzung der Lebensdauer infolge unrichtiger Schmierung,

Amortisationsquote,

Entwertung durch übermäßige Abnützung und Defekte infolge unrichtiger Schmierung;

hierzu kommen bei Dampfturbinen noch zusätzlich:

Reinigungskosten des Schmier- und Regelsystems.

Betriebssicherheit und Wirtschaftlichkeit werden von der neuzeitlichen Dampfturbine gefordert. Dieses Ziel ist aber nur durch richtige Schmierung bei geringsten Schmierungskosten erreichbar.

Sowohl Dampfturbinenölerzeuger als auch Turbinenhersteller müssen ihren Beitrag für die richtige Schmierung der Dampfturbinen und damit für die Betriebssicherheit und Wirtschaftlichkeit leisten. Die gleiche Forderung ist aber auch an den Betrieb zu stellen, der durch Einhaltung der Schmierungsvorschriften, durch sachgemäße Pflege des Umlauföles und schmiertechnische Überwachung der Dampfturbinen seinen Beitrag im Interesse der Energie- und Schmierölversorgung zu leisten hat. Nachstehende Ausführungen sind daher für den Betriebsingenieur und Dampfturbinenkonstrukteur von gleicher Bedeutung.

II. Das Dampfturbinenöl.

1. Entstehung, Vorkommen, Gewinnung und Verarbeitung des Erdöles unter besonderer Berücksichtigung des Dampfturbinenöles.

Das Erdöl ist das Ausgangsmaterial für die Herstellung von Dampfturbinenöl.

Über die *Entstehung von Erdöl* sind im Laufe der Jahre viele Theorien aufgestellt worden. Die älteren Vorstellungen von MENDELEJEW und MOISSAN, wonach das Erdöl durch Einwirkung von Wasserdämpfen auf Eisenkarbid entstanden wäre, sind heute verlassen, weil sie unter anderem die optische Aktivität des Erdöles nicht zu erklären vermögen. Nach der Theorie von ENGLER-HÖFER, welche lange Zeit die größte Wahrscheinlichkeit für sich hatte, wurden Fette, insbesonders das Fett abgestorbener Seetiere als Ausgangsmaterial in Betracht gezogen. Diese Annahme schien durch Versuche von ENGLER gestützt zu werden, der durch Zersetzungsdestillation von Fischtran unter Druck bei 300 bis 400° C erdölähnliche Produkte gewonnen hatte. Neuerdings hat nun

TREIBS die interessante Feststellung gemacht, daß Erdöl kleine Mengen
von Chlorophylabkömmlingen und in geringen Mengen auch Hämin-
derivate enthält. Dies läßt auf ganz überwiegend pflanzliche Herkunft
des Erdöles und auf eine Bildungstemperatur von höchstens 250° C
schließen. Auch geologische Gründe sprechen gegen eine so hohe Bildungstemperatur, wie ENGLER sie angenommen hatte. Die größte Wahrscheinlichkeit besitzt heute die Theorie des Geologen H. POTONIÉ, wonach das
Ausgangsmaterial in dem fettreichen pflanzlichen und tierischen Mikro-
plankton abgeschlossener Seen zu suchen wäre, das im abgestorbenen
Zustand in großen Mengen zu Boden sinkt und sich dort unter Luft-
abschluß zu „Faulschlamm“ (Sapropelium) zersetzt. Daß erhebliche
Teile des Erdöles durch Einwirkung anaerober Bakterien aus Fettsäuren
entstanden sind, ist kaum zu bezweifeln. Für die Möglichkeit einer solchen
rein biologischen Bildung spricht auch das vereinzelte Vorkommen von
Grenzkohlenwasserstoffen in Pflanzen. Kleine Mengen höherer Paraffine
sind häufig in pflanzlichen Wachsen gefunden worden.

Während der langen Lagerung im Inneren der Erde in typischen
Sedimentgesteinen, Sanden, Sandstein, Kalkstein in einer Tiefe von
4000 m und mehr verwandelten sich die leichtflüssigen Bestandteile des
vorwiegend aus Kohlenwasserstoffen bestehenden Erdöles infolge der
großen Wärme in Gase, die das umgebende Gestein porös machten und
Hohlräume schufen. Weniger widerstandsfähige Deckschichten wurden
durchbrochen und die entstehenden Gase konnten entweichen. In einigen
Fällen trat auch das gesamte Erdöl infolge des hohen Gasdruckes durch
die Deckschichten und füllte tiefer gelegene Talmulden mit Öl an, das
sich unter Einwirkung des Luftsauerstoffes in Asphalt verwandelte.

Das *Vorkommen* des Erdöles ist, wie vieler anderer Rohstoffe, von
der Natur sehr unregelmäßig über die Erde verteilt. Am besten ist damit
der Kontinent Amerika bedacht, am schlechtesten Afrika und Australien.

Das Erdöl war schon im Altertum bekannt. Mit der Ausnützung begann man jedoch erst in der Mitte des vorigen Jahrhunderts. Nach Er-
findung der Petroleumlampe im Jahre 1857 begann man im Jahre 1859
mit der industriellen Auswertung des Erdöles in großem Umfange.

Die *Gewinnung* des Erdöles erfolgt meist durch Bohrungen. Wenn das
über dem Öl liegende Gas einen großen Druck ausübt, wird das Öl beim
Anbohren in gewaltigen Fontänen, „Springer“ genannt, herausgeschleu-
dert, die abgefangen und gedrosselt werden. Andernfalls wird es durch
Schöpf- und Pumpwerke gewonnen.

Das Erdöl, wie es aus dem Erdinnern zutage tritt, ist eine mehr oder
minder zähflüssige Masse mit hellgelber bis schwarzer Farbe und dem
kennzeichnenden petroleumartigen Geruch. Der Chemiker bezeichnet
das Erdöl als ein Gemisch verschieden hoch siedender Kohlenwasserstoffe.

Die *Verarbeitung* des Erdöles erfolgt durch trennende (fraktionierte) Destillation, wobei die Zerlegung nach Siedegrenzen und nach dem spezifischen Gewicht der Destillate vorgenommen wird.

Das aus den Bohrungen gewonnene Erdöl — auch Rohöl genannt — wird an der Gewinnungsstelle durch Absetzenlassen in großen Vorratsbehältern von den mechanischen Verunreinigungen, wie Sand und Wasser, befreit und durch die sogenannte Top-Destillation die leichter siedenden Bestandteile wie Benzin, Leuchtöl und Gasöl von dem übrigen Rohöl getrennt. Die Weiterverarbeitung und Veredelung der bei der Top-Destillation zurückbleibenden Bestandteile — des Rohölrückstandes — erfolgt meist erst in den Verbrauchsländern durch Destillation.

In der neuzeitlichen Destillationstechnik verwendet man an Stelle einer Blasendestillation — einer Batterie oft treppenförmig angeordneter hintereinander geschalteter, zylindrischer Blasen, „Walzenkessel" genannt — den Röhrenofen in Verbindung mit einer Rektifizierkolonne, die sogenannte Röhrendestillation (Pipe still), die einen ununterbrochenen Destillationsbetrieb ermöglicht.

In der Großtechnik unterscheidet man bei der Röhrendestillation zwischen Einstufen- oder Zweistufen-Anlagen (Abb. 1). Das Rohöl wird

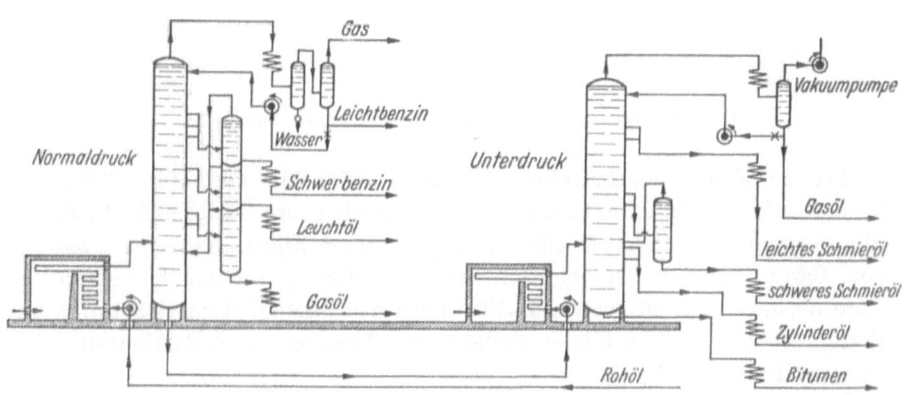

Abb. 1. Schema einer zweistufigen Vakuum-Destillation.

mit einem Druck von 4 bis 7 atü und einer Geschwindigkeit von 0,6 bis 2 m/sec dem Röhrenofen zugeführt. Die Röhrenöfen sind für Öl-, Gas- oder Kohlenfeuerung eingerichtet. Das erhitzte Rohöl tritt mit 1 bis 1,5 atü und einer Geschwindigkeit bis 50 m/sec in den Verdampfer oder direkt in die Fraktioniertürme (Rektifizierkolonnen), wo die Öldämpfe mit Wasserdampf vermischt werden und entspannen. Das Dampfgemisch nimmt seinen Weg durch Aufsteigen durch den Fraktionierturm, der im Innern durch Querböden unterteilt und mit überkappten Durchtrittsöffnungen ausgerüstet ist, wobei die Zerlegung in die verschiedenen Fraktionen erfolgt.

Abb. 1 zeigt die unter Normaldruck arbeitende erste Stufe — Top-Destillation —, aus welcher der Top- oder Rohölrückstand in den zweiten Röhrenofen gepumpt und in der zweiten Stufe, der Schmieröldestillation, unter Vakuum und gleichzeitigem Einblasen von Wasserdampf in die Schmierölfraktionen zerlegt wird. Der Rückstand der zweiten Stufe ist Bitumen, auch Asphalt genannt.

Die Schmieröl-Destillate sind nur im frischen Zustand von hellgelber Farbe, sie dunkeln rasch nach, da sie neben den stabilen Kohlenwasserstoffen lichtempfindliche und sauerstoffhaltige Anteile enthalten, die durch die Raffination entfernt werden müssen. Zweck der Raffination — der chemischen Reinigung — ist es, die Schmieröle von allen jenen Bestandteilen zu befreien, die eine rasche Veränderung des Öles im Gebrauch verursachen, somit die Haltbarkeit der Schmieröle zu erhöhen.

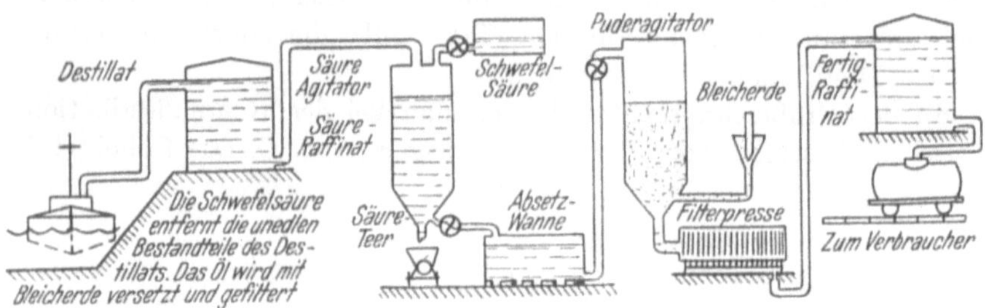

Abb. 2. Schmieröl-Raffination mit Schwefelsäure und Bleicherde.

Die in Abb. 2 dargestellte übliche Raffination zur Herstellung handelsüblicher Mineralschmieröle mit Schwefelsäure und Lauge bzw. Bleicherde genügt nicht für Öle mit hochwertigen Eigenschaften, wie sie von Dampfturbinenölen gefordert werden müssen, um den gestellten Anforderungen zu entsprechen. Für Dampfturbinenöl wird daher das Verfahren der „auswählenden (selektiven) Lösungsmittel-Raffination" angewendet.

Die selektiven Lösungsmittel haben die Eigenschaft, die unbeständigen Kohlenwasserstoffe, die Harzkörper und Asphaltbildner aus dem Destillat herauszulösen, die beständigen, wertvollen Bestandteile aber ungelöst zu lassen. Nach erfolgter Durchmischung des Destillates mit dem Lösungsmittel im Mischer bilden sich zwei Schichten, die eine, welche aus dem Lösungsmittel mit dem gelösten Öl, die andere, welche aus dem ungelöst gebliebenen Öl besteht. Die Schichten werden getrennt, die Lösungsmittelmengen durch Abdestillieren zurückgewonnen und dem Verarbeitungsprozeß erneut zugeführt. Das so gewonnene Lösungsmittel-Raffinat ist nach erfolgter sorgfältiger Behandlung mit Bleicherde ein besonders hochwertiges Schmieröl, das als Öl von Sondergüte zu bezeichnen ist, wie es für Schmierung von Dampfturbinen benötigt wird.

Abb. 3 zeigt das Schema einer Lösungsmittel-Raffination, wie sie für die *Herstellung von Dampfturbinenölen* angewendet wird. Diese Lösungsmittel-Raffinate sind dadurch gekennzeichnet, daß sie außerordentlich widerstandsfähig gegen oxydierende Einflüsse sind und sich daher ganz besonders für die Schmierung von Dampfturbinen eignen, wo sich die Bildung von Oxydationsprodukten ungünstig auswirken kann und Schlamm- und Emulsionsbildung möglich ist.

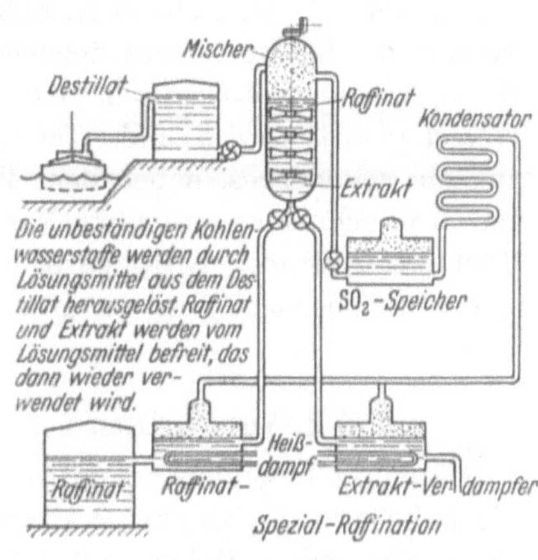

Abb. 3. Lösungsmittel-Raffination.

Von den verschiedenen Lösungsmittel-Raffinationsverfahren, die in der Praxis für die Herstellung von Sonderölen angewendet werden, seien folgende erwähnt: Das Edeleanu-

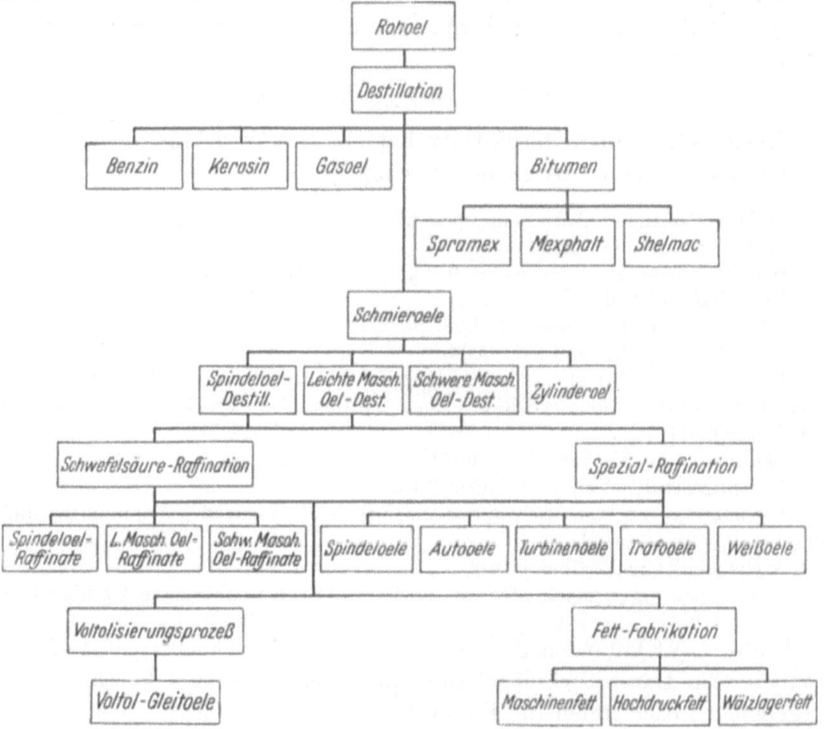

Abb. 4. Verarbeitungsgang des Rohöles.

Verfahren mit flüssigem Schwefeldioxyd als Lösungsmittel (Abb. 3); der Duo-Sol-Prozeß — ein Zweilösungsmittelverfahren — mit Propan und „Selekto", meist einem Kresolgemisch als Lösungsmittel; das SNP-Verfahren, das im Dreistufengegenstromverfahren mit wasserfreiem Kresol-Nitrobenzol-Gemisch arbeitet, wobei der Kresolextrakt mit Wasser gesättigt wird und zwei Raffinate, ein primäres, hochwertiges und ein sekundäres, neben dem Extrakt erhalten werden. Weitere in der Großtechnik angewendete Verfahren arbeiten mit Phenol, Chlorex (Dichloräthyläther), Nitrobenzol und Furfurol. Abb. 4 gibt ganz allgemein eine Übersicht über den gesamten Verarbeitungsgang des Rohöles.

2. Vorschriften für Dampfturbinen-Neuöl.

Durch die besonders hohen Anforderungen an das Dampfturbinenöl, wie hohe Schmierfähigkeit, Alterungs- und Oxydationsbeständigkeit, thermische Beständigkeit mit Rücksicht auf die Höchstdruckdampfturbinen und schließlich die Emulsionsfestigkeit, waren der Anlaß, speziell streng gehaltene Vorschriften für Dampfturbinen-Neuöle zu schaffen. An erster Stelle stehen die von der WEV herausgegebenen und in der „Ölbewirtschaftung"[2] enthaltenen Vorschriften für Dampfturbinen-Neuöl, die praktisch in Deutschland und Österreich zur Anwendung gelangen.

WEV-Vorschriften für Neuöl.

Nach WEV-Ölbewirtschaftung hat ein Dampfturbinen-Neuöl nachstehenden Bedingungen zu entsprechen:

Äußere Merkmale: Ausscheidungen bei +20° C unzulässig.
Feste Fremdstoffe: unzulässig.
Wasser, abgesetztes: höchstens 0,1%; gebundenes: unzulässig.
Reaktion: neutral.
Normal-Benzin-Unlösliches (Nbu): unzulässig.
Spez. Gewicht: nicht über 0,930.
Flammpunkt: Für alle Öle mit einer Zähflüssigkeit von 2,5 bis 3,4° E/50° C nicht unter 165° C, für alle Öle mit einer Zähflüssigkeit von 3,4 bis 7,0° E/50° C nicht unter 180° C.
Zähigkeit: 2,5 bis 7,0° E bei 50° C.
Verseifungszahl (Vz): nicht über 0,15.
Verhalten gegen konz. Schwefelsäure (Sk): nicht über 12% Volumenzunahme der konz. Schwefelsäure.
Aschegehalt: nicht über 0,010%.
Alterungsneigung: nach Alterungstest nach Dr. Baader keine Vz über 0,30.

Neben den WEV-Vorschriften sind die in DIN 6554 niedergelegten Vorschriften für Dampfturbinenöl zu nennen, die in den vom VDEh herausgegebenen „Richtlinien für Einkauf und Prüfung von Schmierstoffen", 8. Aufl. 1939, enthalten sind [6].

DIN 6554 Richtlinien für Schmierstoffe Dampfturbinenöl.

Bezeichnung von Dampfturbinenöl.
Raffinat, ungefettet (Ru): Dampfturbinenöl Ru DIN 6554.
Anweisung für den Gebrauch der Richtlinienblätter siehe DIN 6532.

Prüfung auf	Geforderte Eigenschaften[1]
Spezifisches Gewicht	nicht über 0,930
Zähigkeit (Viskosität) bei 50°	2,5 bis 7 E[2]
Flammpunkt für Öle mit Zähigkeit bei 50°	
von 2,5 bis 3,4 E	nicht unter 165°
über 3,4 bis 7,0 E	nicht unter 180°
Stockpunkt[3]	nicht über +5°
Neutralisationszahl[4]	nicht über 0,05
Verseifungszahl	nicht über 0,15
Wassergehalt	nicht über 0,1%
Aschegehalt	nicht über 0,01%
Hartasphalt	0
Fettölzusatz	nicht zulässig
Emulgierbarkeit	nicht zulässig[5]

Verwendung für Lager, Getriebe und Regler von Dampfturbinen und Kreiselverdichtern (Turboverdichtern).

Zusatz August 1938: Zuordnung zu DIN Vornorm 6511; Ru DIN 6554 Nr. 378, 2. Ausg. Febr. 1936. Fachnormenausschuß für Schmierstoffanforderungen.

Die Dampfturbinenöle sind somit wie kein zweites Schmieröl chemisch und physikalisch genauest beschrieben, so daß bei Einhaltung der Vorschriften seitens der Dampfturbinenölerzeuger Öle geliefert werden, die gütemäßig entsprechen, und es werden von Haus aus ungeeignete Öle von der Verwendung ausgeschlossen. Diese analytischen Vorschriften für Dampfturbinenöle beziehen sich auf maximal zulässige chemische und physikalische Grenzwerte, welchen ein Öl genügen muß.

---

[1] Neben den obengenannten Eigenschaften ist für die Beurteilung eines Dampfturbinenöles die Alterungsneigung von Bedeutung. Es besteht noch keine einheitliche Auffassung über Prüfverfahren und zahlenmäßige Erfassung der Alterungsneigung. Die Lieferbedingungen der Vereinigung der Elektrizitätswerke (VDEW) z. B. schreiben eine Prüfung dafür vor (s. „Die Ölbewirtschaftung", Betriebsanweisung für Prüfung, Überwachung und Pflege der Isolier- und Dampfturbinenöle. Berlin: Verlag Vereinigung der Elektrizitätswerke. 1930).

[2] Für Getriebeturbinen empfiehlt sich die Verwendung eines Öles mit einer Zähigkeit von über 4 E bei 50°.

[3] Für Schmierstellen und Ölleitungen, die sich im Freien befinden oder die gelegentlich tieferen Temperaturen ausgesetzt sind, empfiehlt es sich, vornehmlich im Winter Öle mit tieferem Stockpunkt oder mit entsprechendem Fließvermögen in der Kälte zu verwenden.

[4] Frei von ungebundener Mineralsäure und ungebundenem Alkali.

[5] Das Öl darf nur schwach emulgieren, d. h. es darf sich nach dem Prüfverfahren laut den Richtlinien für Einkauf und Prüfung von Schmiermitteln, 7. Aufl., S. 103, eine gemischte Schicht von nicht mehr als 2 mm bilden. Die Prüfung auf Emulgierbarkeit ist bei der Bestellung zu vereinbaren (über die Bedeutung der Emulgierbarkeit vgl. „Die Ölbewirtschaftung". 1930, S. 23). Prüfverfahren s. „Richtlinien für Einkauf und Prüfung von Schmiermitteln". 7. Aufl., S. 102—103 u. S. 122—123.

Innerhalb dieser Grenzen gibt es aber Spitzenprodukte, die als *Sonderöle* bezeichnet werden. Daß die analytischen Daten allein nicht von ausschlaggebender Bedeutung für die Wert- und gütemäßige Beurteilung eines Schmieröles sind, wie früher angenommen wurde, wird auch durch

DIN 6532 „Richtlinien für Schmierstoffe, Anweisung für den Gebrauch
der Richtlinienblätter"

bestätigt. Darin ist folgender Passus aufgenommen: „Innerhalb der angegebenen Zahlenbereiche bilden die gefundenen Prüfungsergebnisse allein, d. h. ohne praktische Erprobung, nicht in allen Fällen einen ausreichenden Maßstab für den Wert des Öles".

In den Österreichischen Normen für Schmieröle ist in den ÖNORM-Blättern in Ergänzung der physikalischen und chemischen Kennzeichen nachstehender Zusatz aufgenommen: „Innerhalb der angegebenen Zahlenbereiche bilden die gefundenen Prüfungsergebnisse allein ohne praktische Erprobung noch keinen Maßstab für den Wert des Öles, die angegebenen Zahlen sollen Erzeugnisse ausschließen, welche nach dem heutigen Stande der Technik ohne weitere Erprobung als ungeeignet anzusehen sind".

Diese Erkenntnisse der Fachkreise gewinnen mit Bezug auf die Ausführungen betreffend Sonderöle und im Hinblick auf die im allgemeinen zu erwartenden besonders hohen Beanspruchungen des Turbinenöles in Höchstdruckdampfturbinen außerordentlich an Bedeutung [7], [8].

Durch die strenge chemische und physikalische Beschreibung der Dampfturbinen-Neuöle in den beiden vorgenannten Vorschriften werden nach dem heutigen Stand der Schmiertechnik ungeeignete Öle von der Verwendung ausgeschlossen, denn bei Dampfturbinenölen, die diesen Vorschriften nicht entsprechen, ist nicht damit zu rechnen, daß sie den nachstehend kurz angeführten *schmiertechnischen Anforderungen* genügen.

Hohe Schmierfähigkeit,

Alterungs- und Oxydationsbeständigkeit,

Thermische Beständigkeit, mit Rücksicht auf die Höchstdruckturbinen, und schließlich Emulsionsfestigkeit.

Wenn es trotz dieser gütemäßigen Vorschriften für Dampfturbinenöle noch Turbinenbesitzer, Turbinenhersteller und Betriebsingenieure gibt, die bei Schwierigkeiten mit vorschriftsmäßigem Dampfturbinenöl dem verwendeten Turbinenöl die Schuld daran beimessen, so ist dies ein Zeichen dafür, daß die schmiertechnischen Erkenntnisse auf diesem Gebiet der angewandten Schmiertechnik noch nicht Allgemeingut des für die Betriebssicherheit und ständige Einsatzbereitschaft der Kraftzentralen verantwortlichen Ingenieurs sind.

Dieser und die folgenden Abschnitte sollen dazu beitragen, daß in Hinkunft grundlegende Fehler in der Beurteilung von Schmierungsproblemen an Dampfturbinen nicht mehr gemacht werden.

Die Dampfturbinenhersteller haben die Bedeutung der richtigen Schmierung der Dampfturbinen, vor allem der Höchstdruckturbinen erkannt und ihre bisherigen Vorschriften für Dampfturbinenöl seit 1940 ganz wesentlich verschärft, um sich gegen die Verwendung ungeeigneter Turbinenöle zu schützen.

Diese verschärften Vorschriften lehnen sich im allgemeinen an die WEV-Vorschriften für Neuöle und DIN 6554 stark an. Es wurde fast ausnahmslos die Prüfung der Neuöle auf Alterungsneigung nach WEV-Ölbewirtschaftung eingeführt und darauf hingewiesen, daß an Höchstdruckdampfturbinen die Verwendung nur erprobter, hochwertiger Spezial-Turbinenöle langjährig bewährter Marken empfehlenswert ist.

Unter diesen Turbinenölvorschriften nehmen die „BBC-Lieferungsbedingungen für Schmieröle für Dampfturbinen" durch den besonders strengen Alterungstest nach Dr. STÄGER eine Sonderstellung ein. Es sei auch an dieser Stelle festgehalten, daß in den Vorschriften für AEG-Dampfturbinen die Viskosität für Getriebeturbinenöl auf 4,5 bis 5,0° E/50° C herabgesetzt wurde [9]. Ferner sei auf Dampfturbinenölvorschriften von MAN [10] und WUMAG [11] hingewiesen und mitgeteilt, daß in keinen Vorschriften die Viskosität von 5° E/50° C überschritten wird.

3. Künstliche Alterung von Dampfturbinen-Neuöl (Alterungsneigung).

Die Alterungsneigung ist die Eigenschaft der Dampfturbinenöle, während des Gebrauches im Schmier- und Regelsystem Alterungsstoffe und den „Turbinenschlamm" zu bilden, die eine Weiterverwendung unmöglich machen. Sie wird durch die künstliche Alterung der Dampfturbinenöle bestimmt. Die beiden in Deutschland, Österreich und der Schweiz gebräuchlichen Methoden seien hier mitgeteilt.

BAADER-*Test* [12], [13].

Die Methode sei hier nur im Prinzip angedeutet. Die Einhaltung bestimmter, bei der Herstellerfirma der Apparatur niedergelegter Festlegungen über Abmessungen und Beschaffenheit der zu verwendenden Glas- und Metallsorten ist zur Erzielung vergleichbarer Ergebnisse notwendig: 60 cm³ Öl werden in Reagensgläsern von bestimmten Abmessungen 48 Stunden ununterbrochen auf 95° C erhitzt, wobei eine an einem Glasrührer befestigte Spule aus Glas oder Metall mittels eines Rührwerkes 25mal pro Minute in das Öl taucht, um die erforderliche

Durchmischung mit Luft und Berührung aller Ölteilchen mit dem Metall zu bewirken. Die Metallspulen werden nach der Gebrauchsanweisung vom Prüfer selbst hergestellt und nur einmal verwendet. So fallen alle Schwierigkeiten, die bei anderen Prüfverfahren mit der Reinigung der Metalle verbunden sind, weg. Für gewöhnlich kommen nur Kupfer und Blei in Anwendung. Glasspulen werden dann verwendet, wenn nur der Einfluß der Temperatur in Gegenwart von Luft geprüft, also der Einfluß der Metalle ausgeschaltet werden soll. Die Probegläser tragen während der Erhitzung eingeschliffene Liebig-Kühler, durch deren Innenrohre die Glasstäbe der Rührer zu den zugehörigen Fassungen des Rührwerkes gehen und die Bewegung der Spulen vermitteln. Die Ölerhitzung geschieht in einem elektrisch geheizten Thermostaten, in dem Wasser unter Rückkühlung als Siedeflüssigkeit in Öl als Wärmeüberträger vom Wasser auf die Ölproben dient. Nach beendeter Erhitzung prüft man die Proben sogleich durch Sicht auf etwa entstandenen Bodensatz, Spulenbelag, Trübung, abgesetztes Wasser, das sich bei überraffinierten Ölen bildet, und Verfärbung. Die im Dunklen abgekühlten Proben werden ebenso geprüft. Proben, die im abgekühlten Zustand eines der vorgenannten Merkmale (außer Verfärbung) zeigen, sind ohne weiteres abzulehnen. Stark verfärbte Öle sind ebenso verdächtig wie Öle, in denen die Spulen sich verfärbt haben. Außerdem ist in den erhitzten Proben auch auf in Normalbenzin unlöslichem Schlamm und auf Säurereaktion zu überprüfen. Bei positivem Ausfall dieser Reaktion ist das Öl abzulehnen. Die nach den vorstehenden Prüfungen nicht zu beanstandenden Proben werden auf ihre Vz geprüft.

Bezeichnung:

Vz	die Verseifungszahl des unbehandelten Öles,				
VzT	„	„		der mit Glas erhitzten Probe,	
VzCu	„	„	„	„ Kupfer erhitzten Probe,	
VzPb	„	„	„	„ Blei erhitzten Probe,	
VzFe	„	„	„	„ Eisen erhitzten Probe.	

So ist:

$VzT - Vz = TE$ Temperaturempfindlichkeit,
$VzCu - VzT = CuE$ Kupferempfindlichkeit,
$VzPb - VzT = PbE$ Bleiempfindlichkeit,
$VzFe - VzT = FeE$ Eisenempfindlichkeit

in Gegenwart von Luft, die bei Erhitzung aller Proben in gleicher Weise hinzutreten kann.

Alterungsprobe nach BBC, STÄGER-Test [14].

200 cm³ werden in ein Becherglas (hohes Pyrexglas zu 400 cm³) eingefüllt und 3 Tage bei 110 ° C in einem Ölbad an der Luft erhitzt. In das Becherglas ist zur katalytischen Beschleunigung der Alterung eine 1 mm dicke Kupferplatte von 40 × 70 mm einzulegen. Die Kupferplatte muß vorher sorgfältigst gereinigt und mit Schlämmkreide poliert werden. Von der zu verwendenden Schlämmkreide muß 1 g in Wasser auf-

geschlämmt in einem 25 cm³ fassenden Eggertz-Rohr in 2 Stunden vollständig sedimentieren. Zum Reinigen der Kupferplatte dürfen weder Säuren noch andere chemische Reagenzien gebraucht werden.

Nach 3 tägiger Auskochzeit wird das Öl nach dem Erkalten und nach 24 stündigem Stehenlassen gefiltert. Der Schlammrückstand im Filter wird sorgfältig durch Waschen mit Petroläther vom Öl befreit, mit Chloroform gelöst, und nachdem dieses vertrieben, gravimetrisch bestimmt.

Das Filtrat wird zum Bestimmen der Neutralisationszahl, der Verseifungszahl und der Emulgierbarkeit nach der Dampfstrahlprobe verwendet.

Dampfstrahlprobe: In einem Kessel wird Dampf von 1 Atmosphäre Überdruck aus destilliertem Wasser erzeugt, der durch eine Vordüse von 0,5 mm Durchmesser in einem Messingrohr (Gesamtlänge etwa 92 cm, äußerer Durchmesser 8 mm, Wandstärke 1 mm) abgeleitet wird. Am Austrittsende des Rohres ist eine zweite Düse angebracht. Der Überdruck im Kessel und die erste Düse bestimmen die austretende Dampfmenge, die zweite Düse die Intensität des Dampfstrahles. Die Mischung Öl und Wasser (je 50 cm³) oder Öl- und Sodalösung befindet sich in einem in cm³ eingeteilten Reagensglas mit einem Innendurchmesser von 36 mm und einer Höhe von 320 mm. Der Dampfstrahl wird eine halbe Stunde auf den Grund der Mischung, die in siedendem Wasser steht, geleitet; dabei soll die Enddüse höchstens 2 mm vom Boden des Reagensglases entfernt sein. Nach dieser Zeit wird das Glas mit der Mischung aus dem Warmbad herausgenommen. Innerhalb einer Stunde muß eine scharfe Trennung zwischen Wasser und Öl erfolgen. Ist an der Trennungsstelle noch eine schaumige Mischung von Wasser und Öl vorhanden, die nicht stärker als 2 mm ist, so ist das Öl schon emulgierend.

Der Österreichische Normenausschuß hat sich bereits in den Jahren 1930 bis 1931 mit der Normung von Dampfturbinenölen beschäftigt, doch wurde damals übereinstimmend festgestellt, daß eine normenmäßige Festlegung von Zahlen über die Alterungsneigung nach den vorliegenden Erfahrungen nicht möglich sei [8]. Bisher wurde in Österreich zur Überprüfung der Alterungsneigung der Baader-Test und für BBC-Turbinen der wesentlich schärfere Stäger-Test angewendet. Während ersterer in Deutschland nicht genormt ist, wurde der Stäger-Test in die SNV-Normblätter der Schweizerischen Normenvereinigung aufgenommen.

4. Die chemischen und physikalischen Kennzahlen der Neuöle und ihre Bedeutung für die Praxis [8].

In diesem Abschnitt sollen für den Betriebsingenieur die analytischen Kennzeichen der Dampfturbinen-Neuöle und ihre Bedeutung für die Praxis besprochen werden. Von der Beschreibung der einzelnen Prüfverfahren, die in erster Linie für den Chemiker von Interesse sind, wird mit Absicht Abstand genommen und an dieser Stelle auf die Ölbewirtschaftung [2] und die DIN DVM-Blätter vom Deutschen Verband für die Materialprüfungen der Technik [6], auf die vom Schmiermittelausschuß des VDEh ausgearbeiteten Prüfverfahren, die ebenfalls in den „Richtlinien" enthalten sind, auf die ÖNORM-Blätter des Österreichischen Normenausschusses sowie auf die SNV-Normblätter der Schweizerischen Normenvereinigung hingewiesen.

Es ist jedoch wichtig, daß sich der Ingenieur mit diesem Abschnitt näher beschäftigt, um das analytische Untersuchungsergebnis von Dampfturbinenölen nicht nur zu verstehen, sondern auch richtig beurteilen zu können. Es soll daher durch Behandlung dieser Frage auf breiterer Basis dem bisher der Mineralölchemie fernerstehenden Betriebsingenieur und Konstrukteur dieses meist etwas beiseite geschobene Gebiet nähergebracht werden. Da Schmieröl im allgemeinen und Dampfturbinenöl im besonderen der wichtigste Hilfsstoff für den Kraftwerksbetrieb ist, so muß es daher auch seiner Bedeutung entsprechend eingeschätzt und behandelt werden.

a) Spezifisches Gewicht. Die Angabe des spezifischen Gewichtes ist kein Merkmal für das Schmierfilmbildungsvermögen — die Schmierfähigkeit eines Öles —, wenn es auch bis zu einem gewissen Grad das innere Mischgefüge der Schmieröle erkennen läßt.

Der Ansicht jedoch, daß bei Dampfturbinenölen zur Vermeidung von Emulsionsbildung und möglichst schneller Trennung von hinzutretendem Wasser das spezifische Gewicht möglichst wesentlich unter 1,0 liegen soll [15], muß hier entschieden entgegengetreten werden. Diese Auffassung ist abwegig, weil die Emulgierbarkeit, wie in den Abschnitten V,2 und VII,3a ausführlich dargelegt wird, von so viel anderen Faktoren abhängig ist und das spezifische Gewicht praktisch keinerlei Einfluß ausübt.

b) Flammpunkt. Das Dampfturbinenöl entwickelt — so wie jedes andere Schmieröl — schon weit unter der Siedetemperatur geringe Mengen Dämpfe, die sich bei Annäherung einer Flamme entzünden, ohne daß jedoch das Öl weiterbrennt. Die Temperatur, bei der diese Dämpfe erstmalig entflammen, wird Flammpunkt genannt. Wird das Öl weiter erhitzt, so daß bei Annäherung einer Zündflamme die an der Oberfläche gebildeten Dämpfe, ohne zu verlöschen weiterbrennen, dann wird die hierfür nötige Temperatur als der *Brennpunkt* des Öles bezeichnet. Der Brennpunkt liegt meist 30 bis 50° C höher als der Flammpunkt. In diesem Zusammenhang soll hier auch der *Zündpunkt* — auch Selbstentzündungspunkt genannt — erwähnt werden. Es ist dies zum Unterschied vom Flamm- und Brennpunkt jene Temperatur, bei der ein Öl ganz ohne fremde Zündquelle, also nur durch Erhitzen infolge Selbstentzündung zu brennen beginnt. Der Selbstentzündungspunkt liegt bei Dampfturbinenölen bei ungefähr 280° C.

Dem Flammpunkt wird von vielen Schmierstoffverbrauchern noch immer eine übertriebene Bedeutung beigemessen. Man glaubt in der Höhe des Flammpunktes ein Maß für die Güte des Schmieröles und dessen Herkunft zu haben. Für die Praxis sind nur der Brennpunkt und der Selbstentzündungspunkt wegen der Gefahr eines Ölbrandes von Interesse. Im Schmier- und Regelsystem steht das Dampfturbinenöl dauernd unter Druck. Bei Ölaustritt infolge von Undichtheiten besteht die Gefahr, daß Öl auf heiße Maschinenteile oder Dampfleitungen spritzt, dadurch verdampft und über den Selbstentzündungspunkt hinaus erhitzt wird, so daß es zu brennen beginnt. Es müssen daher schon bei der Planung der Dampfturbinenanlagen alle Maßnahmen zur Verhinderung von Ölbränden berücksichtigt werden. Diese Frage wird im Abschnitt XI ausführlich besprochen. Daß die Gefahr von Ölbränden nichtbeängstigend ist, geht aus der Feststellung hervor, daß nur etwa 0,3 % sämtlicher Maschinenschäden an Dampfturbinen auf Ölbrände zurückzuführen sind.

Die Auffassung, daß durch Verwendung von Dampfturbinenölen mit besonders hohem Flammpunkt Ölbrände vermieden werden könnten, ist unrichtig, da die Brenn- und Selbstentzündungspunkte sämtlicher Dampfturbinenöle annähernd auf gleicher Höhe, jedoch unter den Frischdampftemperaturen der Höchstdruckturbinen liegen.

c) Zähigkeit oder Viskosität. Von sämtlichen Kennzahlen der Schmieröle kommt der Zähigkeit oder Viskosität — obwohl diese kein Maß für das Schmierfilmbildungsvermögen, die Schmierfähigkeit oder den Schmierwert (oiliness) eines Öles ist — die größte Bedeutung zu, da nur durch die richtige Auswahl der Viskosität für eine gegebene Schmierstelle die geringste Reibung und Abnützung der Maschine gesichert erscheint. Die richtige Ölauswahl wird im Abschn. II, 6 ausführlich behandelt.

Viskosität oder auch Zähflüssigkeit ist gleichbedeutend mit „innerer Reibung" eines Öles oder einer Flüssigkeit. Sie ist der Widerstand im Öl, den dieses einer Verschiebung seiner Teilchen, der Ölmoleküle entgegensetzt. Die Viskosität ist von der Temperatur abhängig. Alle Öle werden beim Erwärmen dünnflüssiger — der innere Reibungswiderstand der Ölmoleküle — die Zähigkeit, wird geringer.

Als handelsübliches Maß der Viskosität — als technische Maßeinheit — gelten in Europa Engler-Grade (°E), in England die Redwood- und in Amerika die Saybolt-Sekunden. Dies alles sind relative Zahlen, die angeben, welche Zeit eine bestimmte Menge Öl braucht, um aus dem Viskosimeter durch ein kalibriertes Röhrchen auszutreten, oder nach ENGLER, um wieviel länger es braucht als die gleiche Menge Wasser von 20° C.

Bei Dampfturbinenölen wird die Viskosität fast ausschließlich bei 50° C, seltener bei 20 und 50° C (AEG-, EB-, EWC- und SSW-Vorschriften) angegeben. Eine Ausnahme bilden die BBC-Vorschriften, worin die Viskosität bei 20, 50 und 80° C — also eine Viskositätskurve — und außerdem neben den Engler-Graden auch noch die kinematische Zähigkeit in Centistokes (cSt) angeführt werden.

Für mathematische und physikalische Berechnungen können die Werte der relativen Engler-Grade nicht verwendet werden, es ist daher nötig, die Zähigkeit im absoluten (cm-Dyn-sec) oder im technischen (CGS-System) Maßsystem auszudrücken.

Unter *absoluter* oder auch *dynamischer Zähigkeit* (η) (g $\cdot$ cm^{-1} $\cdot$ sec^{-1}) versteht man die Kraft, die man anwenden muß, um eine Wasserschichte von 1 cm² Oberfläche über eine gleich große, im senkrechten Abstand von 1 cm entfernte Schichte mit der Geschwindigkeit von 1 cm/sec bei 20,2° C zu verschieben. Beträgt diese Kraft 1 Dyn $= {}^{1}/_{981}$ g, so sagt man, „die Flüssigkeit hat die absolute oder dynamische Zähigkeit 1", und bezeichnet diese Einheit als Poise, abgekürzt 1 P, benannt nach POISEUILLE. Die Zähigkeit der Poise ist bereits sehr hoch. Da die Zähigkeit der Maschinenschmieröle bei Betriebstemperatur meist wesentlich kleiner ist, hat man, um das Rechnen mit langen und unübersichtlichen Dezimalbrüchen zu vermeiden, den hundertsten Teil eines Poise, die Centipoise (cP) eingeführt. So hat z. B. ein Dampfturbinenöl mit einer Viskosität von 4,5° E bei 50° C eine absolute oder dynamische Zähigkeit von rd. 30 cP, Wasser bei 20,2° C eine solche von 1 cP.

Die kinematische Zähigkeit (ν) (cm² $\cdot$ sec^{-1}) erhält man dadurch, daß man die oben erklärte absolute oder dynamische Zähigkeit durch das spezifische Gewicht (Dichte) der Flüssigkeit dividiert. Beide Werte müssen bei gleicher Temperatur bestimmt sein. Für Wasser, das das spezifische Gewicht 1 hat, ist also zwischen dynamischer und kinematischer Zähigkeit zahlenmäßig kein Unterschied vorhanden. Bei Dampfturbinenölen jedoch, deren spezifisches Gewicht im Durchschnitt bei 0,900 liegt, hat die kinematische Zähigkeit einen etwa 10 % größeren Wert als die dynamische. Die kinematische Zähigkeit wird in Stokes (St) oder praktischer in dem hundertsten Teil dieser Einheit, dem Centistoke (cSt) gemessen.

Als Beispiel sei das oben angeführte Dampfturbinenöl mit einer Viskosität von 4,5° E bei 50° C angeführt, das eine dynamische Zähigkeit von rd. 30 cP besitzt, bei einem spezifischen Gewicht von 0,900/20° C entspricht 0,879 bei 50° C. Die kinematische Zähigkeit beträgt daher 30/0,879 = 34,1 cSt.

Die aus der Definition resultierende kinematische Zähigkeit ist daher maßgebend für die bei flüssiger Reibung im Lager auftretenden Reibungsverluste und die durch die Reibungsverluste hervorgerufene Übertemperatur. Die Angabe der Zähigkeit eines Öles in cSt wird also überall dort gebraucht, wo die Zähigkeit in Berechnungen technischer oder physikalischer Art eingeht (z. B. die Berechnung der zur Förderung bestimmter Ölmengen durch Ölleitungen notwendigen Leistung, Berechnung der Gleitlagerverluste usw.). Die Messung der kinematischen Zähigkeit erfolgt am einfachsten mit dem Vogel-Ossag-Viskosimeter [16].

d) Stockpunkt. Als Stockpunkt bezeichnet man jene Temperatur, bei der ein Öl bei langsamem Abkühlen sein Fließvermögen verliert und talg- oder salbenartig erstarrt. Ein gestocktes Öl ist jedoch ein Gemisch von flüssigem Öl und kristallinischen, vorwiegend aus Paraffinen bestehenden Kohlenwasserstoffen, die beim Abkühlen schon vor Erreichen des Stockpunktes auskristallisieren. Für Dampfturbinenöle ist der Stockpunkt praktisch ohne Bedeutung, da das Schmier- und Regelsystem beim Anfahren der Turbinen niemals so tief abgekühlt ist, daß Öle mit besonders niedrigem Stockpunkt und entsprechendem Fließvermögen in der Kälte verwendet werden müßten. Hier sei auf die Arbeiten von VOGEL [17] und BAADER [18] hingewiesen.

e) Neutralisationszahl (früher Säurezahl). Im allgemeinen wird seitens der Verbraucher der Säurezahl, jetzt richtigerweise Neutralisationszahl (Nz) genannt, noch immer besondere Bedeutung beigemessen, da man vom Säuregehalt des Schmieröles Anfressungen der vom Öl berührten Maschinenteile befürchtet.

Das Wort „sauer" hat, sofern man an anorganische Säuren denkt, mit Berechtigung einen, man möchte sagen alarmierenden Klang. Da aber anorganische Säuren, z. B. Schwefelsäure, von der Raffination herrühren, weder bei Maschinenölraffinaten, geschweige Dampfturbinenölen jemals angetroffen werden, ist diese Sorge des Verbrauchers heute vollkommen grundlos. Man hat daher auch die entsprechende Kennzahl für Mineralöle Neutralisationszahl (Nz) benannt. Die Schmieröle enthalten immer geringe Mengen organischer Säuren, und zwar in freier und gebundener Form, die bei der Raffination fast restlos entfernt werden. Diese äußerst geringen Mengen organischer Säuren der Neuöle bilden für die Maschinenbaustoffe selbstverständlich keinerlei Gefahr.

Durch die Neutralisationszahl werden nur die freien, wasserlöslichen und wasserunlöslichen organischen Säuren bestimmt. Der Nz kommt für Neuöle und Regenerate als Raffinationsmerkmal eine gewisse Bedeutung zu, da mit steigendem Raffinationsgrad die Nz sinkt. Nach WEV-Ölbewirtschaftung wird die Nz für Neuöle überhaupt nicht bestimmt, da sie in der Verseifungszahl (Vz) bereits enthalten ist. Dampfturbinenöle von Sondergüte haben eine Nz = 0.

f) Verseifungszahl. Durch die Verseifungszahl (Vz) werden die wasserlöslichen und wasserunlöslichen freien und gebundenen organischen Säuren erfaßt. Es ist somit die Nz in der Vz eingeschlossen. Die Verseifungszahl ist auch ein Kennzeichen für den Grad der Raffination. Reine Mineralöl-Raffinate, somit ungefettete Öle, sind unverseifbar. Ihre Vz liegt selten über 0,1 bis 0,2. Bei Dampfturbinenöl von Sondergüte beträgt die Vz = 0 bis 0,03.

Durch die Begrenzung der Vz mit maximal 0,15 für Dampfturbinen-Neuöl wird ein Fettölzusatz von vornherein ausgeschaltet, so daß sich aus diesem Grunde die Kennzeichnung „Fettölzusatz unzulässig", die noch in den Vorschriften für Dampfturbinenöl vielfach angetroffen wird, erübrigt. Das Vorhandensein von Fettölzusatz ist auch automatisch durch die Vorschriften für die Bestimmung der Alterungsneigung der Dampfturbinenöle ausgeschlossen. Bei Fettölzusatz liegt die Vz wesentlich höher als bei Dampfturbinen Neu- und -Gebrauchsölen, dieser wird dadurch eindeutig gekennzeichnet. Im Durchschnitt rechnet man für Fettöle mit einer Vz = 190, so daß bei Gegenwart von nur 0,5 % im Mineralöl-Raffinat die Vz rd. 1,0, somit ein Vielfaches der für Dampfturbinenöl zugelassenen Vz beträgt. Ungefettete Mineralöle können bei längerem Gebrauch oder bei künstlicher Alterung eine Vz = 6 und mehr annehmen. In diesem Falle dient die Vz — wie im Abschn. VII, 3g besprochen werden soll — als wichtiges Kennzeichen für den Grad der eingetretenen Ölalterung.

g) Wassergehalt. Für Dampfturbinen-Neuöl ist das Vorhandensein von abgesetztem (freiem) oder mechanisch verteiltem (freiem) Wasser von Interesse. Wenn auch grundsätzlich in Dampfturbinenölen kein Wasser vorhanden sein sollte, so läßt es sich bei sorgfältigster Behandlung nicht vermeiden, daß während des Transportes durch das Atmen der Kesselwagen und Fässer die Öle Feuchtigkeit aufnehmen und daher geringe Wassermengen nicht immer ferngehalten werden können. Bei Dampfturbinenölen setzt sich das Wasser in der Regel ab. Manchmal ist das Wasser auch fein verteilt, das Öl zeigt einen Schleier und erscheint schwach trübe. Bei manchen Ölen erzeugt schon ein Wassergehalt unter 0,1 % eine bleibende Trübung. Bei Dampfturbinen Neuölen ist eine solche Trübung sehr selten und ist schmiertechnisch vollkommen belanglos, weil sich diese geringen Wassermengen im Betriebe beim Erwärmen des Öles beim Umlauf im Schmiersystem selbsttätig im Ölbehälter absetzen und an der Schlammschleuse abgezogen werden können.

h) Aschegehalt. Der unverbrennbare Rückstand von Neuölen — die Asche — stammt von den nicht verbrennbaren in Öl gelösten oder feinstverteilten ungelösten Bestandteilen her. Der Aschegehalt ist ein Reinheits- oder Raffinationsmerkmal, da er zum größten Teil aus den bei der Raffination zurückgebliebenen Resten der hierzu verwendeten Chemikalien besteht. Dampfturbinenöle von Sondergüte sind praktisch aschefrei.

i) Feste Fremdstoffe. Feste Fremdstoffe sind alle im Dampfturbinen-Neuöl vorhandenen im Öl unlöslichen Fremdkörper, wie Rost, Lötstoffe,

Hammerschlag, Dichtungsmaterial, Sand, Schmutz, Putzwolle, Holzwolle usw. Feste Fremdstoffe dürfen in Dampfturbinen Neuölen selbstverständlich keine enthalten sein, da diese, wenn sie in den Ölumlauf gelangen, zu schweren Lagerschäden und Störungen in der Steuerung führen können. Außerdem beschleunigen diese Verunreinigungen die Alterung des Dampfturbinenöles im Betrieb und können bei Wassereintritt in das Schmiersystem zum Schäumen des Öles und zur Bildung von Scheinemulsionen (VII, 3a) Anlaß geben.

j) Hartasphalt. Vereinzelt findet man in Dampfturbinenölvorschriften auch den Hartasphalt noch als Kennzahl angeführt. Die Heranziehung dieser Kennzeichnung erübrigt sich jedoch vollkommen, weil durch die für die Nz und Vz zugelassenen Grenzen sowie durch die Vorschriften für die Alterungsneigung das Vorhandensein von Hartasphalt in Dampfturbinen Neuölen vollkommen ausgeschlossen ist.

k) Emulgierbarkeit. Die Emulgierbarkeit ist die Fähigkeit mancher Öle, mehr oder weniger große Mengen Wasser in feinverteilter Form aufzunehmen und festzuhalten. Diese Öl-Wasser-Mischungen nennt man Emulsionen.

Da Emulsionen die Betriebssicherheit von Dampfturbinen gefährden und Anlaß zu schweren Maschinenschäden sein können, hat man zur Prüfung der Dampfturbinen Neuöle auf Emulgierbarkeit die Emulgierprobe eingeführt. Durch dieses Kennzeichen will man Schlüsse auf das spätere Verhalten der Dampfturbinenöle bei Wassereintritt in das Schmiersystem ziehen.

Die Emulgierprobe hat im Laufe der Jahre manchen Wandel erfahren, bevor die noch zum Teil angewendete Dampfstrahlmethode zur Prüfung der Emulgierbarkeit eines Öles [19] eingeführt wurde. Man versuchte zuerst durch Schütteln eines Öles bei Zimmertemperatur die Emulgierbarkeit zu prüfen. Es wurden z. B. je 10 cm³ Öl und destilliertes Wasser in einem Meßzylinder von 25 cm³ 5 Minuten lang bei Zimmerwärme geschüttelt, man las nach einstündigem Stehen bei Zimmertemperatur an der Teilung ab, wie weit sich die Schichten getrennt haben. Diese Schüttelproben sind noch in den „Richtlinien" von 1921 und 1922 enthalten. Vielfach wird auch heute noch versucht, die Schüttelprobe zur gütemäßigen Beurteilung der Dampfturbinenöle heranzuziehen. KADMER [20] schlägt ebenfalls Schüttelproben vor und glaubt dadurch den praktischen Beanspruchungen der Dampfturbinenöle im Schmiersystem gerecht zu werden, wobei KADMER ähnlich wie STÄGER [14] die Aufnahme von Emulsionszeitdiagrammen empfiehlt. Die Schüttelproben wurden aus den „Richtlinien" entfernt, weil sie keine genügend reproduzierbaren Ergebnisse lieferten und die Abweichungen der einzelnen Versuchsergebnisse bei einem und demselben Öl — trotz genauer Einhaltung der Versuchsbedingungen — dermaßen groß waren, daß sich die Ergebnisse überhaupt nicht verwerten ließen. Es wäre daher abwegig, diese Methode weiterhin zur Beurteilung der Emulgierbarkeit heranzuziehen.

Verfasser veranlaßte Versuche zur Verfeinerung dieser Methode durch Anwendung eines Schüttelapparates mit gegebenem Hub und gegebener Hubzahl pro Minute. Weder durch Änderung der Hubhöhe und der Hubzahl noch durch Veränderung der zur Anwendung gelangenden Wassermengen und der Schüttelzeit konnte eine Übereinstimmung der Ergebnisse mit tragbaren Toleranzen erzielt werden. Dadurch wird die Ablehnung der Schüttelproben zur Beurteilung der Emulgierbarkeit von Dampfturbinenölen mehr als begründet.

In den „Richtlinien" und in allen Dampfturbinenölvorschriften der Turbinenfabriken wird noch immer auf die Überprüfung der Emulgierbarkeit nach der Dampfstrahlmethode großer Wert gelegt. Eine Ausnahme — dies sei besonders hervorgehoben — bildet WEV-Ölbewirtschaftung. Darin wird ausdrücklich festgehalten, daß die Emulgierbarkeit nicht zu den eigentlichen Öleigenschaften zu rechnen ist, so daß aus dem Ausfall einer Emulgierprobe eines Neuöles keine sicheren Schlüsse auf das spätere Verhalten des Öles im Betrieb gezogen werden können.

Aus diesem Grunde wird nach WEV-Ölbewirtschaftung auf die Bestimmung der Emulgierbarkeit von Dampfturbinen-Neuöl verzichtet. Hierfür ist selbstverständlich das Entsprechen aller übrigen nach WEV-Ölbewirtschaftung vorgeschriebenen Kennzahlen, besonders Vz und Alterungsneigung Voraussetzung, wodurch aber auch gleichzeitig eine Neigung der Dampfturbinenöle zur Emulsionsbildung automatisch ausgeschaltet wird.

An dieser Stelle sei noch auf den in die SNV-Normblätter der Schweizerischen Normenvereinigung und in die BBC-Vorschriften aufgenommenen Stäger-Test [*14*] hingewiesen, der nach der künstlichen Alterung des Neuöles einen besonders strengen Emulsionstest vorsieht, wobei eine 1%ige Sodalösung an Stelle von Wasser für die Prüfung der Emulsionsfestigkeit verwendet und ein Emulsionszeitdiagramm von dem Emulsionszerfall aufgenommen wird. STÄGER weist wiederholt auf die Wichtigkeit dieses Emulsionstestes [*21*] und auf die Gefahr hin, daß beim Überschäumen und Spucken von Dampfkesseln Salzanteile, die von der Enthärtung des Kesselspeisewassers herrühren, mit Kondensat, das dadurch alkalisch wird, in das Schmiersystem gelangen und Anlaß zur Emulsionsbildung des Umlauföles bilden können. Diese Gefahr wird von STÄGER weit überschätzt, da Verfasser während einer mehr als 20jährigen Beobachtungszeit an vielen hundert Dampfturbinen niemals ein alkalisches, sondern immer nur Wasser mit saurer Reaktion angetroffen hat.

Zusammenfassend kann gesagt werden, daß Dampfturbinenöle, die den WEV-Bedingungen entsprechen, auch allen Anforderungen in bezug auf „Nichtemulgieren" im Betriebe gewachsen sind und sich daher die

Prüfung auf Emulgierbarkeit erübrigt. Wenn aber trotz Verwendung eines vorschriftsmäßigen Dampfturbinenöles im Schmiersystem Emulsionen auftreten, dann ist die Ursache niemals in der Emulgierbarkeit des verwendeten Öles, sondern in kolloid-chemischen Einflüssen auf das Umlauföl während des Betriebes zu suchen. Im Abschn. VII, 3a sind Emulgierbarkeit und Emulsion der Gebrauchsöle ausführlich besprochen.

l) Reaktion. Unter Reaktion versteht man die Überprüfung eines wässerigen Auszuges des Dampfturbinenöles zur Feststellung seines sauren oder alkalischen Verhaltens. Durch die Bestimmung der Neutralisationszahl erübrigt sich auch diese Kennzeichnung des Neuöles. Über die Bestimmung der Reaktion für Gebrauchsöl wird im Abschn. VII, 3b gesprochen.

m) Normal-Benzin-Unlösliches (Nbu). Dieses Kennzeichen spielt bei Dampfturbinen-Neuölen eine untergeordnete Rolle, denn bei Ölen, die in Bezug auf Vz und Alterungsneigung entsprechen, erübrigt sich die Bestimmung des Nbu vollkommen. Die Bedeutung des Normal-Benzin-Unlöslichen für Gebrauchsöl wird in Abschn. VII, 3c eingehend behandelt.

n) Alterungsneigung. Bei der analytischen Kennzeichnung von Dampfturbinen-Neuölen kommt wohl der Alterungsneigung neben der Zähigkeit die größte Bedeutung zu. Unter Alterung von Schmierölen versteht man alle chemischen und physikalischen Vorgänge, welche die Ausgangseigenschaften eines gegebenen Öles verändern. Durch die künstliche Alterung im Laboratorium wird versucht, in verkürzter Zeit die Alterung des Dampfturbinenöles im Schmiersystem der Turbinen nachzuahmen, um daraus Rückschlüsse auf das Verhalten während des Gebrauches in der Dampfturbine zu ziehen.

Es sind zahlreiche Methoden der künstlichen Alterung bekannt, die sich voneinander mehr oder weniger durch die zur Anwendung gelangenden Temperaturen, Katalysatoren und Versuchszeiten unterscheiden. In Deutschland wurde die bisherige vom Verband Deutscher Elektrotechniker (VDE) vorgeschriebene Bestimmung der „Verteerungszahl" im Jahre 1929 verlassen und auf die in „Ölbewirtschaftung" aufgenommene und von der WEV anerkannte Alterungsmethode nach Dr. BAADER [12] übergegangen.

Erst spät, im Jahre 1940, haben sich die Dampfturbinenhersteller mit Rücksicht auf die in Höchstdruckdampfturbinen zu erwartenden stärkeren Beanspruchungen des Umlauföles entschlossen, in ihren Dampfturbinenölvorschriften auch die Alterungsneigung nach WEV aufzunehmen.

Nach der WEV-Alterungsneigung dürfen Dampfturbinen-Neuöle nach dem Alterungstest von Dr. BAADER (48^h, $95°$ C) keine Verseifungszahl über 0,30 besitzen. Von diesen Verseifungszahlen ist die Kupfer-Verseifungszahl (Vz-Cu) besonders wichtig. Diese liegt bei Dampfturbinenöl von Sondergüte zwischen 0,08 bis 0,11, während die Eisen- und Blei-Verseifungszahl bei Ölen von Sondergüte zwischen 0,03 und 0,05 liegt.

Nach der von der Schweizerischen Normenvereinigung und vom BBC vorgeschriebenen Prüfung der Alterungsbeständigkeit — Alterungstest nach Dr. STÄGER [14] — darf nach der Alterung während 72 Stunden bei 110° C in Gegenwart von Kupfer die Nz nicht über 0,3 und die Vz nicht über 1,5 betragen, wobei die Vz erst im Jahre 1944 von BBC von 2,0 auf 1,5 weiter ermäßigt und dadurch dieser Test noch mehr verschärft wurde. Dampfturbinenöle von Sondergüte weisen nach dem Stäger-Test eine Nz von 0,10 und eine Vz von 0,60 auf.

o) **Verhalten gegen Schwefelsäure (Sk-Wert).** Die Prüfung von Dampfturbinen Neuölen auf die durch Aufnahme von Ölbestandteilen bedingte Volumenzunahme des mit konzentrierter Schwefelsäure durchgeschüttelten Öles hat für die Praxis keine Bedeutung. Der Sk-Wert soll jedoch bei Dampfturbinen-Gebrauchsölen einen gewissen Maßstab für die Wirtschaftlichkeit der Regenerierung darstellen, aber auch in dieser Hinsicht wird seine Brauchbarkeit weit überschätzt.

Über die Bedeutung der chemischen und physikalischen Kennzahlen der *Dampfturbinen-Neuöle* für die Praxis kann abschließend gesagt werden, daß es möglich ist, die Vielzahl der analytischen Kennzahlen zu vermindern, ohne dadurch die Strenge der zu stellenden Anforderungen zu mildern.

Es ist wichtig, folgende Kennzahlen in den Vordergrund zu stellen und diese im Sinne der Ausführungen dieses Abschnittes zu bewerten:

> Spezifisches Gewicht,
> Flammpunkt,
> Viskosität °E bei 50° C,
> Neutralisationszahl (Nz),
> Verseifungszahl (Vz),
> Alterungsneigung nach WEV,
> ferner Wassergehalt, Aschegehalt und feste Fremdstoffe.

Die übrigen Kennzahlen, wie Stockpunkt, Hartasphalt, Normal-Benzin-Unlösliches (Nbu), Reaktion, Sk-Wert, sind durch die vorangestellten analytischen Daten bereits erfaßt, so daß sich ihre Bestimmung erübrigt.

Bezüglich der analytischen Beurteilung der Dampfturbinen-Gebrauchsöle sei auf Abschn. VII, 3 hingewiesen.

5. Herkunft und Güte.

Die Frage der Herkunft eines Mineralöles im allgemeinen und Dampfturbinenöles im besonderen wird vom Turbinenbetreiber noch immer — und dies vollkommen zu unrecht — bei der Ölbeschaffung in den Vorder-

grund gestellt. Die Herkunftsfrage interessiert aus alter, heute aber über-
holter Tradition den Betriebsingenieur, weshalb diese Frage ausführlicher
behandelt und die noch vorherrschende Auffassung von der Provenienz
eines Öles Rückschlüsse auf dessen Güte ziehen zu können, richtiggestellt
werden soll.

Für ganz bestimmte Verwendungszwecke haben sich vor Jahren, als
die Verarbeitungsverfahren für Erdöle noch nicht die technische Voll-
kommenheit der Gegenwart hatten, bestimmte Öle ausgezeichnet bewährt. Diese Öle hatten bekanntlich ein sehr niedriges spezifisches Gewicht und einen hohen Flammpunkt. Obwohl man aus Rohölen anderer
Herkunft für solche Verwendungszwecke ebenfalls gleich gut verwend-
bare Öle erzeugen konnte — diese haben sich in der Praxis einwandfrei
bewährt —, bevorzugt man aus Überlieferung weiterhin Öle mit niedrigem
spezifischem Gewicht und hohem Flammpunkt, dies aber, wie die Erfahrungen der Praxis zeigten, ohne Berechtigung. Trotz aller Auf-
klärungen der Schmiertechniker und Schmierölfachleute ist es noch
nicht gelungen, einer den modernen Erkenntnissen Rechnung tragenden
Auffassung Raum zu verschaffen. Man glaubte z. B. auch, daß nur
russisches Transformatorenöl das bestgeeignete Isolieröl sei, und erst
langjährige Versuche, die von der Gesellschaft für Höchstspannungsanlagen durchgeführt wurden, zeigten, daß es möglich sei, aus Erdölen
anderer Herkunft durch besondere Verarbeitungsverfahren Isolieröle zu
erzeugen, die den russischen Transformatorenölen nicht nur gleichwertig,
sondern in manchen Belangen auch noch weit überlegen sind. Kein
Elektrotechniker fragt mehr nach der Herkunft des Transformatoren-
öles, keine Vorschrift schreibt mehr für Isolieröle analytische Kennzahlen vor, welchen nur Öle russischer Herkunft entsprechen. Diese Erkenntnis ist bereits Allgemeingut geworden.

Die Bedeutung der analytischen Kennzahlen für Dampfturbinen-
Neuöle wurde im vorangegangenen Abschnitt ausführlich behandelt. Aus
den geltenden Vorschriften für Dampfturbinen-Neuöle ist ersichtlich, daß
die Herkunft als Maß für die Güte und Verwendbarkeit weder direkt
noch indirekt auf Grund der analytischen Kennzahlen vorgeschrieben
wird. Wie Verfasser schon wiederholt betonte, sind die in „Ölbewirtschaftung" der WEV für Dampfturbinenöl niedergelegten Vorschriften
aus der Praxis für die Praxis geschaffen, und es wurden diesen langjährige,
umfassende Erfahrungen mit den verschiedensten Dampfturbinenölen
zugrunde gelegt. Es ist daher belanglos, aus welchem Erdöl das Dampfturbinenöl stammt, wenn es diesen Vorschriften entspricht. Die verschiedentlich vorherrschende Auffassung, daß z. B. Dampfturbinenöl
österreichischer Herkunft trotz sorgfältigster Verarbeitung nicht die
natürliche Stabilität besitzen soll, wie sie die russischen und amerikanischen Turbinenöle von Natur aus haben, und daß sie gegen alterungs-

beschleunigende betriebliche Einflüsse empfindlicher sein sollen, erscheint durch umfassende Erfahrungen des Verfassers an vielen hundert Turbinen widerlegt. Es sei daher ausdrücklich festgehalten:

Die Provenienzfrage ist für die Güte des Dampfturbinenöles keinesfalls von ausschlaggebender Bedeutung, da diese vor allem von der richtigen Auswahl des für das zur Verfügung stehende Erdöl anzuwendenden Bearbeitungsverfahrens in erster Linie abhängig ist. Der Verarbeitungsgang des zur Verfügung stehenden Rohöles ist so zu leiten, daß eben ein den WEV-Vorschriften entsprechendes Dampfturbinenöl als Endprodukt erhalten wird. Es liegt nur eine Verarbeitungsfrage vor, und die Güte des Endproduktes hängt nur von der richtigen Auswahl des für ein bestimmtes Rohöl nötigen Verarbeitungsverfahrens ab.

Für den Dampfturbinenbetreiber haben nur die Dampfturbinenölvorschriften des Turbinenlieferanten und der „Ölbewirtschaftung" Geltung zu haben. Ein diesen Vorschriften genügendes Dampfturbinen-Neuöl entspricht auch im Betrieb den gestellten Anforderungen, so daß, soweit es die Güte des Dampfturbinen-Neuöles betrifft, eine einwandfreie Schmierung der Dampfturbinen gesichert erscheint.

6. Ölauswahl.

Für die richtige Auswahl des Dampfturbinenöles hat man schmiertechnisch folgende Arten ortsfester, liegender Dampfturbinen zu unterscheiden:

Unmittelbar gekuppelte Turbinen,
Getriebeturbinen mit gemeinsamem Schmiersystem für Turbine und Getriebe,
Getriebeturbinen mit getrenntem Schmiersystem für Turbine und Getriebe;

ferner sind Turbinenbauart, Bauart der Steuerung, Bauart des Hauptölpumpen- und Zentrifugalregulatorantriebs und die auftretenden Frischdampf- und Kühlwassertemperaturen zu berücksichtigen.

Alle diese Faktoren beeinflussen die Ölauswahl in bezug auf die Viskosität des Turbinenöles. In den im Abschn. II, 2 angeführten Dampfturbinenölvorschriften nach WEV werden für unmittelbar gekuppelte Turbinen Öle mit einer Zähigkeit von 2,5 bis 5° E bei 50° C und für Getriebeturbinen solche mit 4 bis 7° E bei 50° C vorgeschrieben. Es war daher keine Seltenheit, daß in einem Kraftwerk 2 bis 3 Dampfturbinenöle in Verwendung standen, die sich lediglich durch ihre Zähigkeit voneinander unterschieden.

Das Dampfturbinenöl hat die Aufgabe, alle bewegten Teile vor direkter Berührung Metall auf Metall zu schützen und bei kleinster innerer Reibung unter allen Betriebsbedingungen vollkommene Schmierung der Lager und Verzahnungen zu sichern. Zusätzlich fällt dem Dampfturbinenöl auch die Aufgabe der Wärmeabfuhr aus den Lagern zu. Die rasche Betätigung der Regelung erfordert ein dünnflüssiges Öl,

die Schmierung der Lager ein mittelflüssiges und die Verzahnungen ein
noch zähflüssigeres Öl. Da bekanntlich die Zähigkeit der Mineralöle
temperaturabhängig ist und mit steigender Temperatur abnimmt, folgert
KRAFT [22], [23], daß die Verwendung eines Öles mit steiler Zähigkeits-
kurve (Viskositätskurve) von Vorteil sei. Praktisch ist die Verwendung
von mehreren sich nur durch die Zähigkeit voneinander unterscheidenden
Ölen an einer Turbine unmöglich, und es muß zu einer Kompromißlösung
gegriffen werden. Daß aber diese Lösung gar keinen Kompromiß darstellt und daß eine ganz wesentliche Vereinfachung möglich ist, soll
ausführlich behandelt werden.

In Abb. 5 sind die Viskositätskurven von fünf Dampfturbinenölen
verschiedener Zähigkeit dargestellt, damit an Hand derselben die weiteren
Ausführungen über die Ölauswahl verfolgt werden können. Neben den
Engler-Graden (°E) sind in diesem Viskositäts-Temperaturblatt mit
doppellogarithmischer Teilung auch die kinematische Zähigkeit in Centistokes (cSt) sowie die Redwood- (R″) und die Saybolt-Sekunden (S″)
ablesbar.

Verfasser hat es sich schon vor Jahren zur Aufgabe gemacht, eine
Verringerung der zur Verwendung gelangenden, sich nur durch ihre
Zähigkeit unterscheidenden Dampfturbinenölsorten zu erreichen, um
dadurch eine Vereinfachung der Ölwirtschaft in den Kraftzentralen und
eine Entlastung des Betriebes zu erzielen. Bei diesen Überlegungen wurde
vorerst die Frischdampftemperatur in den Vordergrund gestellt, da im
allgemeinen bei Höchstdruckdampfturbinen infolge der über 450° C
liegenden Frischdampftemperatur mit einer stärkeren thermischen Beanspruchung des Umlauföles gerechnet werden muß. Dieser Auffassung
schlossen sich auch die Dampfturbinenhersteller an. Es wurde für unmittelbar gekuppelte Turbinen eine Unterteilung eingeführt. Für Frischdampftemperaturen bis 450° C wurde eine Zähigkeit von 2,8 bis 4° E
bei 50° C und für eine solche über 450° C wurde eine Viskosität von
4 bis 5° E/50° C festgelegt. Die Gründe hierfür liegen nicht in den höheren
Lagertemperaturen der Höchstdruckdampfturbinen, sondern lediglich in
der unter bestimmten Voraussetzungen höheren thermischen Beständigkeit der zähflüssigeren Dampfturbinenöle. Wie im Abschn. IV, 1 ausgeführt, besteht die Gefahr der thermischen Überbeanspruchung des
Dampfturbinenöles nicht in den Lagern selbst, sondern auf dem Wege
aus demselben durch die Lagergehäuse in die Rücklaufsammelleitung.

Man könnte vielleicht einwenden, die höhere Zähigkeit ergäbe eine zu
große innere Reibung des Öles in den Lagern und damit eine erhöhte
Reibungswärme, die zusätzlich abzuführen sei. Dies mag theoretisch
richtig sein, ist aber praktisch aus folgenden Gründen ohne Bedeutung:

a) 2,8 oder 4,5° E bei 50° C, somit 1,7° E Viskositätsunterschied bei
50° C, ergeben keinen Lagertemperaturanstieg in der Turbine, weil die

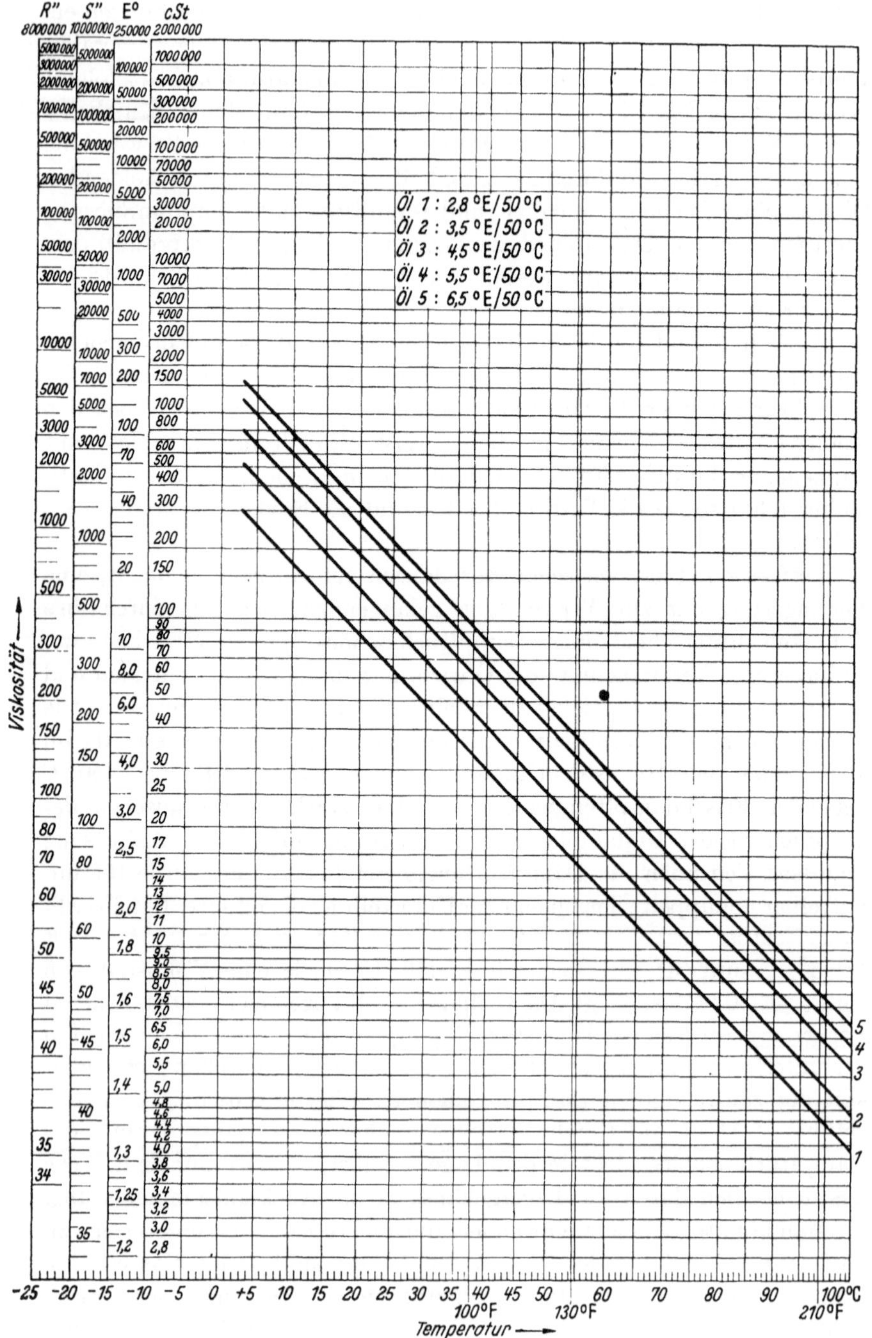

Abb. 5. Dampfturbinenöl-Viskositätskurven.

Lagertemperaturen immer um 60° C liegen, wobei sich der Unterschied in der Zähigkeit der beiden Öle auf 0,9° E verringert und überhaupt nicht mehr in Erscheinung tritt.

b) Die Turbinen werden noch immer, in der irrigen Meinung, die Betriebssicherheit zu erhöhen, mit zu stark gekühlten Umlaufölen gefahren. Man findet Öltemperaturen vor Eintritt in die Lager von 30 bis 35° C. Bei dieser Temperatur ist das Öl mit 2,8° E/50° C wesentlich zähflüssiger als ein Turbinenöl von 4,5° E/50° C bei 45° C der richtigen Durchschnittseintrittstemperatur des Öles in die Lager, wie dies aus Abb. 5 ersichtlich ist.

c) Die Öltemperatur nach dem Kühler, also vor Eintritt in die Lager, ist für die Zähigkeit des Öles während des Betriebes maßgebend.

Man ist bereits allgemein von der Verwendung extrem dünnflüssiger Öle mit einer Viskosität von unter 3,0° E/50° C für unmittelbar gekuppelte Dampfturbinen abgegangen.

Ein weiterer Schritt zur Vereinheitlichung der Dampfturbinenschmierung wurde dadurch gemacht, daß für Getriebeturbinen mit gemeinsamem Schmiersystem für Lager und Getriebe sowie für Getriebeturbinen mit getrenntem Schmiersystem für Lager und Getriebe ein Öl gleicher Zähigkeit wie für unmittelbar gekuppelte Turbinen mit einer Frischdampftemperatur über 450° C, somit mit einer Viskosität von 4 bis 5° E bei 50° C, vorteilhafter aber von 4,5 bis 5° E/50° C zu verwenden ist. Durch diese Maßnahme wurde auch das vom Verfasser angestrebte Ziel, das Öl der Hauptturbinen auch gleichzeitig für die Hilfsturbinen — meist Getriebeturbinen — verwenden zu können, erreicht. Die Verwendung von Ölen mit einer Zähigkeit von 5 bis 7° E/50° C für Getriebeturbinen kann heute, wie aus sämtlichen Turbinenölvorschriften der Turbinenlieferanten ersichtlich, für ortsfeste Dampfturbinen als überholt bezeichnet werden.

Die Gründe für die Möglichkeit zur Schmierung ortsfester Dampfturbinen mit Getrieben, auch für die Turbinengetriebe solcher Anlagen, Öle mit einer Zähigkeit von 4 bis 5° E/50° C zu verwenden, seien hier angeführt:

a) Die Genauigkeit der Verzahnung — der Schräg- und doppelten Schräg- oder Pfeilverzahnung — konnte durch die Verbesserung der Werkstattausführung wesentlich erhöht werden.

b) Evolventenform des Zahnprofils ermöglicht nicht nur eine einfachere und genauere Herstellung, sondern begünstigt auch die Ausbildung eines Ölfilms zwischen den Zahnflanken, um diese vor direkter Berührung zu schützen.

c) Ruhiger Lauf und geringeres Geräusch, aber auch die Lebensdauer der Getriebe hängen nur von der Genauigkeit der Herstellung der Verzahnung und nicht von der Zähigkeit des verwendeten Öles ab.

d) Genauigkeitsfehler in der Herstellung und dadurch verursachtes Pfeifen und unruhiger Gang der Getriebe können nie durch Verwendung eines Turbinenöles mit höherer Zähigkeit — von 5 bis 7° E/50° C — behoben werden, und eine Dämpfung der Geräusche wird nicht erzielt.

e) Die Umfangsgeschwindigkeit der Zahnräder beeinflußt die Zähigkeit des Turbinenöles *nicht*. Die Ansicht, daß bei großen Umfangsgeschwindigkeiten Öle mit einer höheren Zähigkeit verwendet werden müssen, um das Abschleudern desselben von den Zahnflanken zu verhindern, ist abwegig, weil das in den Zahneingriff eingespritzte Öl schon durch die Stärke des Auftreffens auf die Zahnräder verspritzt und vernebelt und nur ein äußerst kleiner Bruchteil der Ölmenge — die von der Größe des Spieles zwischen den Flanken der Zähne abhängig ist — zur Schmierung herangezogen und alles überschüssige Öl zwischen den Zahnflanken herausgepreßt und abgeschleudert wird. Der im Getriebegehäuse vorhandene Ölnebel würde allein zur Schmierung ausreichen, wenn nicht durch das Schmieröl auch vielfach Leitungs- und Strahlungswärme abgeführt werden müßte.

f) Es kommt nicht auf die Zähigkeit des Öles bei 50° C an, sondern nur auf die Öltemperatur beim Eintritt in den Zahneingriff. Da diese Temperatur im Mittel bei 45° C liegt, beträgt die Zähigkeit eines Öles mit 4 bis 5° E/50° C im Durchschnitt bereits 6° E.

g) Langjährige Betriebsversuche und Beobachtungen des Verfassers haben ergeben, daß die Verwendung des Turbinenöles mit einer Zähigkeit von 4,5° E/50° C an Getrieben von ortsfesten Dampfturbinen liegender Bauart eine einwandfreie, vollkommene Schmierung der Getriebe gewährleistet.

Im Abschn. III, 15 wird die richtige schmiertechnische Ausbildung der Getriebe behandelt.

Nachdem auch diese Frage gelöst war, konnte Verfasser noch einen Schritt zur Vereinheitlichung der Dampfturbinenschmierung weitergehen und auf die Verwendung eines Öles mit einer Zähigkeit von 2,8 bis 4° E bei 50° C für unmittelbar gekuppelte Dampfturbinen mit einer Frischdampftemperatur unter 450° C verzichten und an dessen Stelle ein Öl mit 4,5° E bei 50° C einführen.

In vereinzelten Fällen wurde auch mit Rücksicht auf Schwierigkeiten, die an Schneckenantrieben von Ölpumpen und Fliehkraftreglern auftraten — im Abschn. III, 5 und V, 4 ausführlich behandelt —, vollkommen unrichtigerweise ein zähflüssiges Öl zur Schmierung herangezogen, da man annahm, daß die Ursache der aufgetretenen Schwierigkeiten in der Verwendung eines zu dünnflüssigen Turbinenöles zu suchen sei. Auch für diese Antriebe mit Schneckengetrieben genügen Öle mit 4 bis 5° E bei 50° C vollkommen und sichern eine einwandfreie Schmierung.

Eine mehrjährige Beobachtung der von einem dünnflüssigen Öl 2,8 bis 4,5° E/50° C auf ein solches von 4,5° E/50° C umgestellten Dampfturbinen zeigten weder Schwierigkeiten an Reglern, die nach Ansicht der Turbinenhersteller ein besonders dünnflüssiges Öl verlangten, noch das Auftreten einer Lagertemperaturerhöhung infolge größerer innerer Reibung des Öles, somit, daß diese Umstellung auf ein zähflüssigeres, mittelflüssiges Dampfturbinenöl keinerlei Schwierigkeiten bereitete und von den Turbinenbetreibern überhaupt nicht beachtet wurde. *Verfasser [7] beschränkte sich auf Grund dieser langjährigen Erfahrungen seit dem Jahre 1942 mit bestem Erfolge auf die Empfehlung von nur einer Dampfturbinenölsorte für ortsfeste, unmittelbar gekuppelte und Getriebedampfturbinen mit einer Viskosität von 4,5° E/50° C und fand die Zustimmung sämtlicher Dampfturbinenhersteller Deutschlands, Österreichs, der Schweiz und der Tschechoslowakei.*

III. Konstruktive Ausbildung
des Schmier- und Regelsystems von Dampfturbinen.

Die konstruktive Durchbildung des Schmier- und Regelsystems wird von der Forderung nach absoluter Betriebssicherheit und Wirtschaftlichkeit des Dampfturbinenbetriebes und der damit verbundenen Schonung des Dampfturbinen-Umlauföles beeinflußt. Durch die zweckmäßige Ausbildung des Schmier- und Regelsystems in bezug auf Schonung des Umlauföles im Betriebe kann der Konstrukteur einen ganz wesentlichen Beitrag zur Erzielung richtiger Schmierung von Dampfturbinen und zur Verminderung der Schmierungskosten leisten.

1. Beschreibung des Schmier- und Regelsystems.

Mit Ausnahme der „Kleinturbinen", die meist Ringschmierlager besitzen, werden sämtliche übrigen Turbinen mit einer

Druckumlaufschmierung

ausgerüstet, in die auch in fast allen Fällen etwa vorhandene Getriebe und Arbeitsmaschinen, wie Generatoren oder Turbokompressoren, einbezogen werden.

Wie aus Abb. 6 zu entnehmen ist, wird das Umlauföl von einer Zahnradpumpe aus dem Ölbehälter angesaugt und das Drucköl zunächst der Drehzahl- und den Drucksteuerungen sowie den Schnellschluß-Sicherheitseinrichtungen zugeleitet. Die für die Steuerung nicht benötigte Ölmenge wird nach entsprechender Abdrosselung auf den Lageröldruck zunächst im Ölkühler heruntergekühlt und dann den Lagern, der Eingriffsstelle der Schnecken, bei Getriebeturbinen auch den Spritzdüsen an den Eingriffsstellen der Zahnräder zugeführt. Das von den Regelungen und Lagern ablaufende Öl fließt in den Ölbehälter zurück, um nach entsprechender Beruhigung und Ausscheidung von eingetretenen Verunreinigungen wieder angesaugt zu werden.

Für die Betätigung der Regelung ist ein Öldruck von 4 bis 6 atü üblich. Für die Schmierung wird der Öldruck in einem Reduzierventil, dem sog. Ölverteilungsventil, auf 0,3 bis 0,5 atü vor den Lagern und

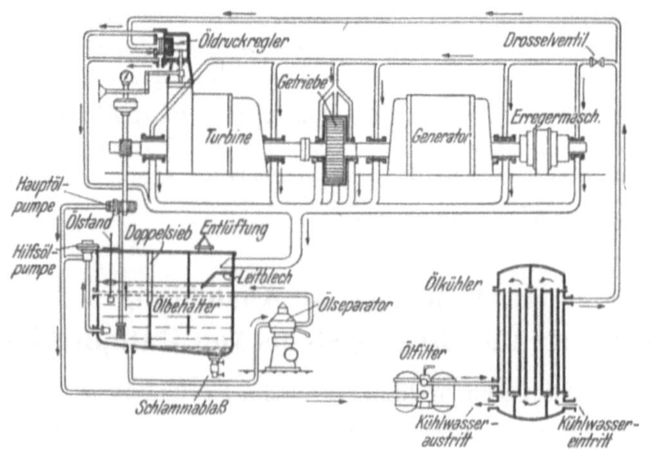

Abb. 6. Schema des Druckumlauf-Schmiersystems einer Dampfturbine [24].

Getrieben herabgesetzt. Das für die Steuerung benötigte Öl wird vor dem Verteilungsventil abgezweigt. An Stelle von Reduzierventilen werden auch zur Herabsetzung des Arbeitsöldruckes im Lagerölkreislauf druckmindernde Blenden eingebaut, wodurch Montage und Wartung der Anlage vereinfacht werden.

Das Schmier- und Regelsystem der Dampfturbinen umfaßt im wesentlichen folgende Teile, mit deren Aufgabe und Kenntnis der konstruktiven Ausgestaltung der Besitzer solcher Kraftmaschinen im Interesse einer wirtschaftlichen Betriebsführung und größtmöglicher Betriebssicherheit restlos vertraut sein muß:

Ölbehälter, Hauptölpumpe, Ölverteilungsventil, Turbo- und Elektrohilfspumpe, Drucköl- und Rückflußleitungen einschließlich Rückschlagventile, Ölkühler, Stopfbüchsen und Abweisscheiben, Lager, Kupplungen, Drehvorrichtung, Filter, Getriebe, Regel- und Steuereinrichtung.

Die Anordnung und Gestaltung sämtlicher ölführenden Teile des Schmier- und Regelsystems hat der Konstrukteur vom Standpunkt der größtmöglichen Schonung des Umlauföles im Betriebe und weitgehendsten Ausschaltung der Brandgefahr bei Auftreten von Undichtheiten zu treffen und die Ölversorgungsanlagen so sorgfältig und sicher wie nur möglich auszuführen [25].

2. Größe der Ölfüllung und Umwälzzahl.

Zu den wichtigsten Faktoren, welche unter anderem die Lebensdauer einer Ölfüllung beeinflussen, gehören die Größe der Ölfüllung und die Umwälzzahl. Die Fördermenge der Hauptölpumpen, die eingestellten Arbeitsdrücke des Öles im Lager- und Regelkreislauf und schließlich die Größe des Ölbehälters ergeben in ihrem funktionellen Zusammenhang den Begriff der Umwälzzahl, d. h. jener Zahl, die angibt, wie oft der gesamte Ölinhalt des Behälters einschließlich des Rauminhaltes der Rohrleitungen in der Zeiteinheit, also in einer Stunde das Schmier- und Regelsystem durchläuft.

RICHTER [26] kann das Verdienst für sich in Anspruch nehmen, als erster die Frage der *Größe der Ölfüllung* von Dampfturbinen untersucht und auf die Bedeutung derselben für die Schonung des Umlauföles im Betriebe hingewiesen zu haben. Auf Grund von Untersuchungen an 52 Turboaggregaten hat RICHTER eine Formel zur Ermittlung der wahren Größe der Ölfüllung entwickelt, die es ermöglicht, nicht nur bestehende Anlagen auf das Vorhandensein der schmiertechnisch richtigen Menge des Umlauföles zu prüfen, sondern auch dem Konstrukteur bei der Planung einer neuen Anlage die Mittel an die Hand zu geben, die richtige Größe der Ölfüllung sicherzustellen.

Nach RICHTER ist die durch das Öl stündlich abgeführte Wärmemenge aus der Größe der vorhandenen Ölfüllung (a), Umwälzzahl (z), spezifische Wärme (c) und der Öltemperaturdifferenz (Δt) am Ölkühler:

$$\mathrm{WE} = a \cdot z \cdot c \cdot \Delta t.$$

Benützt man diese Formel zur Berechnung der Ölmenge, dann gilt die Beziehung

$$a = \frac{\mathrm{WE}}{z \cdot c \cdot \Delta t},$$

die dadurch ihre Berechtigung erhält, daß die stündlich durch das Öl abzuführende Wärmemenge von dem Turbinenkonstrukteur errechnet werden kann, und die im Nenner stehenden Faktoren z, c, Δt als Konstanten angesehen werden müssen. RICHTER setzt auf Grund seiner Erfahrungen $z = 8{,}5$ und $t = 12$, die spezifische Wärme des Öles $c = 0{,}45$. Da z, Δt und in erster Linie c konstante Werte darstellen, kann die Förderleistung der Hauptölpumpen und die wirksame Ölkühlerfläche bei Einhaltung einer Öltemperatur vor dem Ölkühler — also beim Eintritt in den Kühler — von höchstens 60° C nicht willkürlich gewählt werden. Daß die Abhängigkeit von der Größe der Ölfüllung bisher nicht immer berücksichtigt wurde, zeigen RICHTER [27] und UHTHOFF [28], wobei letzterer feststellt, daß die Turbinen der Baujahre 1908 bis 1934 fast ausnahmslos zu geringe Ölfüllungen besitzen.

Bei Ermittlung der Größe einer Turbinenölfüllung nach RICHTER und bei Einhaltung der zahlenmäßig festgelegten Angaben ist die Gewähr gegeben, daß die die Ölalterung beschleunigenden und mitunter das Versagen des Umlauföles herbeiführenden Faktoren, die in der konstruktiven Eigenart der Turbinen begründet sind, wie hohe Umwälzzahl und zu große Wärmebelastung des Umlauföles, ausgeschaltet sind. Andererseits ist aber eben durch diese Angaben die Ölfüllung so bemessen, daß das Umlauföl in zulässigem Maße zur Arbeitsleistung herangezogen wird.

Das Berechnungsverfahren nach RICHTER ist als Hilfsmittel zu betrachten, dem unsere Kenntnis des Verhaltens des Umlauföles in der Turbine zugrunde liegt. Da die Werte für z und Δt von im Betrieb befindlichen Turbinen ermittelt wurden, haben sie praktische Bedeutung und können ohne weiteres zur Berechnung der Ölfüllung herangezogen werden, denn die bisherigen Betriebserfahrungen haben gezeigt, daß bei Einhalten dieser wertmäßigen Größen das Umlauföl — sofern die sonstigen Betriebsverhältnisse an den Turbinen schmiertechnisch normale sind (VII, 1) — normal altert und lange Laufzeiten der Turbinenölfüllungen erreicht werden.

SIMON [29] schlägt zur Bestimmung der Ölfüllung, der Pumpengröße, der Umwälzzahl unter Berücksichtigung der Bauart der Turbinen ebenfalls eine Formel vor.

Bei AEG-Turbinen faßt der Ölbehälter die 4- bis 6fache minutliche Fördermenge der Hauptölpumpe. Unter Berücksichtigung der in den Ölleitungen verbleibenden Ölmengen entspricht dies einer Umwälzzahl von 8 bis 12 je Stunde [9].

In Abb. 7 hat Verfasser die spezifischen Ölfüllmengen der von ihm überwachten Turbinen zusammengestellt. Es handelt sich hierbei um

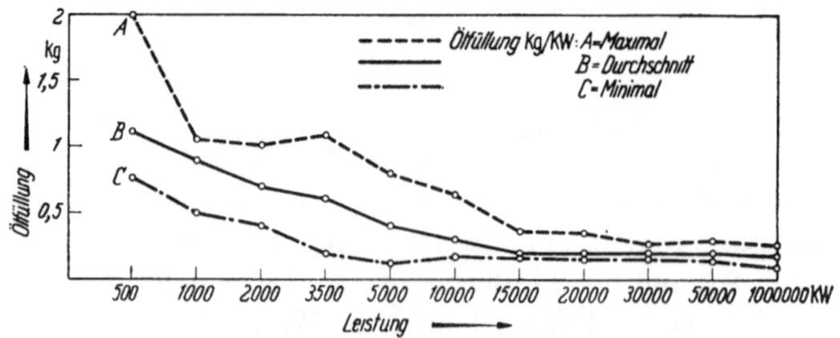

Abb. 7. Spezifische Ölfüllungen von Dampfturbinen. (Nach Wolf.)

Durchschnittswerte von vielen Hunderten Dampfturbinen, wobei die Ölfüllmengen der verschiedenen Turbinenhersteller ziemlich starke Unterschiede zeigen.

$$\text{Umwälzzahl/h} = \frac{\text{Ölpumpenleistung/min} \cdot 60}{\text{Ölfüllung}}.$$

Nach RICHTER soll die Umwälzzahl zwischen 8 und 9 liegen, UHTHOFF nennt 12 als zulässige obere Grenze, SIMON 8 bis 10, Verfasser [7] 8 bis 12. Auch die Arbeitsgemeinschaft Deutscher Kraft- und Wärmeingenieure (ADK) hat als zulässige Umwälzzahl 8 bis 12 festgelegt [30].

Der Begriff „Umwälzzahl" bezieht sich auf die Pumpenleistung, d. h. bei gleichbleibender Pumpenleistung wird das gesamte in den Ölbehälter eingefüllte Öl 8- bis 12mal pro Stunde umgewälzt. Es sei aber besonders darauf hingewiesen, daß ein Teil des geförderten Umlauföles über ein Überströmventil in den Ölbehälter zurückfließt, ohne den Weg durch die Turbine — also durch die Lager, das Getriebe, die Kupplung, den Regler usw. — genommen zu haben; wenn z. B. 20% der Ölfüllung für die Steuerung und 80% für die Lagerschmierung benötigt werden, so tritt eine weitere thermische Belastung des Umlauföles, vor allem durch die Lagerschmierung ein, weil nicht die gesamte Ölfüllung zur Ableitung der abzuführenden Wärmemenge dient, da sich die Umwälzzahl auf den Gesamtinhalt des Ölbehälters und der Ölleitungen bezieht. Diese hierdurch hervorgerufene Steigerung der spezifischen Wärmebelastung des Umlauföles kann nach Ansicht des Verfassers vernachlässigt werden, wenn die Umwälzzahl zwischen 8 bis 12 liegt und wenn normale Betriebsverhältnisse an der Turbine im Sinne VII,1 vorherrschend sind.

UHTHOFF [28] weist nach, daß die Umwälzzahl überhaupt keine Gesetzmäßigkeit aufweist, da hier weder auf kW-Leistung noch auf die Dampftemperatur oder andere Punkte Rücksicht genommen wurde. Noch in den letzten Jahren sind Turbinen gebaut worden, deren Umwälzzahlen nach den verschiedenen Erfahrungen im Betriebe als zu hoch anzusprechen sind [26].

Bei Gegendruckturbinen verdient diese Frage besondere Beachtung, weil bei diesen das Öl eine höhere Beanspruchung durch Wärmeaufnahme erfährt als bei Kondensationsturbinen. Die Dampftemperatur im Abdampfstutzen der Gegendruckturbinen liegt etwa bei 200° C, bei hohen Gegendrücken (Vorschaltturbinen) und hohen Entnahmedrücken (Zweigehäuse-Entnahme-Gegendruck-Turbinen) unter Umständen sogar 300° C, bei Kondensationsturbinen dagegen nur bei etwa 50° C.

Über den Einfluß der Umwälzzahl auf den Alterungsverlauf und die Lebensdauer der Ölfüllung sind im Abschn. IV,6, u. V,6 die vom Verfasser gesammelten Erfahrungen und Untersuchungsergebnisse niedergelegt. Sämtlichen Konstrukteuren muß an dieser Stelle im Interesse der Schonung des Umlauföles besonders bei Höchstdruckturbinen dringendst empfohlen werden, die Ölfüllung im Sinne der Ausführungen von RICHTER vorzusehen und in Hinkunft keinesfalls die Umwälzzahlen von 8 bis 12 zu überschreiten [31].

3. Durchschnittliche Größe der vom Umlauföl bespülten Flächen nach Werkstoffen getrennt.

Neben den maschinen- und betriebsbedingten Einflüssen, den Luftsauerstoff und der Temperatur spielt auch der katalytische Einfluß der vom Öl bespülten Flächen des Schmier- und Regelsystems auf die Ölalterung, die Alterungsgeschwindigkeit und die Schlammbildung eine Rolle, worüber im Abschn. IV,2, 3 ausführlich berichtet werden soll.

Verfasser [32] hält es daher für notwendig, ein Bild über die Größe der im Schmiersystem vom Umlauföl bespülten Flächen, nach Werkstoffen getrennt, zu erhalten und die katalytischen Einflüsse der Werkstoffe auf das Umlauföl vom schmiertechnischen Standpunkt richtig beurteilen zu können.

Zu den ölbespülten Flächen zählen Ölbehälter und Ölleitungen, die Rohre, Rohrböden und das Gehäuse der Ölkühler, die verschiedenen Legierungen der Gleit- und Drucklager, die Schneckenräder, Schnecken und Ritzel, sowie Ventile usw.

Die durchschnittliche Beteiligung der verschiedenen Baustoffe an den ölbespülten Metallflächen des Schmier- und Regelsystems von Dampfturbinen ist in Prozentsätzen in Zahlentafel 1 für eingehäusige und zweigehäusige Turbinen zusammengestellt.

Zahlentafel 1. *Ölbespülte Flächen von Dampfturbinen nach Werkstoffen getrennt.* (Nach WOLF.)

Werkstoff	Eingehäuse-turbinen %	Zweigehäuse-turbinen %
Gußeisen	26,0	25,0
Flußeisen und Stahl	44,1	44,5
Messing	27,2	27,3
Bronze	1,3	1,3
Lagermetall	1,1	1,57
Zink	0,23	0,26
Kupfer	0,07	0,07
Gesamte ölbespülte Fläche	100,00	100,00

Aus dieser Zusammenstellung ist zu ersehen, daß Eisen mit rund 70% den Hauptanteil der vom Öl bespülten Flächen ausmacht und die Röhrenbündel im Ölkühler mit nahezu 30% beteiligt sind. Das Lagermetall mit unter 2% spielt eine untergeordnete Rolle.

4. Ölbehälter.

Sämtliche Dampfturbinen sollen grundsätzlich mit getrenntem Ölbehälter ausgerüstet werden [25], [33]. Wo es die örtlichen Verhältnisse gestatten, sind, insbesonders bei größeren Turbinenanlagen, die Ölbehälter durch feuersichere Wände zu ummanteln, so daß ein vollkommen getrennter Raum geschaffen wird, durch den keine Dampfleitungen gehen dürfen. Der Raum erhält eine einzige Einstiegöffnung, die feuersicher und zuverlässig dicht abgeschlossen sein muß. Der Ölbehälterraum soll eine CO_2-Löscheinrichtung erhalten. Die Ummantelung kann in Fortfall kommen, wenn Ölbehälter, Ölkühler und die Ölleitungen in genügender Entfernung vom dampfführenden Teil angeordnet sind.

Die Lage des Ölbehälters ist mit Rücksicht auf die Hauptölpumpe gegeben, wobei jedoch die Ölleitungen möglichst kurz ausgeführt und Heißdampfleitungen, Wasserabscheider, Verteilungsstücke oder Absperrschieber in bezug auf den Ölbehälter so verlegt werden sollen, daß bei Undichtheiten oder Reißen einer Schweißnaht am Ölbehälter oder an den Ölleitungen zwischen Hauptölpumpe und Behälter das austretende Öl nicht auf heißdampfführende Teile gelangen kann. Gegebenenfalls ist eine geeignete Abschirmung, z. B. Blechwand, vorzusehen. Grundsätzlich ist eine Öffnung im Maschinenhausflur anzubringen, die es ermöglicht, von oben in den Ölbehälter heranzukommen.

Durch die richtige Ausbildung und Größe des Ölbehälters kann der Konstrukteur einen sehr bedeutenden Beitrag zur Schonung des Umlauföles während des Betriebes leisten. Der Ölbehälter ist die einzige Stelle des ganzen Ölkreislaufes, wo das Öl bei seinem Weg durch das Schmiersystem vorübergehend zur Ruhe kommen soll, um die mitgebrachten Verunreinigungen, wie Wasser, Turbinenschlamm, feste Fremdstoffe, Luft usw., abzuscheiden. Damit der Ölbehälter diese ihm gestellte Aufgabe erfüllen kann, müssen alle für das Abscheiden der vom Umlauföl während des Betriebes aufgenommenen Verunreinigungen erforderlichen Voraussetzungen geschaffen werden.

Die Konstruktion des Ölbehälters ist zweckmäßig so zu wählen, daß während des Betriebes sämtliche Verunreinigungen aus dem Umlauföl entfernt werden können, es sind daher tote Winkel und Räume zu vermeiden, in welchen sich solche ansammeln können. Die Längswände sollen im unteren Teil mindestens 45° geneigt verlaufen und der Boden eine entsprechende Neigung zum Ölablaufstutzen erhalten, damit die nicht vermeidbaren Verunreinigungen, wie Wasser, Turbinenschlamm und feste Fremdstoffe usw., leicht und vollkommen abgelassen werden können. Dieser, an der tiefsten Stelle vorzusehende Ölablaufstutzen soll zweckmäßigerweise als Schlammschleuse ausgebildet werden, indem man ein Gefäß zwischen zwei untereinander angeordneten, durch Steckschlüssel zu betätigende Hähne oder Schieber (keine Ventile!) an Stelle des Schlammablaßhahnes einbaut. Ventile sind wegen Verstopfungsgefahr zu vermeiden. Entleerungshähne und Schieber können bei etwaiger Verstopfung durchstoßen werden. Der obere Hahn ist während des Betriebes immer offen, so daß sich die Verunreinigungen im Schlammgefäß, das mit einem Luftventil versehen ist, absetzen können, die dann nach Schließung des oberen und Öffnen des unteren Hahnes oder Schiebers sowie Öffnen eines Luftventils zu entfernen sind. Den unteren Ablaßhahn sichere man zweckmäßig durch Anbringung eines Sicherheitsschlosses.

Ist eine Zentrifuge, ein Ölseparator, dauernd im Nebenschluß angeschlossen (Abb. 6), dann muß das zu zentrifugierende Umlauföl nicht aus der Ansaugkammer des Ölbehälters abgezogen werden, sondern kann sogar besser auch direkt am Schlammablaß entnommen werden. Zu diesem Zwecke versieht man das Ablaßrohr mit einem Anschlußgewinde und kann dadurch eine Zentrifuge, vorteilhafterweise eine fahrbare Zentrifuge oder Ölschleuder leicht und handlich anschließen, wobei das im Nebenschluß zu reinigende Öl der Zentrifuge unter freiem Fall zugeführt werden kann, da der Ölbehälter meist hochgestellt ist.

Jeder Ölbehälter soll durch sorgfältige Schweißung hergestellt sein und darf keinesfalls einen Innenanstrich bekommen, weil erfahrungsgemäß auch die sog. ölbeständigen Lacke, wenn sie nicht durch das Öl, so durch die zur Reinigung des Schmiersystems verwendeten chemischen, vor allem alkalischen Mittel angegriffen und gelöst werden und dadurch den Alterungsverlauf des Umlauföles sehr ungünstig beeinflussen.

Mit Rücksicht auf die Notwendigkeit leichter Abgabe der vom Umlauföl mitgeführten Verunreinigungen und Luft muß eine geeignete Bauart des Ölbehälters vorgesehen werden, damit durch geringe Strömungsgeschwindigkeit von etwa 5 bis 10 cm/sec bei verhältnismäßig niedriger Ölschichte — geringe Tiefe bei großer Oberfläche — dieses Ziel erreicht wird.

Die Innenausbildung des Ölbehälters ist für die richtige Lenkung des Umlauföles von größter Wichtigkeit, damit dem Öl die Möglichkeit geboten wird, sämtliche Verunreinigungen abzuscheiden.

Das Umlauföl soll beim Eintritt in den Ölbehälter nicht im freien Fall auf die Öloberfläche auftreffen, weil hierdurch noch zusätzlich Luft in die Ölfüllung hineingeschlagen und Schaumbildung hervorgerufen wird. Es ist auch nach neueren Erfahrungen unnötig, das Rücklaufrohr bis unter den Ölspiegel zu führen und evtl. parallel zum Ölspiegel umzubiegen, weil dadurch unter Umständen nicht unerhebliche Stauungen in der Ölrücklaufleitung entstehen können. Das Rücklauföl ist am besten beim Eintritt in den Ölbehälter durch ein im flachen Winkel zum einfallenden Strahl angeordnetes Leitblech mit Blasenbrecher (scharfkantige Stäbe, Löcher) zu führen, das sich jedoch nicht über die ganze Breite des Behälters erstrecken soll, damit kein Schaum zurückgehalten wird. Dadurch wird das Rücklauföl auf eine größere Fläche verteilt, und Luft, Wasser und sonstige Verunreinigungen können leicht abgeschieden werden. Außerdem sind im Ölbehälter noch Beruhigungsbleche und Siebe so einzubauen, daß das Öl auf dem Wege zum Ansaugstutzen der Hauptölpumpe sämtliche Verunreinigungen restlos ausscheiden kann. Sehr vorteilhaft ist es, Doppelsiebe mit einer Maschenzahl von 25 bis 50 auf den cm² zur Trennung der Ölräume zu verwenden, um auch während des Betriebes der Turbinen eine Prüfung und Reinigung derselben vornehmen zu können. Zur Sicherung des Ölumlaufes bei verstopften Sieben muß das Öl über einen — über den höchsten Ölstand liegenden — Überlauf in den Saugraum treten können.

Alle Behältereinsätze, wie Leitbleche, Prallbleche, perforierte Bleche und Siebe, sollen aus schwer oxydierbaren Baustoffen bestehen, z. B. aus Eisenblech. Wegen der bekannten Eigenschaften des Kupfers als

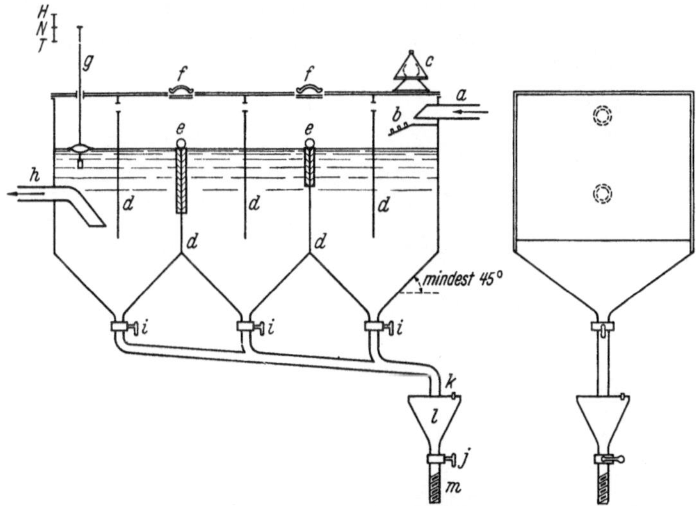

Abb. 8. Sachgemäße Ausführung eines Ölbehälters. (Nach WOLF.)
a Ölrücklauf, b Leitblech mit Blasenbrechern, c Entlüftungshaube, d Umlenkwände, e herausnehmbare Ölsiebe (Doppelsiebe), f verschließbare Öffnungen für Siebreinigung während des Betriebes, g Ölstandsanzeiger, h Ölansaugstutzen, i Schlammablaßschieber (während des Betriebes offen), j Hauptablaßschieber (während des Betriebes geschlossen und gesichert), k Luftventil, l Schlammsammelgefäß, m Schlammablaß mit Gewinde zum Anschluß einer fahrbaren Zentrifuge.

alterungsbeschleunigender Katalysator dürfen die Siebe nicht aus Kupfer hergestellt werden, sondern bestehen besser aus Messing. Wenn die zur Herstellung der Siebe benützten Drähte falsch gezogen oder unrichtig geglüht sind, so können später an denselben auftretende Verrottungserscheinungen fälschlicherweise dem Dampfturbinenöl zur Last gelegt werden.

Abb. 8 zeigt eine sachgemäße Ausführung eines Ölbehälters nach einem Entwurf des Verfassers.

Der Ölbehälter muß auf jeden Fall in geeigneter Weise entlüftet werden, damit die sauren Produkte, welche in den Öldämpfen enthalten sind, aber auch die Wasserdämpfe und die im Öl enthaltene Luft entweichen und die Öl- und Wasserdämpfe nicht wieder in das Schmiersystem und somit in das Umlauföl zurückgelangen können.

SKALA [34] weist in einer ausgezeichneten Arbeit den beschleunigenden Einfluß der flüchtigen Oxydationsprodukte auf die Alterungsgeschwindigkeit der Öle nach, wenn diese Verbindungen Gelegenheit haben, sich im kondensierten Zustand mit dem Öl wieder zu vereinigen. Auch ANDERSON [35] und BAADER [36] machen die gleichen Feststellungen.

BOHNENBLUST [37] ist es gelungen, nachzuweisen, daß es die mit dem Wasserdampf leichtflüchtigen primären Oxydationsprodukte sind, welche einen ganz besonders ungünstigen Einfluß auf die Lebensdauer der Öl-füllung ausüben, und ist auf Grund seiner Erfahrungen der Ansicht, daß ein großer Teil der raschen Alterung des Umlauföles nur auf die

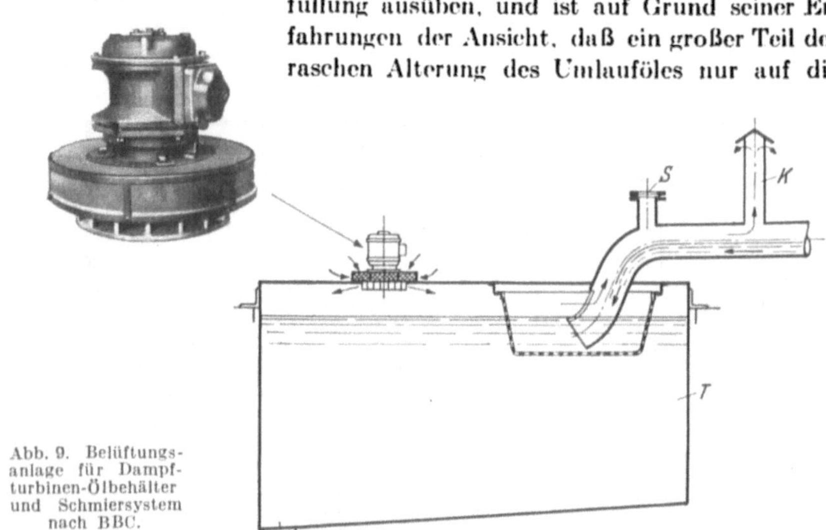

Abb. 9. Belüftungsanlage für Dampfturbinen-Ölbehälter und Schmiersystem nach BBC.

schlechte Entlüftung des Schmiersystems bzw. auf den Rückfluß des Öldampfkondensates zurückzuführen ist. Dies deckt sich auch vollkommen mit den Erfahrungen des Verfassers.

In Verwertung dieser Erkenntnisse hat BBC-Baden (Schweiz)[38] nachstehend beschriebene Schmiersystembelüftung entwickelt, die von BBC-Mannheim übernommen wurde (Abb. 9). BBC ist bei allen mittleren und größeren Turboaggregaten dazu übergegangen, durch Ventilatoren Luft über die Öloberfläche im Ölbehälter und in der Rückflußleitung zu blasen, wodurch nicht nur die sauren Oxydations- und Alterungsprodukte des Umlauföles weggeführt und die Alterung des Umlauföles stark vermindert wird, sondern es wird auch durch diese Ventilation das Umlauföl vor allem in vollständiger Weise getrocknet, so daß Wasser (ausgenommen bei undichten Wasserleitungen) verschwindet. Das Umlauföl wird um so besser entlüftet und getrocknet, je größer die Oberfläche, je geringer die Strömungsgeschwindigkeit und je kleiner die Öltiefe im Ölbehälter ist, worauf Verfasser bereits oben hingewiesen hat.

Schematische Darstellung einer Ventilationsanlage mit dem Öltank T, dem Ventilationskamin K und der Befeuchtungskontrollscheibe S. Daneben die einfache Konstruktion des mit dem Motor zusammengebauten Ventilators, der in verschiedenen Größen geliefert wird.

Durch dieses von BBC entwickelte Belüftungsverfahren wird ein Verrosten des Schmiersystems und ein Ansammeln von Wasser im Ölbehälter sowohl während des Betriebes als auch während des Stillstandes der Turbine vermieden. Bei Verwendung eines schwachen Luftstromes besteht bei diesen BBC-Belüftungsverfahren keine Gefahr einer Steigerung des Nachfüllölverbrauches.

GHH (Gute Hoffnung-Hütte) hat ebenfalls eine spezielle Entlüftung des Schmiersystems eingeführt. Während bei der BBC-Belüftung im Ölbehälter ein kleiner Überdruck erzeugt wird, wird bei GHH durch einen Preßluftinjektor ein Unterdruck erzeugt.

Schließlich sei noch auf die von der AEG eingeführte Kaminentlüftung des Schmiersystems bei geschlossenem Ölbehälter hingewiesen (Abb. 10).

DANNINGER [39] hat eine sehr interessante Vorrichtung zur Entlüftung des Umlauföles von Dampfturbinen in Vorschlag gebracht, die

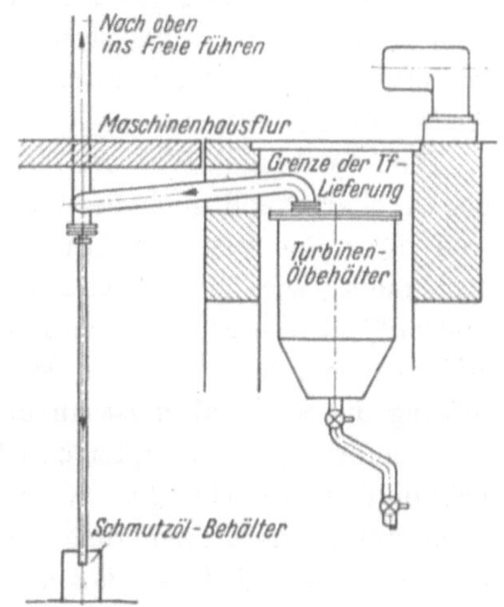

Abb. 10. AEG-Kaminentlüftung des Ölbehälters von Dampfturbinen.

weit über den Rahmen einer Entlüftung hinausgeht, da das Umlauföl gleichzeitig entgast, entschäumt und entwässert wird [11].

Die bei diesen vorstehend beschriebenen speziellen Entlüftungsmethoden abgeblasenen oder angesaugten und in den Ölabscheidern und Schmutzölbehältern kondensierten Ölmengen dürfen ohne vorherige Regenerierung auf keinen Fall als Nachfüllöl verwendet werden.

Neben diesen Methoden dient zur Abfuhr von Öl- und Wasserdämpfen eine *Entlüftungshaube*, die aus einem einfachen Rohrstutzen mit Haube besteht, der geeigneterweise an der Stelle des Ölbehälterdeckels aufgesetzt wird, wo darunter das Rücklauföl über das Leitblech in den Behälter eintritt (Abb. 6 u. 8).

Im Maschinenhausfußboden ist oberhalb des Ölbehälterdeckels ein abnehmbarer Belag vorgesehen, damit der Behälter befahren, die Ölsiebe gereinigt und auch Öl nachgefüllt werden können.

Um den alterungsbeschleunigenden Einfluß aggressiver Schwelgase, Ammoniak, Chlor, Schwefeldioxyd, die bei besonderen, ungünstigen

Betriebsverhältnissen in der Außen- und Maschinenhausluft enthalten sind, auszuschalten, wurden vor einigen Jahren erstmalig Versuche gemacht, das Umlauföl von der Atmosphäre abzuschließen. Das Schmiersystem wurde mit bestem Erfolge vollkommen abgeschlossen. Der Abschluß erfolgte durch Einleiten von Stickstoff mit geringerem Überdruck an den Dichtungsringen der Lager des Turboaggregates. Durch diese Maßnahme, die von der AEG angewendet wurde, konnte die Lebensdauer der Ölfüllungen auch unter solchen ungünstigen Betriebsbedingungen auf normale Zeiten gebracht werden.

Zur Verhinderung des Eintritts gas- und staubförmiger Verunreinigungen in das Schmiersystem von Dampfturbinen wird auch oft das gesamte Maschinenhaus unter einen geringen Überdruck gegenüber der Außenluft gestellt.

Die Ausbildung der Grundplatte, des Maschinenrahmens der Turbinen als Ölbehälter soll auch bei kleinen Aggregaten verlassen werden [*30*], weil diese Bauweise die Alterung des Umlauföles besonders stark beschleunigt, wie im Abschn. IV,5 nachgewiesen wird. Bei Grundplattenbehältern ist meist ein flacher Behälterboden vorhanden, der ein Ablassen von Schlamm und Wasser unmöglich macht. Auch die Entlüftung dieser Behälter ist unzureichend und wird in vielen Fällen bei hufeisenförmigen Grundplattenbehältern durch Versteifungsrippen sogar vollkommen unterbunden, wodurch auch starke Rostbildung auftritt. Eine einwandfreie Reinigung solcher Grundplattenbehälter ist im allgemeinen unmöglich, so daß auch ein schnelles Altern der Neufüllung durch zurückgebliebene Alterungsstoffe und Rost eintritt. Eine Ausnahme bilden die Grundplattenbehälter von BBC, die schmiertechnisch einwandfrei sind und einer weitgehenden Schonung des Umlauföles Rechnung tragen.

Um die dauernde Prüfung des vorgeschriebenen Ölstandes im Ölbehälter leicht vornehmen zu können, ist stets ein Ölstandsanzeiger vorgesehen, der meist in Form eines einfachen Schwimmers ausgebildet ist und eine Anzeigevorrichtung besitzt, welche den höchsten, den Normal- und tiefsten Ölstand anzeigt.

Die Größe des Ölbehälters ist so zu bemessen, daß das Umlauföl genügend Zeit hat, während des Durchfließens die aufgenommenen Verunreinigungen wieder vollkommen auszuscheiden. Wie bereits in Abschn. III,2 festgelegt, soll der Ölinhalt so groß sein, daß die Ölfüllung nicht öfter als 8- bis 12mal in der Stunde umgewälzt wird.

5. Hauptölpumpe — Ölverteilung.

Die Hauptölpumpe ist in fast allen Fällen über Schnecke — und Schneckenrad oder Stirnräder von der Turbinenwelle angetrieben und als Zahnrad- oder Zentrifugalpumpe gebaut.

Hauptölpumpe und Saugleitung müssen unbedingt dicht sein. Eindringen von Luft kann nicht nur zu einer erheblichen Schaumbildung des Umlauföles, sondern auch zu einem Abreißen des Ölstromes führen, wodurch eine Unterbrechung des Ölkreislaufes eintritt, und somit Beschädigungen der Turbinenlager, des Schneckenantriebes und vorhandener Untersetzungsgetriebe zur Folge haben können. Gut ausgeführte Hauptölpumpen saugen bei den üblichen Saughöhen auch dann an, wenn sie nicht mit Öl gefüllt sind.

An den Saugrohrmündungen der Haupt- und Hilfsölpumpe dürfen Filter und engmaschige Siebe nicht angebracht werden, da sie während

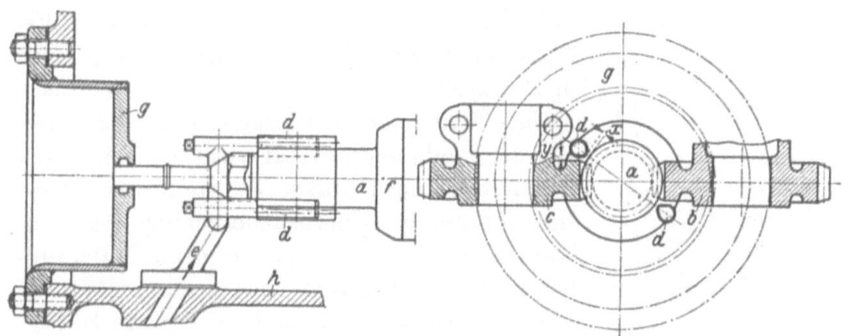

Abb. 11. Schmierung des Schneckentriebes für Drehzahlregler und Ölpumpe [9].
a Turbinenwelle mit Schnecke, *b* Schraubenrad zum Antrieb der Ölpumpe, *c* Schraubenrad zum Antrieb des Drehzahlreglers, *d* Ölspritzdüse für Schneckenschmierung, *e* Druckölzuleitung zur Ölspritzdüse, *f* Schnellschlußregler, *g* Stirndeckel des Vorderlagerbockes, *h* Vorderlagerbock.

des Betriebes nicht überprüft werden können und die Förderung des Umlauföles bei kaltem Öl oder stärkerer Verschmutzung unterbunden werden kann. Bei sachgemäßer Ausführung des Ölbehälters im Sinne der Ausführung des Abschn. III,4 erübrigt sich deren Anbringung an den Saugrohrmündungen ohnehin.

Bei der Montage der Hauptölpumpe ist besondere Sorgfalt anzuwenden, damit ihre Abdichtung und die der Saugleitung vollkommen ist.

Besondere Aufmerksamkeit muß der Konstrukteur der Ausbildung, dem Material und der Schmierung der Bronze-Schneckenräder und Schnecken für den Antrieb der Hauptölpumpen legen. Da die Fliehkraftregler den gleichen Antrieb haben, gelten tiefer stehende Ausführungen auch für diesen. Die Schwierigkeiten, die in der Praxis an diesen Schneckentrieben auftreten können, ihre Ursache und Behebung sind im Abschn. V,4 ausführlich behandelt. Um jedoch diese Schwierigkeiten zu vermeiden, sind die von KRAFT [40] gegebenen Richtlinien streng zu beachten.

Bei der Montage der Schneckentriebe ist ferner genauestens dafür Sorge zu tragen, daß diese mit größter Sorgfalt durchgeführt wird, die

Verzahnungen rund laufen, die Radwellen genau ausgerichtet sind und schließlich die Zuführung des Turbinenöles nach Richtlinien von Kraft[40] erfolgt, damit dieses nicht abgeschleudert wird, sondern tatsächlich in den Zahneingriff gelangt und eine vollkommene Schmierung der Schneckentriebe gesichert erscheint.

6. Turbo- und Elektro-Hilfsölpumpe.

Beim Anfahren und beim Auslaufen der Dampfturbinen übernimmt eine dampfangetriebene Hilfsölpumpe die Ölversorgung der Regulierung und Lager, die unter Zwischenschaltung von Rückschlagventilen beide Ölkreisläufe — für die Lagerschmierung und Regelung — mit der erforderlichen Ölmenge versorgt. Diese Hilfsölpumpe ist außerdem zur Lagerkühlung nach dem Abstellen der Turbine nötig, um eine übermäßige Erwärmung der Lagerschalen und damit eine Beschädigung des Lagermetalls beim Wiederanfahren nach kurzer Stillstandszeit, somit eine thermische Überbeanspruchung des Umlauföles in den Lagern zu vermeiden. Bei größeren Turboaggregaten wird auch vielfach zu Reservezwecken eine weitere Elektro-Hilfsölpumpe parallel geschaltet.

Die Turbo-Hilfsölpumpe wird meist in den Ölbehälter eingebaut und wird durch eine kleine Dampfturbine mit vertikaler Welle und der unterhalb des Ölspiegels liegenden, direkt auf der Welle der Hilfsturbine sitzenden Zentrifugalpumpe gebildet (Abb. 12). Neben Zentrifugalpumpen werden auch Zahnradpumpen verwendet.

Die Anordnung der Hilfsölpumpe am Deckel des Ölbehälters hat den Nachteil, daß bei geringster Undichtheit der kleinen Turbine Kondensat in das Öl des Behälters gelangen kann und unter Umständen mit dem Kondensat auch noch Rost oder sonstige in der Dampfleitung vorhandene Rückstände das Umlauföl verunreinigen können.

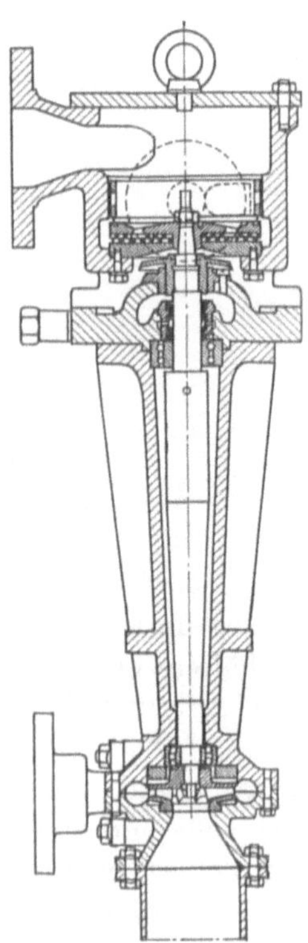

Abb. 12. Hilfsölpumpe [10].

Bei dieser Anordnung sind unter allen Umständen im Dampfzuführungsrohr zwei Ventile vorzusehen, damit ein guter Abschluß erzielt wird. Zwischen den beiden Ventilen ist eine Entwässerungsleitung anzuordnen, die bei Stillstand der Maschine zu öffnen ist, damit das Kondensat ins Freie entweichen kann. Von den beiden Ventilen im Dampfzuführungsrohr ist das eine stets als Absperrventil, das andere als Regelventil zu benützen.

In besonderen Fällen werden spezielle Vorrichtungen angebracht, die bei sinkendem Öldruck die Hilfsölpumpe selbsttätig in Betrieb setzen. Das zur Schmierung der Hilfsölpumpe verwendete Öl muß in Röhren in den Ölbehälter zurückgeführt werden. Die Hilfsölpumpen müssen gut zugängig sein, damit sie jederzeit gut beobachtet werden können. Sie sollen in ausreichender Entfernung von heißdampfführenden Teilen aufgestellt werden. Die Dampfzuführungsleitung zur Pumpe ist besonders gegen Ölzutritt zu sichern.

7. Drucköl- und Rückflußleitungen.

Bei der Verlegung der Drucköl- und Rückflußleitungen für das Schmier- und Regelsystem ist mit größter Genauigkeit darauf zu achten, daß keine Ölleitung leitender oder strahlender Wärme von heißen Maschinenteilen oder Dampfleitungen ausgesetzt wird. Dies gilt ganz besonders für die Leitungen des Regelsystems nicht nur wegen der großen Gefahr von Ölbränden bei Undichtheiten, da die Dampftemperatur bei Höchstdruckdampfturbinen beträchtlich über dem Selbstentzündungspunkt der Turbinenöle liegen, sondern vor allem deshalb, um unzulässige Überhitzungen des Öles zu vermeiden. Sämtliche Ölleitungen sind möglichst weit von den dampfführenden Teilen entfernt übersichtlich und besonders an den Flanschen leicht zugänglich und derart zu verlegen, daß sie sich nicht kreuzen. Ist das nicht zu vermeiden, dann soll die Ölleitung unterhalb der Dampfleitung geführt werden. Alle dampfführenden Teile, besonders in der Nähe der Ölleitung, sind außer mit gutem Wärmeschutz auch noch zum Schutz der Isolierung mit einem Dichtungs-Blechmantel zu versehen, um ein Aufsaugen von auftretendem Lecköl durch die Wärmeschutzmasse zu verhindern und die Brandgefahr auszuschalten. Die Ölleitungen müssen selbstverständlich vollkommen dicht und richtig dimensioniert sein. Man verwendet dazu am besten nahtlos gezogene Stahlrohre mit aufgewalzten Halsflanschen.

Die Ölrücklaufleitung muß mit stetigem Gefälle zum Ölbehälter verlegt sein, und deren Querschnitt ist so reichlich zu bemessen, daß selbst bei kaltem Öl — beim Anfahren der Turbine — möglichst nicht mehr als der halbe Querschnitt des Rohres gefüllt ist. Um Ölstauungen und Ölschäumen zu verhindern, sollen die Abflußleitungen von den Lagern niemals rechtwinklig, sondern in der Strömungsrichtung des Öles in die Rückflußleitung eingeführt werden. In den Abflußleitungen von den Lagern sind die Beobachtungsstutzen an Stelle der vielfach verwendeten Schraubstöpsel zweckmäßigerweise mit Entlüftungshauben versehen. Außerdem können auch an sicheren Stellen Schaulöcher mit Glaseinsätzen vorgesehen werden. Luftsäcke und scharfe Rohrkrümmungen sind in den Ölleitungen unbedingt zu vermeiden und, sofern vorhanden, zu beseitigen.

Sämtliche Teile der Ölleitungsanlage sind einer ausreichenden Druckprobe zu unterziehen. Auf eine gute Reinigungsmöglichkeit sämtlicher Leitungsstücke ist von vornherein Bedacht zu nehmen. Um das Fließen vagabundierender Ströme zu verhindern, sind die Ölzufluß- und -abflußleitungen zu den Lagern beim Durchtritt durch die Lagerböcke durch Anbringen von Muffen mit besonderer Dichtung zu isolieren. In die Druckölleitungen sind Manometer zur Kontrolle der Regleröl-, Lageröl- und Getriebeöldrücke einzubauen. Dem Turbinenhersteller sei die Einhaltung der technischen Richtlinien für Ölversorgungsanlagen von Dampfturbinen der WEV [25] dringend nahegelegt.

8. Dichtungsmaterial.

Es ist Vorsorge zu treffen, daß die Dichtungen auch bei Schwingungen nicht aus den Flanschen herausgedrückt werden. Die Dichtungen dürfen nicht in das freie Rohrinnere hineinragen. Auf sorgfältige Montage ist zu achten.

Die Flanschdichtungen müssen vollkommen ölbeständig sein und dürfen durch Öl nicht aufgelöst werden.

Es sind Hartpackungen zu verwenden. Die vielfach verwendeten Dichtungen aus Pappe mit Schellackanstrich, auch It-Platten haben sich nicht bewährt, weil die dem Öl zugewendeten Kanten aufgelöst werden und die Fasern in das Schmiersystem gelangen, wodurch Ölsiebe verklebt werden können. Außerdem werden bei Verwendung dieser Dichtung die Flanschverbindungen mit der Zeit undicht, und es tritt außer Ölverlusten noch die Gefahr eines Ölbrandes ein. Auch Bakelitlack hat sich nicht bewährt, da er nicht ölbeständig ist. Auf keinen Fall darf die bei den Monteuren vielfach so beliebte Schmierseife oder Zylinderöl zum Bestreichen von Dichtungsplatten verwendet werden, da hierdurch infolge Emulgierung die gesamte Ölfüllung der Turbine in kürzester Zeit verdorben wird und schwere Betriebsanstände die Folge sein können, wenn nur geringe Mengen Schmierseife oder Zylinderöl in den Ölkreislauf gelangen [33]. Auch Gummidichtungen sind, da öllöslich, nicht zu verwenden. Die Flanschdichtungen müssen daher trocken eingesetzt werden. Für diese Zwecke haben sich Klingerit-, Klingeroilit-, Densoloid- und Sidemdichtungen gut bewährt.

9. Ölkühler.

Bei den hochbeanspruchten Lagern der rasch laufenden Maschinen, besonders der Dampfturbinen und Turbokompressoren ist es nicht möglich, die Lagerausführung so zu wählen, daß die vom Lagerschmieröl aufgenommene Wärme allein durch Strahlung abgeführt wird. Heute verwendet man ausschließlich eine Druckumlaufschmierung und besonders in die Ölleitung eingeschaltete Ölkühler.

Die Ölkühler von Dampfturbinen bestehen aus einem Rohrbündel, durch das das Kühlwasser fließt, während das Öl die Außenseite der Rohre umspült und hierbei durch Umlenkbleche quer zur Längsachse

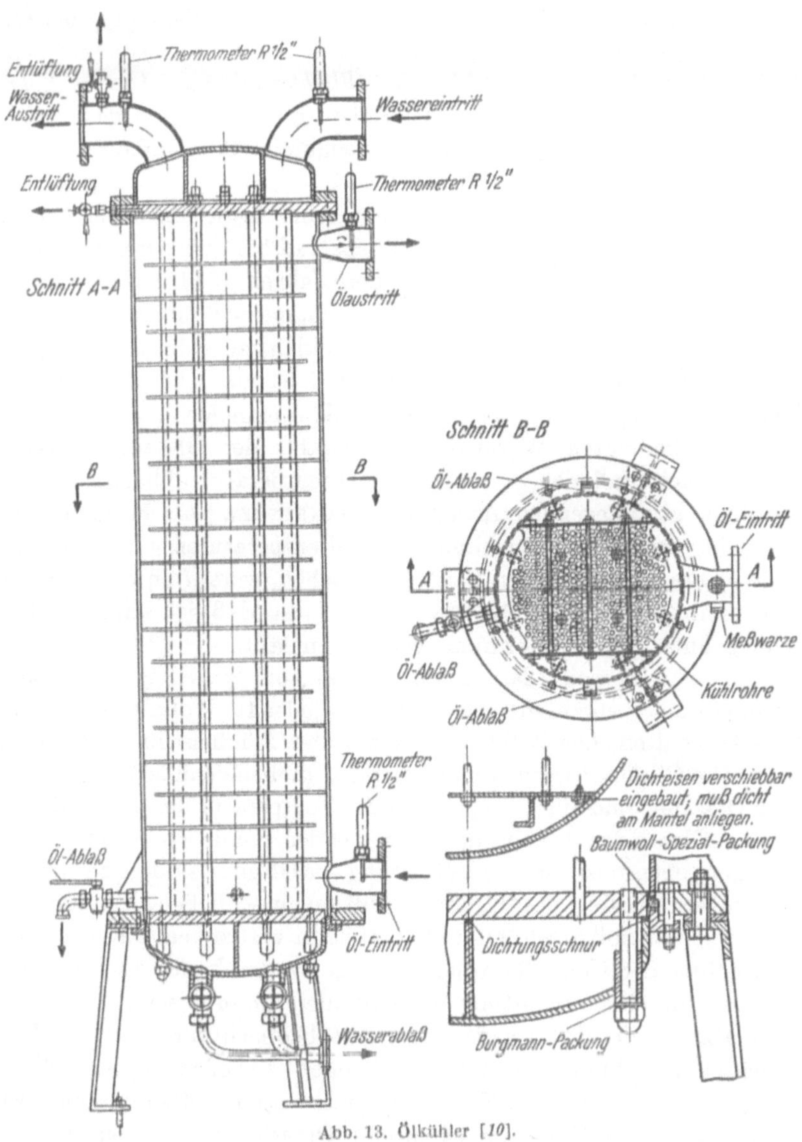

Abb. 13. Ölkühler [10].

wiederholt zur Richtungsänderung gezwungen wird. Die Ölkühler sind immer nach dem Gegenstromprinzip gebaut — Querstrom-Gegenstrom-Kühler —, und es ist dafür Sorge zu tragen, daß auf keinen Fall der

Wasserdruck im Ölkühler höher wird als der Druck des umgebenden Öles, damit bei auftretenden Undichtheiten nie Wasser in das Öl gelangen kann.

Mit Rücksicht auf die nötige Pflege des Umlauföles und die hierdurch bedingte periodische gründliche öl- und wasserseitige Reinigung der Ölkühler ist es unbedingt erforderlich, daß in die Schmiersysteme neuzeitlicher Dampfturbinen ausschließlich *Ölkühler mit ausziehbarem Rohrbündel* eingebaut werden. Stehende Ölkühler sind vorzuziehen, da liegende Ölkühler infolge Luftsackbildung ein Schäumen des Umlauföles verursachen können.

Um einerseits möglichst Kupfer und seine Legierungen zu sparen und andererseits einen günstigen Wirkungsgrad bei geringerer Größe zu erzielen, hat man in Deutschland in den Jahren 1943 bis 1944 einen neuen Kühler entwickelt, der den Namen „Mäander-Ölkühler"[41] führt.

Die Ölkühler sind *immer* in die Öldruckleitung einzuschalten. Die Größe der Ölkühler ist nach HEINRICH und STÜCKLE [42] von der zu kühlenden Ölmenge, der abzuführenden Wärmemenge, von der durch die Bauart bedingten Wärmedurchgangszahl, der Öl- und Wassergeschwindigkeit und von der mittleren Öltemperatur abhängig.

In einer grundlegenden Arbeit hat DANNINGER [43] Formeln aufgestellt, die eine direkte Berechnung der Öltemperaturen von Ölkühlern für alle in Frage kommenden Fälle ermöglichen, worauf an dieser Stelle besonders hingewiesen sei. DANNINGER stellt fest, daß sich seine Kühlergleichung auch für die Normung verwenden läßt.

PETERSEN [44] weist darauf hin, daß es von Vorteil ist, zwei oder mehrere Ölkühler vorzusehen, von welchen jeder für Vollast gebaut ist, um bei Abschalten eines Kühlers mit der vollen Kühlleistung rechnen zu können. Die Ölkühler werden meist parallel (nebeneinander) geschaltet.

Am Ölkühler sind zur Überprüfung der Temperatur des ein- und austretenden Öles sowie des ein- und austretenden Kühlwassers Meßstellen vorzusehen; ebenso ist für eine Entlüftung des Ölraumes Sorge zu tragen. An der untersten Stelle des Ölkühlers muß ein gutschließender und durch ein Sicherheitsschloß geschützter Ölablaßhahn vorhanden sein, der auch zur Entnahme der Umlaufölproben benützt werden kann. Auch wasserseitig muß für eine Entlüftung des Ölkühlers gesorgt sein.

Das ablaufende Kühlwasser soll leicht beobachtbar sein, um Undichtheiten am Ölkühler feststellen zu können; zuweilen werden Schaugläser eingebaut. Wenn das Kühlwasser nicht offen abfließen kann, ist ein Teil zur Überprüfung auf eventuelle Ölverluste abzuzweigen.

Wenn zur Vermeidung einer beschleunigten Ölalterung durch katalytische und elektrolytische Einflüsse eine sorgfältige Auswahl der Werkstoffe für das Schmiersystem von großer Bedeutung ist, so gilt das ganz besonders für den Ölkühler, da die Oberfläche der Kühlrohre nahezu

30% der gesamten vom Turbinenöl benetzten Flächen des Schmiersystems beträgt. Aus diesem Grunde gilt besonders für den Röhrenkühler die wichtige Forderung, daß Metalle, die in der elektrochemischen Spannungsreihe einen hohen Spannungsunterschied ergeben, wie z. B. Aluminium (—1,28 V) und Kupfer (+0,34 V) nicht zusammen verwendet werden.

Kupfer und Blei sind als Baustoffe für Ölkühler *nicht* zu verwenden. Wegen der ablehnenden Haltung des Verfassers Kupfer gegenüber wurde verschiedentlich darauf hingewiesen, daß z. B. im Schiffsturbinenbau für das gesamte Schmiersystem vorwiegend Kupfer Verwendung findet und sich dieses in der Praxis auch in bezug auf den katalytischen Einfluß auf das Dampfturbinenöl bewährt hätte. Dazu wäre folgendes zu sagen: Nach SKALA[45] ist die katalytische Alterungsbeschleunigung bei Dampfturbinenöl durch Kupfer in Gegenwart von Eisen und seiner Oxyde wesentlich stärker als durch Kupfer allein. Da 70 % der vom Umlauföl bespülten Flächen aus Eisen bestehen, so würden bei Verwendung von Kupferrohren im Ölkühler fast 30 % der ölbenetzten Flächen des Gesamtschmiersystems aus Kupfer bestehen, wodurch die große Gefahr einer abnormen Alterung des Umlauföles eintritt. Aus diesem Grunde ist ein Schmiersystem, das nur aus Kupfer besteht, unter den gleichen, ungünstigen Betriebsverhältnissen schmiertechnisch als weniger nachteilig anzusprechen.

Zum Kühlerbau werden vorzugsweise nachstehende Werkstoffe verwendet:

Mantel: Guß- oder Schmiedeeisen,

Wasserkammer: Gußeisen,

Rohrboden: Schmiedeeisen,

Umlenkbleche: Stahlblech oder Messing,

Rohre: Messing, Stahl, keinesfalls Kupfer. Am besten sind verzinnte Messingrohre.

In den Jahren 1941 bis 1943 wurde es in Deutschland nötig, für Ölkühler brauchbare Austauschwerkstoffe zu finden, um Messing und seine Legierungen ersetzen zu können. Zusammenfassend sei hier kurz folgendes festgehalten:

Stahlrohre, blank, gebeizt, atramentiert, gebondert oder geparkert, beeinflussen die Alterungsbeständigkeit des Öles nicht. Kadmieren von Kühlrohren hat sich nicht bewährt und ist unzulässig. Stahlrohre mit Kunstharzeinbrennlacken, nach vorheriger Phosphatbehandlung, mit Silberlack, Graulack und Braunlack versehen, z. B. Heikarohre, üben keinen ungünstigen Einfluß auf die Ölfüllungen aus. Mit blanken Stahlrohren und Aluminiumrohren wurden wasserseitig schlechte Erfahrungen gemacht, da sie je nach Kühlwasserbeschaffenheit mehr oder weniger stark gefährdet sind.

Entgegen verschiedener, gegenteiliger Auffassungen muß Verfasser [7] auf Grund durchgeführter Untersuchungen, worüber im Abschn. IV, 2 berichtet wird, nochmals ausdrücklich darauf hinweisen, daß *ölseitig verzinkte Stahlrohre* nicht nur für die Lebensdauer der Ölkühlung, sondern auch für die Betriebssicherheit der Turbine eine große Gefahr bilden und daher *unbedingt abzulehnen sind.* Obwohl Zink als solches direkt kein alterungsbeschleunigender Katalysator ist, bilden sich jedoch mit zunehmender Alterung des Umlauföles — bei steigender Nz und Vz — Zinkseifen, sofern Zink im Schmiersystem vorhanden ist. Diese Zinkseifen sind aber ausgezeichnete Emulgatoren, so daß bei Wassereintritt in das Schmiersystem, was bei Dampfturbinen fast nie gänzlich zu verhindern ist, schwere Emulsionsbildungen auftreten können, die eine sofortige Stillsetzung der Dampfturbinen und eine Reinigung des Schmiersystems sowie eine Ölerneuerung notwendig machen.

Für Ölkühler gilt in Bezug auf Innenanstrich das gleiche wie für Ölbehälter. Die Innenseite des Ölkühlers soll ölseitig keinerlei Farb- und Lackanstrich haben. Bezüglich der am Ölkühler zu verwendenden Dichtungen gilt das im Abschn. III, 8 unter Dichtungsmaterial Gesagte.

Diejenigen Turbinenhersteller, die Ölkühler nicht selbst erzeugen, sollen daher ihren Ölkühlerlieferanten Liefervorschriften im Sinne obiger Ausführungen geben, damit nur solche Ölkühler zum Einbau gelangen, die auch den schmiertechnischen Anforderungen entsprechen.

10. Stopfbüchsen und Abweisscheiben.

Da Dampf auch in Form von Kondensat aus den Stopfbüchsen in die Lager übertreten und somit Wasser in das Schmiersystem gelangen kann — dies ist weitaus die häufigste Ursache des Wassereintrittes in das Umlauföl —, soll diese Frage ausführlicher besprochen werden. Für die Schmierung der Turbinen sind nur die Außenstopfbüchsen von Interesse.

Es gibt drei Hauptarten von Stopfbüchsen: Labyrinthstopfbüchsen, die am häufigsten angewendeten; Kohlestopfbüchsen, nur noch bei kleinen Dampfturbinen anzutreffen; und Wasserstopfbüchsen, die nur mehr selten verwendet werden.

Die Stopfbüchsen müssen eine entsprechende Länge und einen genügenden Abstand von den Lagern haben, damit eine gute Abdichtung und ein Eintritt von Dampf und Kondensat in die Lager verhindert wird. Die richtige Stopfbüchsenschaltung von Dampfturbinen ist wegen der Möglichkeit des Dampf- und Kondensateintritts in das Schmiersystem wichtig, weshalb hier auf die Arbeit von GUILHAUMAN [*46*] hingewiesen sein soll.

Wenn der aus den Stopfbüchsen austretende Dampf zwischen Stopfbüchse und Lager nicht nach außen abgelenkt wird, wird er in die Lager eingesaugt, sofern diese ungenügend abgedichtet sind. Diese Gefahr ist bei sehr gedrängt gebauten Turbinen und an den in den Abdampfstutzen hineingebauten Lagern von Kondensationsturbinen sehr groß. Aus diesem Grunde ist das richtige Bedienen der Absaugung für die Stopfbüchsen besonders wichtig, um den Dampfaustritt in den Raum weitgehend zu vermeiden.

Dichtungsscheiben — auch Abstreif- bleche genannt — dienen dazu, um den Dampfeintritt in die Lager zu verhindern. Sie sind meist aus Messing oder Stahl her- gestellt. Zink ist hierfür wegen der starken Erosionsgefahr nicht zu verwenden, was im Abschn. IV, 2 begründet wird. Abweis- scheiben auf der Turbinenwelle zwischen Stopfbüchse und Lager haben sich besser bewährt als Dichtungsscheiben. Man sollte daher bei neuen Turbinen auf deren An- bringung nicht verzichten. Bei älteren Tur- binen ist ein nachträglicher Einbau wegen Platzmangel meistens nicht mehr möglich.

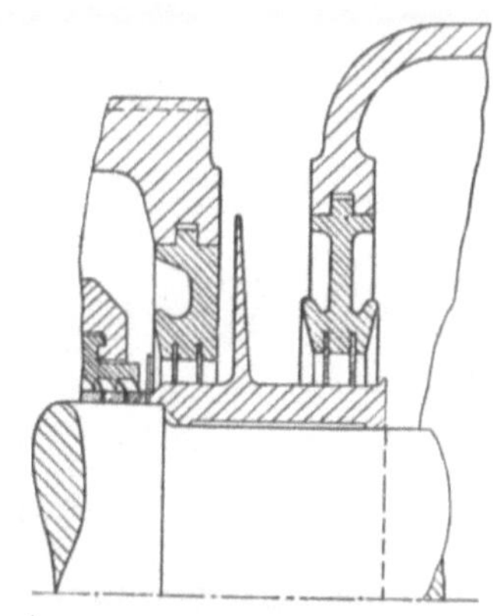

Abb. 14.
Abweisscheiben auf der Turbinen- welle zwischen Stopfbüchse und Lager nach UHTHOFF [28].

Wenn auch die auf diesem Wege in das Umlauföl eintretenden Dampf- oder Kondensatmengen verhältnis- mäßig klein sind, darf ihre Wirkung nicht unterschätzt werden, denn einen chemisch reinen Dampf kann man in keiner Anlage erwarten. Abgesehen davon ist mit einer Rostbildung im Schmiersystem zu rechnen, deren nachteiliger Einfluß auf das Umlauföl zur Genüge bekannt ist.

11. Lager.

Bei Dampfturbinen kommen ausschließlich Gleit-, Trag- und Drucklager zur Verwendung, da hier von den Kleinturbinen, die zuweilen auch mit Kugellagern ausgerüstet sind, abgesehen werden kann.

Abb. 15 zeigt den Verlauf der Reibungszahl abhängig von der Drehzahl.

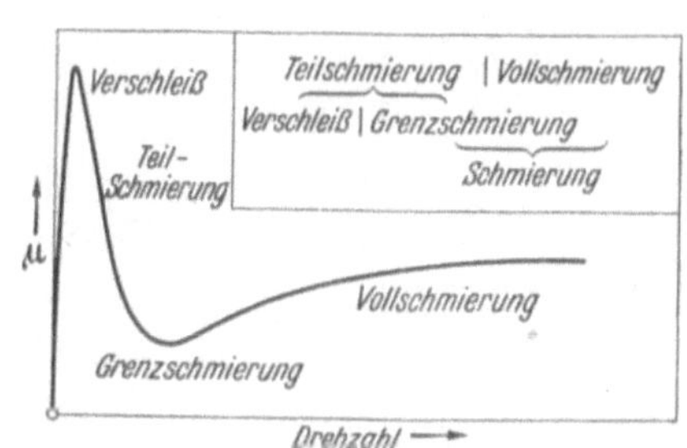

Abb. 15. Verlauf der Reibungszahl abhängig von der Drehzahl.

Nach FALZ [47] wird Vollschmierung, d. h. flüssige Reibung bei Lagern mit umlaufenden Zapfen, nur dann erreicht, wenn:

a) die Lagerbohrung um den Betrag des Lagerspieles größer ist als der Zapfendurchmesser,

b) die Lagerschale beweglich gelagert ist, so daß sie sich selbsttätig parallel zur Zapfenachse einstellen kann und dadurch ein gleichmäßiges Tragen auf der ganzen Schalenlänge gewährleistet,

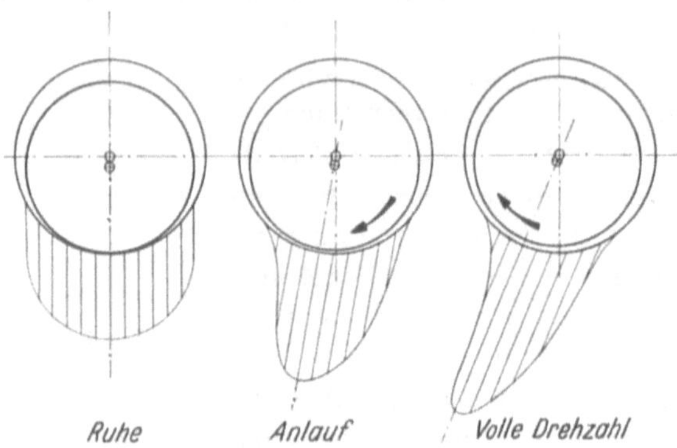

Abb. 16. Entwicklung des Druckberges.

c) die belastete Lagerschale dabei ohne die früher üblichen sog. Schmiernuten ausgeführt ist,

d) die Gleitgeschwindigkeit dabei so groß ist, daß ein Abheben des Zapfens von der Lagerschale eintritt, der Zapfen also völlig auf der Schmierschicht schwimmt,

e) die Ölzufuhr in der unbelasteten Lagerschale erfolgt.

Das Schwimmen des Zapfens auf der Schmierschicht ist nur dadurch möglich, daß in der Schmierschicht Ölpressungen von solcher Größe auftreten, daß die Gesamtzapfenbelastung getragen wird. Die in der Schmierschicht auftretenden Drücke sind in Abb. 16 dargestellt.

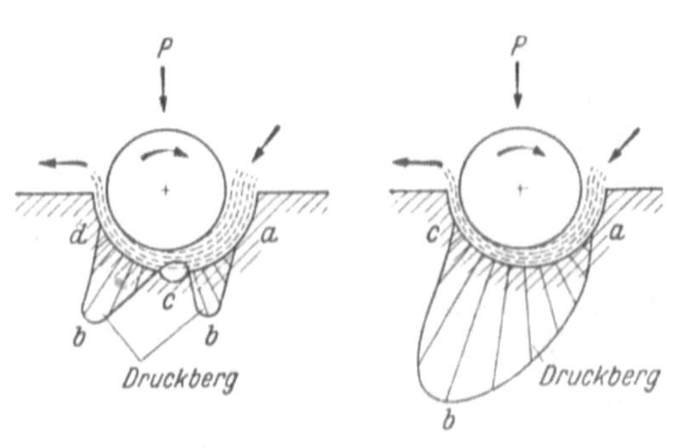

Abb. 17. Schmierkeilbildung in einem Gleitlager mit und ohne Schmiernuten.

Die Wirkung der Schmiernuten veranschaulicht Abb. 17.

Die Grundlage für die Berechnung der Lagerreibung bildet die *hydrodynamische Theorie*. Die erste rechnerische Behandlung dieses Problems stammt aus dem Jahre 1883 von PETROFF [48]; diese wurde 1886 von REYNOLDS [49] ausgebaut, 1904 von SOMMERFELD [50] vereinfacht und erweitert und 1914 bis 1922 von GÜMBEL [51] reformiert und den Ergebnissen praktischer Versuche angepaßt. Diese Arbeiten wurden sodann nach

GÜMBELS Tod von EVERLING zusammenfassend ausgewertet und veröffentlicht [52]. Die GÜMBELsche Theorie ist auch dem heute führenden Standardwerk über Schmiertechnik von FALZ [47] zugrunde gelegt.

Neben diesen wertvollen theoretischen Arbeiten haben im besonderen praktische Versuche die Erkenntnis der Gesetze der Lagerreibung gefördert und gefestigt; hiervon sind speziell hervorzuheben:

TOWER [53], STRIBECK [54], LASCHE [55], VON FREUDENREICH [56], VIEWEG [57], MEYER-JAGENBERG [58], SCHNEIDER [59], NÜCKER [60] sowie DUFFING [61], UBBELOHDE [62], KIESSKALT [63], [64], KLEMENCIC [65], [66], [67], VOGELPOHL [68], KYROPOULOS [69], WOOG [70] und HEIDEBROEK [71].

Eine quantitative Berechnung vollkommen geschmierter Gleitflächen ist nach dem heutigen Stande der Schmiertechnik mit Hilfe der hydrodynamischen Theorie möglich.

Die *Traglager* von Dampfturbinen sind im Vergleich zu anderen Maschinen dadurch gekennzeichnet, daß sie außerordentlich hohen Gleitgeschwindigkeiten und hohen Lagerdrücken standzuhalten haben. Hierbei sind nach KRAFT [72] Werte von 15 bis 20 kg/cm² und 60 m/sec unbedenklich.

Bei neuzeitlichen Dampfturbinen-Traglagern muß die Hauptforderung des modernen Lagerbaues bestens erfüllt werden:

Bewegliche Lagerschalen: Kurze Lagerlänge ($l : d \gtrless 1{,}2$), angemessenes Lagerspiel — im Interesse vibrationsfreien Laufes künstlich erweitert, Exzentrizität nicht kleiner als 0,5. Verzicht auf jedwede Schmiernuten sowohl in der tragenden wie auch in der nichttragenden Lagerschale.

Der Zapfen muß feinst bearbeitet sein, damit die Flächenrauhigkeiten auf ein Mindestmaß herabgesetzt werden. Nach KADMER [73] gibt BERNDT für SM-Stahl die Flächenrauhigkeiten für die verschiedenen Bearbeitungsverfahren an.

Die Laufflächen der Dampfturbinen-Traglager sind aus Weißmetall. Bisher wurde fast ausschließlich WM 80 als Laufschicht verwendet.

In Deutschland wurde bereits im Jahre 1940 mit Versuchen begonnen, WM 80 durch Austauschlagermetalle meist geringeren Zinngehaltes, somit hohen Bleigehaltes, zu ersetzen. Die diesbezüglichen Überlegungen beschränkten sich vorerst auf die Hauptfrage der Notlaufeigenschaften.

Bei Dampfturbinen ist Notlauf vorhanden: Beim Anfahren, beim Auslauf, gegebenenfalls bei Störung der Ölversorgung.

Das Verhalten der verschiedenen Werkstoffe gegenüber WM 80 wurde bei Auslaufversuchen und bei hohen Umfangsgeschwindigkeiten und gleichzeitig höheren Belastungen geprüft. Notlaufversuche wurden mit Ausgußwerkstoffen WM 80, WM 10, WM 5, Thermit, Gittermetall, Palid, ferner auch mit Unoglyko, KM 1, KM II und GK durchgeführt.

Aus diesen Versuchen können folgende Schlüsse gezogen werden: Im normalen Betriebszustand, solange fast flüssige Reibung gewährleistet ist und genügend Spülöl zur Verfügung steht, sind alle untersuchten Werkstoffe den im Dampfturbinen- und Turbo-Generatorenbau vorkommenden Belastungen und Umfangsgeschwindigkeiten gewachsen. Alle Versuche zeigten bei den genannten Versuchsbedingungen außer den Dauerlaufversuchen eine geringe Überlegenheit von WM 80.

Bei Ausfall der angenäherten flüssigen Reibung versagen alle untersuchten Werkstoffe, einschließlich WM 80. Der Zeitunterschied zwischen den einzelnen Werkstoffen bis zum Auslaufen derselben ist sehr gering.

Versuche mit Aluminiumlagern scheiterten. Unter Notlauf, also bei Mischreibung, war jedes Lager in zwei Minuten unbrauchbar. Das Aluminium hat sich mit der Welle fest verschweißt.

Es seien auch die Untersuchungen von Austausch-Lagermetallen im Dauerbetrieb an Dampfturbinen und Generatoren von BRENNECKE [74] erwähnt.

Bereits 1939 wurde WM 80, das früher ausschließlich als Ausguß-werkstoff für Lagerschalen mit hohen Umfangsgeschwindigkeiten verwendet wurde, bei Turboaggregaten unter 10000 kW gegen hoch bleihaltige Lagermetalle wie z. B. WM 10, ausgetauscht und haben sich in der Praxis gut bewährt. Seit 1941 wurden auch *alle* Lagerschalen für Turbosätze, bei welchen die Umfangsgeschwindigkeit 48 m/sec nicht übersteigt oder Flächenpressungen von 10 kg/cm² nicht überschritten werden, ebenfalls mit den niedrig zinnhaltigen Werkstoffen mit unter 10 % Zinn ausgegossen.

Über den Einfluß der Kristallgröße auf Verschleiß und Grenzlast eines Bleilagermetalles hat CONNELLY [75] interessante Versuche durchgeführt, um zu ermitteln, inwieweit der Feinbau eines Lagermetalls auf den Verschleiß der Lagerschalen Einfluß hat. Auf die Arbeit von SCHMID und WEBER [76] über die Gleiteigenschaften von Bleilagerlegierungen sei hingewiesen.

In allerletzter Zeit wurden auch Feinstzinklegierungen auf ihre Brauchbarkeit auf Lagerausgüsse untersucht. Sie sollen ganz ausgezeichnete Gleit- und Notlaufeigenschaften besitzen, und man verspricht diesem Lagermetall eine große Zukunft. Die Weiterentwicklung bleibt noch abzuwarten. Bezüglich der Auswirkung auf das Dampfturbinenöl sei auf Abschn. IV,3 verwiesen.

Da bekanntlich Blei ein alterungsbeschleunigender Katalysator ist, interessiert die Frage der Auswirkung dieser Austausch-Lagermetalle auf die Lebensdauer des Umlauföles, obwohl nur etwa 2 % der vom Öl benetzten Flächen auf das Lagermetall der Turbinen entfallen, wie dies aus Abschn. III,3 ersichtlich.

Mit hochbleihaltigen Lagermetallen, wie WM 10, Thermit, Unoglyco,

Palid, KM I, KM II und GK, durchgeführte Alterungsversuche —
worüber in Abschn. IV, 3 berichtet wird — zeigen im allgemeinen keinen
nachteiligen Einfluß auf die Alterungsbeständigkeit des Dampfturbinenöles. Diese Laborversuche wurden durch die über 8 Jahre gemachten
Beobachtungen an Dampfturbinen-Umlaufölen im Betrieb bestätigt.

Diese Untersuchungen zeigten ferner, daß Lagermetalle globularer
Struktur viel weniger katalytisch auf das Turbinenöl wirken als jene
mit dendritischer Struktur. Es ist mit Rücksicht auf die Schonung des
Umlauföles beim Ausgießen der Laufschicht in die meist gußeisernen
Lagerschalen darauf zu achten, daß nicht nur ein dichter, festhaftender
Guß, sondern auch durch richtige Gießtechnik eine globulare Struktur
erzielt wird. Die Vorschriften der Lagermetallieferanten sind genau ein-
zuhalten.

Da der Befestigung des Lagermetallausgusses in der Tragschale besondere Wichtigkeit zukommt, sei hier auf die Arbeit von KÜHNEL [77]
verwiesen.

Für die richtige Auswahl des Lagermetalls sind nach FALZ [78] maßgebend: Festigkeitseigenschaften, Gleitfähigkeit oder Verschleißfestig-
keit, gegebenenfalls in Kombination miteinander, sowie die Betriebsbedingungen. Im Gegensatz zu früheren Anschauungen ist die Auswahl
des Lagermetalls unmittelbar weder von der Drehzahl noch den Flächendruck oder vom Produkt pv abhängig.

Ebenso abwegig ist es, das Produkt pv — die Belastungszahl — für
die Ölauswahl heranzuziehen, weil der schmiertechnisch wesentliche Einfluß hoher Zapfengeschwindigkeit im Produkt mit niedrigen Drücken
und umgekehrt hoher Drücke mit niederen Zapfengeschwindigkeiten
gänzlich verwischt wird. Als Beispiel sei die Belastungszahl der vorbeschriebenen Dauerlaufproben mit den Austauschlagermetallen an-
geführt, wobei $p = 14,4\ \text{kg/cm}^2$ und $v = 47,2\ \text{m/sec}$, somit $pv = 680$
beträgt. Würde $p = 47,2\ \text{kg/cm}^2$ und $v = 14,4\ \text{m/sec}$ betragen, so bliebe
die Belastungszahl $pv = 680$ unverändert, die schmiertechnischen Anforderungen an das Schmieröl würden aber hierdurch grundlegend geändert. In diesen beiden konträren Fällen sind für die gleiche Belastungszahl pv Öle durchaus verschiedener Zähigkeit oder Viskosität auszuwählen möglich. Aus der gefühlsmäßigen und erfahrungsmäßigen Erkenntnis, daß man ein Schmieröl um so dünnflüssiger wählen muß, je
größer die Zapfengeschwindigkeit und je geringer die spezifische Flächen-
pressung, ist und es umgekehrt nötig ist, bei hohen spezifischen Flächenpressungen und geringen Zapfengeschwindigkeiten ein zähflüssiges Öl
zur Schmierung zu verwenden, ist im ersteren Falle ein Öl mit geringerer
Zähigkeit, im zweiten Falle obigen Beispieles ein Öl mit hoher Zähigkeit
auszuwählen, um richtige Schmierung sicherzustellen. Nach der Belastungszahl pv könnte jedoch in beiden Fällen ein und dasselbe Öl

Verwendung finden, was schmiertechnisch vollkommen falsch wäre. In diesem Zusammenhang sei auf Abschn. II,6 hingewiesen.

Da die sachgemäße Schmierung nicht nur von der richtigen Auswahl des Schmiermittels, sondern ebenso von der richtigen Auswahl des Lagermetalls, also auch von dem Gleitflächenwerkstoff abhängig ist, war es erforderlich, die Lagermetallfrage so ausführlich zu behandeln. Es wurde aufgezeigt, daß bei Mischreibung die Notlaufeigenschaften der Lagermetalle eine große Rolle spielen und bei ungünstigen Betriebsbedingungen die mehr oder weniger günstigen Eigenschaften der Lagermetalle vermehrt in den Vordergrund treten. Eine Grundforderung, die an alle Lagermetalle gestellt werden muß, ist die, daß der Zapfen durch das Lagermetall nicht angegriffen werden darf.

Wie bereits in diesem Abschnitt hingewiesen wurde, ist neben der richtigen Ausbildung der Traglager im Sinne der hydrodynamischen Theorie auch die richtige Schmierölzufuhr zur Erreichung der Flüssigkeitsreibung Grundbedingung.

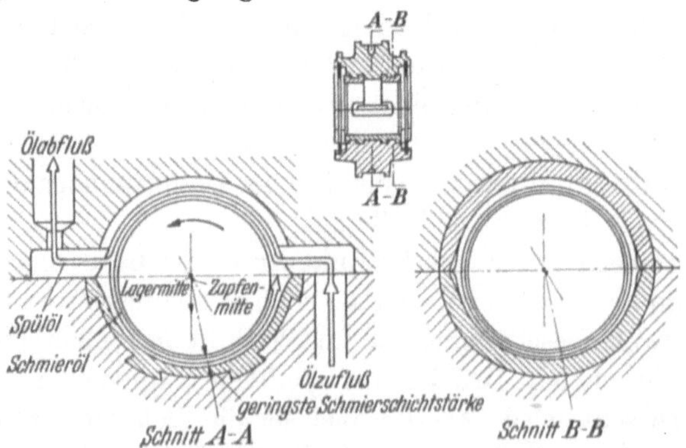

Abb. 18. Schematische Darstellung des Weges von Schmieröl und Spülöl an Dampfturbinen- und Generatoren-Traglagern nach Siemens.

Abb. 18 zeigt schematisch den Weg des zur Schmierfilmbildung herangezogenen, hier als Schmieröl bezeichneten Ölanteiles und des größeren für die Kühlung notwendigen, hier als Spülöl bezeichneten Anteils.

Die Ölzuführung ist in Abb. 18 in der Richtung des Zapfendrehsinnes eingezeichnet. In der Literatur wird vielfach ohne Begründung angegeben, daß das Öl *entgegen* dem Drehsinn des Zapfens zugeführt werden soll.

Für die Bildung des Ölfilms dürfte es nach der hydrodynamischen Theorie praktisch gleich sein, auf welche Weise das Öl in den Einlaufkeil gefördert wird. Durch Versuche an Betriebsaggregaten konnte BRENNECKE [74] feststellen, daß bei dem Lager mit einer Ölzuführung mit der Drehrichtung der Öldruck am Eintritt beträchtlich sank, d. h. die

durchgeförderte Ölmenge stieg stark an, oder mit anderen Worten, die
gleiche Ölmenge kann bei der Ölzuführung *mit* der Drehrichtung mit

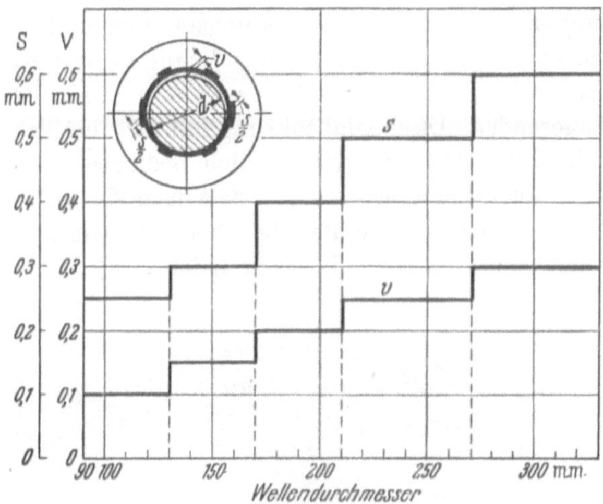

Abb. 19. Radiales Wellenspiel von Lagerschalen für Dampfturbinen und Generatoren
nach Siemens.

geringerem Öldruck durch das Lager gebracht werden. Diese Erscheinung
ist durch die beträchtliche Pumpwirkung der Welle zu erklären. Das
Einführen des Öles mit der
Drehrichtung hat den Vorteil,
daß die Ölmenge am Einlauf
auch bei sehr geringem Öldruck
am Eintritt sichergestellt wird,
und es bietet die Möglichkeit,
bei Bedarf die Spülölmenge
wesentlich zu steigern. Die
Schmierfilmdicke darf eine
gewisse Größe nicht unter-
schreiten, da die bei der Be-
arbeitung nicht vermeidbaren
Unebenheiten der Laufflächen
sonst die flüssige Reibung un-
terbinden würden.

Für die Ölfilmbildung ist
die Größe und Art des Spieles
zwischen Welle und Schale
von großer Bedeutung.

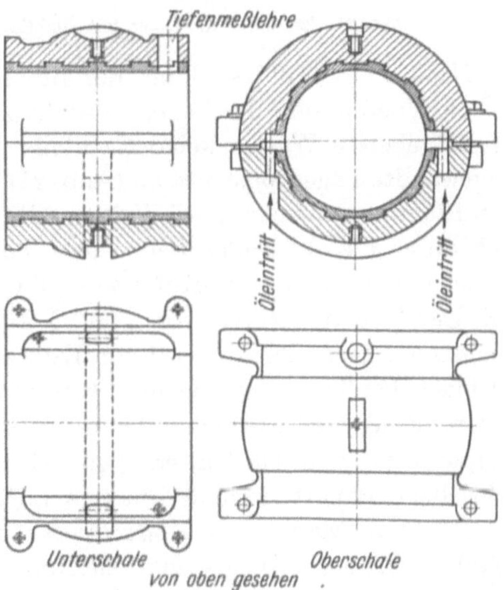

Abb. 20. Traglager nach AEG.

Für Turbinen und Generatoren hat sich ein Spiel bewährt, dessen
absolute Größe Abb. 19 zeigt.

Neuzeitliche Dampfturbinen-Traglager veranschaulichen Abb. 20 u. 21.

Bei diesem Lager (Abb. 20) tritt das zur Schmierung und Kühlung dienende Drucköl zu beiden Seiten der Welle, im Lagerstoß durch die untere Lagerschale ein, füllt die Verteilungstaschen und das gesamte Lagerspiel und entweicht nach vollzogener Schmier- und Kühlwirkung durch den nicht belasteten Teil des Lagerspiels in axialer Richtung an den beiden Lagerenden. Diese Ölabführung hat sich bei den durch die hohen Drehzahlen der Dampfturbinenwellen bedingten großen Lagerspielen als völlig ausreichend erwiesen, so daß nach ZABEL [79] die AEG von dem bisher üblichen Durchspülen der oberen Lagerschalen, von der einen Lagerschale zur anderen, abgegangen ist.

Abb. 21. ESCHER-WYSS-Lager mit Ölabfluß zwischen zwei Laufflächen.

Nach FLATT [80] sind bei der für Hochdruckdampf angewandten hohen Überhitzung die Lager so auszubilden, daß die durch die heiße Welle geleitete Wärme keine Nachteile bringt. Die von ESCHER-WYSS angewandte Lagerkonstruktion (Abb. 21) mit einem als Ölabfluß dienenden Ringraum zwischen zwei Weißmetallflächen bietet volle Gewähr, daß sich durch die auf beiden Seiten jeder einzelnen Lauffläche abfließende Ölmenge eine genügende Kühlung ergibt, so daß erfahrungsgemäß auch bei Dampftemperaturen von 500° C keine zusätzliche Kühlung notwendig ist. Diese Bauart wird von ESCHER-WYSS deshalb auch für Gasturbinen bei Temperaturen über 600° C mit bestem Erfolg verwendet. Bei verschiedenen Turbinen, deren Lager ohne den mittleren Ölabflußringraum zu heiß wurden, ergaben sich nach Umbau auf die oben beschriebene Bauart normale, mäßige Lagertemperaturen.

Die Drucklager von Dampfturbinen dienen zur Aufnahme des Axialschubes. Früher bediente man sich der sog. Kammlager, d. h. Axialdrucklager mit einer größeren Anzahl von Druckringen (Kämmen), etwa 4 bis 12 hintereinander, die sich gegen ebene Druckbügel legen. Die Belastbarkeit dieser Lager beträgt 3 bis 8 kg/cm² bei einer maximalen Gleitgeschwindigkeit von 10 m/sec im mittleren Teilkreis, wobei trotz dieser geringen Belastung meist Wasserkühlung erforderlich war. Trotzdem zeigten diese Kammlager hohe Temperaturen und erheblichen Verschleiß. Der größte praktische Erfolg, der durch Anwendung der wissenschaftlichen Erkenntnis auf dem Gebiete der Schmierung erzielt wurde, ist wohl auf dem Gebiet der Axialdrucklager zu verzeichnen, hier treten die Vorteile jedenfalls deutlich hervor.

Nach MICHELL [81] wird eine der Druckflächen in einzelne Drucksegmente oder Druckklötze aufgelöst, wobei die Druckklötze so gelagert sind, daß sie in der Richtung der Gleitbewegung eine ganz geringe Kippbewegung ausführen können. Hierdurch läßt sich eine keilförmige Schmierschicht erzielen, die zur Aufnahme sehr hoher Drücke geeignet ist.

Die nach diesen Grundsätzen der hydrodynamischen Theorie nach MICHELL konstruierten neuzeitlichen Drucklager werden heute allgemein als Einring-Klotzdrucklager ausgeführt, wobei Wasserkühlung entbehrlich ist und Verschleiß überhaupt nicht eintritt. Nach KRAFT [82] können für diese Drucklager infolge Ausbildung wirksamer Ölkeile Flächenpressungen bis $35\,\mathrm{kg/cm^2}$ und Gleitgeschwindigkeiten von $65\,\mathrm{m/sec}$ unbedenklich zugelassen werden. Bei Versuchen haben solche Lager Belastungen von mehreren $100\,\mathrm{kg/cm^2}$ anstandslos ausgehalten. Der Reibungswert dieser Einring-Drucklager beträgt nur etwa $^1/_{10}$ bis $^1/_{20}$ dessen von Vollringlagern, also 0,003 bis 0,0015.

RIBARY [83] machte Versuche an einem Kammlager mit eingebautem Glaskamm, um Einblick über die Vorgänge im Innern eines Segmentdrucklagers im Betriebe zu erhalten und um die Vorgänge der Schmierfilmbildung und der Schmierfilmzerstörung verfolgen zu können.

Bei diesen außerordentlich interessanten und schmiertechnisch wichtigen Versuchen wurde bei verschiedenen Drehzahlen die zufließende Ölmenge in weiten Grenzen verändert. Nach Unterschreitung einer gewissen Ölmenge bilden sich zwischen den Segmenten Blasen, die bei weiterer Verringerung der Ölmenge wachsen und dann plötzlich über die Segmentoberfläche mitgerissen werden, was ein völliges Zerreißen des Ölfilms und eine starke Wirbelbildung mit Lufteintritt verursacht. Im Betriebe würde wohl auf diese Art und Weise eine Kammlagerhavarie zustande kommen.

Die Beobachtungen, die bei diesen Versuchen am BBC-Glaskammlager gemacht wurden, veranlaßten VON FREUDENREICH [84], eine Reihe weiterer Versuche durchzuführen, welche die Tragfähigkeit der Segmente betreffen. Vor den Versuchen mit dem Druckkamm aus Glas hatte man das Bestreben, in ein gegebenes Drucklager möglichst viel Fläche unterzubringen, um den Flächendruck klein zu halten. Das führte aber zu kleinen Kanälen zwischen den Segmenten und zu mangelhafter Schmierung, wodurch die Tragfähigkeit der Segmente wieder verkleinert wurde. Es fragte sich nun, wie groß die Zwischenräume zwischen den Segmenten gemacht werden sollen, um die größte Tragkraft des Drucklagers zu erreichen. Diese Frage wurde durch Belastungsversuche an Kammlagern mit verschiedener Segmentzahl geklärt. Es wurden der Reihe nach Versuche mit 10, 8, 6, 4, 3, 2 und 1 Segment gemacht, wobei festgestellt wurde, daß die Anordnung von 6 Segmenten an Stelle von 10 eine Vergrößerung der Tragfähigkeit des Drucklagers von 50 % ergab.

Die Erkenntnisse aus diesen beiden überaus wertvollen Versuchen werden seit mehreren Jahren bei den Brown-Boveri-Segment-Kammlagern angewendet; wodurch die Betriebssicherheit um 50 % erhöht wird.

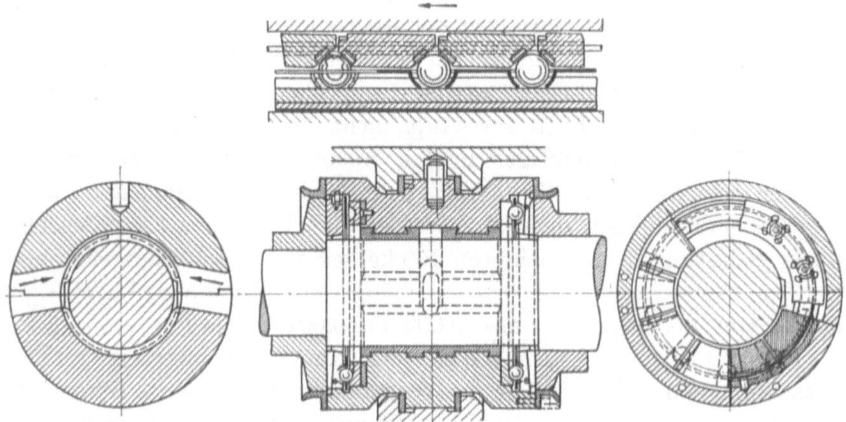

Abb. 22. Vereinigtes Trag- und Drucklager nach BBC.

In diesem Zusammenhang möchte Verfasser auf die ihm bekanntgewordenen Versuche an Klotzlagern von KREUTZ und STRATIL [85] hinweisen, wobei durch die Vergrößerung der Spaltbreite zwischen den einzelnen Segmenten von 7 auf 14 mm in einem bestimmten Versuchslager die Belastungszahl pv von 3000 auf 4500 gesteigert werden konnte, ohne daß ein Schmieren des Lagermetalls WM 80 an den Segmenten eintrat. Im allgemeinen wird von der Ersten Brünner mit einem pv von 1200, $p = 20$ kg/cm², $v = 60$ m/sec für Segmentlager gearbeitet.

Abb. 22 stellt ein doppeltwirkendes Drucklager dar, da die Druckflächen auf beiden Seiten des normalen Traglagers angeordnet sind. Die Druckklötze sind auf Kugeln gelagert. Das Schmieröl wird vom Traglager zugeführt und gelangt durch die Fliehkraft nach außen. Dies ist die ältere Ausführung. Bei der auf Grund der oben beschriebenen Versuche von v. FREUDENREICH neuen Ausführung dieses Lagers sind zwischen den einzelnen Druckklötzen weite, freie Räume — es sind wenige Druckklötze vorhanden —, um nicht nur die Ölversorgung auf alle Fälle sicherzustellen, sondern vor allem die Tragfähigkeit zu erhöhen.

Bezüglich der rechnerischen Erfassung sämtlicher Schmierungsfragen an Dampfturbinen sei auf das ausgezeichnete Werk von FALZ [47] hingewiesen, das heute in jedem Konstruktionsbüro zum unbedingten Rüstzeug gehört [86].

Unter Hinweis auf die Ausführungen im Abschn. II, 6 „Ölauswahl" *empfiehlt Verfasser sämtlichen Turbinenfabriken, der Konstruktion und Berechnung des Schmier- und Regelsystems von ortsfesten, liegenden Dampfturbinen eine Viskosität des Dampfturbinenöles von $4,5° E$ bei $50° C$ $= 30 cP = 34,1 cSt$ zugrunde zu legen und mit einer spezifischen Wärme desselben von 0,45 zu rechnen.*

Bei der konstruktiven Gestaltung der Ölführung nach seitlicher Abströmung aus den Lagern soll in erster Linie darauf Rücksicht genommen werden, daß das Öl keinesfalls irgendwelche sehr heiße Stellen bespülen muß, weil dadurch eine starke thermische Überbeanspruchung und eine schnelle Alterung des Turbinenöles erfolgen kann.

Es ist wichtig, festzustellen, daß die kritischen Temperaturen für jedes Dampfturbinenöl bei 100 bis $130° C$ liegen. Es ist jedoch im Interesse der Schonung des Öles darauf zu achten, daß möglichst nicht mehr als $80° C$ an den Stellen auftreten, die das Öl passieren muß. Diese Ausführungen haben im Hinblick auf die Höchstdruckdampfturbinen ganz besondere Bedeutung.

Die Lager sollen möglichst weit vom Turbinengehäuse getrennt sein, um nicht unzulässig starker, strahlender oder leitender Wärme ausgesetzt zu werden und keine starke Beheizung der Lagerböcke erfolgt. Da vielfach an den Innenwandungen der Lagergehäuse das aus den Lagern ausfließende Turbinenöl abfließt, ist es erforderlich, sofern außen kein Raum für einen entsprechenden Wärmeschutz wäre, Prallbleche und Ölleitbleche aus verzinntem Hartmessingblech — keinesfalls aus Zink — im Innern der Lagerböcke anzubringen, die ein Bespülen der heißen Innenwandungen durch das Turbinenöl verhindern, und gleichzeitig Vorsorge zu treffen, daß das abfließende Öl nicht an der heißen Turbinenwelle entlangkriechen kann, sondern von dieser durch Spritzringe rasch abgeführt wird. Feststehende Abstreifbleche haben sich nicht bewährt. In diesem Zusammenhang sei auf Abschn. IV, 1 und V, 1 besonders hingewiesen.

Der Lageröldruck soll 0,3 bis 0,5 atü betragen und muß dauernd durch eingebaute Manometer überwacht werden. Die Öleintrittstemperatur in die Lager soll zwischen 45 bis $50° C$ liegen.

In den Lagerböcken sind größere Ölräume zu vermeiden. Das Ablauföl soll auf kürzestem Wege, ohne tote Ecken und Winkel in die Rücklaufsammelleitung geführt werden, damit sich kein Turbinenschlamm, Wasser und sonstige Rückstände ansammeln können und damit eine rasche und leichte Reinigung möglich wird.

Man beachte, daß durch die Drosselvorrichtung — Drosselscheibe — am Öleintritt in die Lagerböcke, durch Kappe geschützter und gesicherter Schraubenbolzen od. dgl., nicht etwa die Gefahr besteht, daß auch nur kleine Luftmengen eingesogen werden können, die ihrerseits eine Schaumbildung im Öl begünstigen.

Um das Auftreten von vagabundierenden Strömen zu vermeiden, sind die Lagerböcke auf starke Isolierplatten auf den Sockel der Turbine zu stellen, und wie bereits unter „Ölleitungen" festgehalten, der Eintritt der Ölzufluß- und Ölabflußleitungen an den Lagerböcken zu isolieren.

Sämtliche Lager sind mit Temperaturmeßstellen zu versehen. An Stelle der bisher gebräuchlichen Meßstellen in der oberen Lagerschale oder der Temperaturmessung des aus dem Lager abfließenden Öles empfiehlt Verfasser speziell bei Höchstdruckdampfturbinen zumindest an den dem Hochdruckteil zunächst liegenden Lagern Meßstellen in der unteren Lagerschale durch Einbau von Thermoelementen möglichst nahe der engsten Stelle des Schmierkeiles vorzusehen (elektrische Fernmessung).

Es ist nichts dagegen einzuwenden, wenn bei der Montage von Dampfturbinen für die Erstschmierung der Lagerzapfen geringe Mengen eines ungefetteten Dampfzylinderöles verwendet werden, da bei Benützung von Dampfturbinen- oder Maschinenölen die Beweglichkeit der Turbinenwelle eine zu schwere wäre. Keinesfalls darf aber Seife oder gar Staufferfett (Maschinenfett) zur Anwendung kommen, weil sonst die große Gefahr einer Vernichtung der Emulsionsbeständigkeit des Dampfturbinenöles und somit eines Unbrauchbarwerdens der Ölfüllung besteht.

12. Kupplungen.

Die Kupplungen [33] werden als feste oder nachgiebige — elastische — Kupplungen ausgebildet. Feste Kupplungen sind meist einfache Flansch- oder Scheibenkupplungen. Klauenkupplungen, Verzahnungskupplungen und Sonderkupplungen mit federnden Kupplungsgliedern, z. B. aus Leder oder Gummi (Eupex-Kupplung) oder Stahlbandfedern (Bibby-Kupplung), sind elastische — nachgiebige — Kupplungen.

Die Kupplungen bilden kein schmiertechnisches Problem, üben aber, was bisher vielfach außer acht gelassen wurde, unter ungünstigen Voraussetzungen auf die Alterungsbeständigkeit des Umlauföles und auf die Lebensdauer der Ölfüllung einen sehr nachteiligen Einfluß aus.

Feste Kupplungen werden nicht geschmiert. Auch Sonderkupplungen, die fast ausschließlich nur für Kleinturbinen verwendet werden, laufen meist ohne Schmierung.

Verzahnungskupplungen werden, um starken Verschleiß zu verhindern, mit dem Druckumlauföl der Turbine versorgt, wobei das Öl durch Düsen in die Kupplungsgehäuse nahe der Verzahnung eingespritzt wird (Abb. 23). Die Klauenkupplungen werden auch mit Drucköl geschmiert.

Öfter wird die Ansicht vertreten, daß ölgeschmierte Verzahnungskupplungen — die bekanntlich durch Abzweigung des Öles von der Lagerdruckölleitung durch eine spezielle Ölleitung versorgt werden (Abb. 24) — als „Ölalterungsmaschinen" wirken und aus folgenden

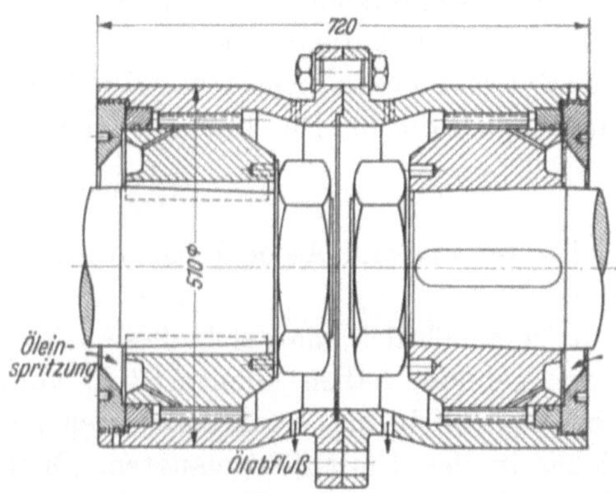

Abb. 23. Doppel-Verzahnungskupplung nach AEG.

Gründen einen nachteiligen Einfluß auf die Lebensdauer der Ölfüllung haben sollen:

a) hohe thermische Beanspruchung durch Auftreten von Temperaturen von 150 bis 170° C,

b) starke Zerstäubung des aus den Bohrungen ausgetretenen Öles bei gleichzeitigem Vorhandensein hoher Temperaturen von etwa 100°C infolge von Luftreibung in der Kupplung,

c) Förderung der Turbinenschlammneubildung,

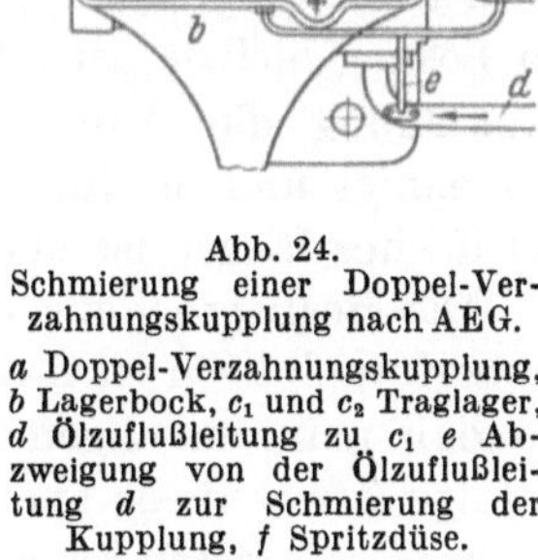

Abb. 24.
Schmierung einer Doppel-Verzahnungskupplung nach AEG.
a Doppel-Verzahnungskupplung, b Lagerbock, c_1 und c_2 Traglager, d Ölzuflußleitung zu c_1 e Abzweigung von der Ölzuflußleitung d zur Schmierung der Kupplung, f Spritzdüse.

d) Ausscheidung von im Umlauföl gelösten Metallseifen.

Verfasser hat bereits bei der WEV-Tagung in Stuttgart 1943, wo ebenfalls diese Auffassung zur Sprache kam, ausführlich klargelegt, daß dieser den ölgeschmierten Verzahnungskupplungen gemachte Vorwurf schmiertechnischer Unzulänglichkeit absolut falsch und abwegig ist [7]. Es sei daher nochmals die Frage grundlegend behandelt.

Es ist unrichtig, daß Temperaturen von 150 bis 170° C in den Verzahnungskupplungen auftreten. Sie wurden auch von keiner Stelle, die diese Behauptungen aufstellten, jemals gemessen.

Die Temperatur von Verzahnungskupplungen — die durch Leitungswärme hervorgerufen wird — beträgt maximal 50° C, was auch KUSE [87] bestätigt. Damit ist auch schon aus diesem Grunde eine

Förderung der Turbinenschlammneubildung durch diese Kupplungen nicht möglich.

Der in den Kupplungen meist bei den periodischen Turbinenrevisionen vorgefundene Turbinenschlamm ist nicht erst in der Kupplung entstanden, da er bei der kurzen Zeit, die dem Turbinenöl während des Durchflusses durch die Kupplung zur Verfügung steht, gar nicht entstehen kann. Dieser Turbinenschlamm stammt aus dem Umlauföl und wird aus diesem in der Kupplung, die als Zentrifuge wirkt, ausgeschleudert. Als Beweis hierfür gilt die analytische Zusammensetzung der Rückstände aus den Verzahnungskupplungen, die im Durchschnitt folgende Werte zeigt:

etwa 50% Eisen (Rost!),
etwa 20% sonstige feste Fremdstoffe, wie Sand, Asche, Flugstaub usw.,
etwa 30% ölige Anteile.

Schon aus dieser Analyse allein ist ersichtlich, daß sich diese Rückstände nicht aus dem Turbinenöl gebildet haben können, d. h. vom Turbinenöl stammen, sondern hauptsächlich aus Verunreinigungen bestehen, die während des Betriebes in das Umlauföl gelangten. Diese Rückstände stehen daher mit dem Alterungsgrad des Umlauföles in nur geringem Zusammenhang.

Die Annahme jedoch, daß die im Öl gelösten Alterungsprodukte sich in der Verzahnungskupplung ausscheiden, also bis zum Eintritt in diese in Lösung bleiben, ist falsch, denn man hat festgestellt, daß nur starke Abkühlung die Ausscheidung der ölgelösten Alterungsprodukte beschleunigt und hierfür eine sehr lange Zeit benötigt wird, die um ein Vielfaches länger ist als die Öldurchflußzeit durch die Kupplung.

Die Beanspruchung des Umlauföles in den ölgeschmierten Verzahnungskupplungen ist nicht größer als bei der Schmierung der Getriebe, so daß man im allgemeinen von keiner zusätzlichen Beanspruchung infolge Zerstäubens sprechen kann. Temperaturen von 100° C infolge Luftreibung treten keinesfalls auf und wurden nie gemessen. Abgesehen davon ist die Ölmenge, die durch diese Kupplungen hindurchgeschickt wird, äußerst gering.

Die verschiedentlich gemachten Vorschläge, die Verzahnungskupplungen aus dem Ölkreislauf überhaupt auszuschalten, sind somit nicht berechtigt. Ebenso ist es absolut unnötig, diese Kupplungen mit einem getrennten Schmiersystem oder mit einer Fettfüllung zu versehen. Die Fettfüllung lehnt Verfasser auch mit Rücksicht auf die herrschenden Temperaturen und lange Verwendungsdauer einer Füllung ab — mindest 2jährige maschinentechnische Überholungsintervalle —, weil mit einer Verhärtung des Fettes und Rückstandsbildung zu rechnen ist.

Die Verwendung einer Zentrifuge im Nebenschluß zwecks Verhinderung der Rückstandsbildung bzw. Ausscheidung der Verunreinigungen des Umlauföles in den ölgeschmierten Verzahnungskupplungen würde nur dann ihren Zweck erfüllen, wenn die Umfangsgeschwindigkeit der Ölzentrifuge größer als die Umfangsgeschwindigkeit der Kupplung wäre, die bei 60, 90 und 120 m/sec liegt.

Verfasser empfiehlt daher als zweckmäßig den Einbau eines umschaltbaren Filters, z. B. Faudi-Filter, Bauart 8080, in die Ölleitung knapp vor Eintritt in die Kupplung, also in die Abzweigungsleitung zur Kupplung, wodurch alle Verunreinigungen aus dem Umlauföl ausgeschieden und die Ausscheidung des Turbinenschlammes in den ölgeschmierten Verzahnungskupplungen mit Sicherheit vollkommen vermieden wird. Bei den periodischen schmiertechnischen Überholungen, den Revisionen, ist jedoch auf alle Fälle auch die Verzahnungskupplung zu öffnen und gründlich von den Rückständen zu reinigen.

An den Kupplungen besteht die große Gefahr, daß das aus den benachbarten Lagern austretende Öl auf die mit hoher Geschwindigkeit umlaufende Kupplung spritzt und dadurch bei verhältnismäßig höheren Temperaturen in Gegenwart von Luft, Wasserdampf und sonstigen Verunreinigungen, z. B. Staub usw., feinst zerstäubt wird. Diese Beanspruchung kann unter Umständen auf die Alterungsbeständigkeit des Umlauföles von großem Einfluß sein. Um daher ein Zerstäuben des Öles und eine vorzeitige Alterung desselben zu verhindern, ist es möglich, entsprechende Vorkehrungen konstruktiver Natur zu treffen. Eine gewisse Abhilfe schafft der Einbau einer feststehenden Verkleidung aus verzinntem Messingblech um die Kupplung, wodurch bei entsprechender Abdichtung der Zutritt von Öl zur Kupplung ziemlich verhindert wird. Viel wirksamer ist eine mitumlaufende Schutzhaube, welche die Saug- und Zentrifugalwirkung fast ganz unterbindet. Bei den zu schmierenden elastischen Kupplungen ist eine vollkommene Einkapselung nicht immer leicht durchführbar.

Sehr vorteilhaft haben sich auch Entlüftungshauben auf den Lagerdeckeln über den Kupplungen mit größerer lichter Weite erwiesen, um der Wirbelluft die Möglichkeit zum Entweichen zu bieten. Die von UHTHOFF [28] vorgeschlagene Füllung dieser Entlüftungsrohre mit Raschig-Ringen, die den Öldunst niederschlagen und in der Luft befindliche Verunreinigungen ausscheiden sollen, soll nur dann durchgeführt werden, wenn Vorkehrung getroffen ist, daß die sich niederschlagenden Kondensate, die meist stark sauer sind, nicht wieder in das Umlauföl rücktropfen oder rückfließen können.

13. Drehvorrichtungen.

Ist damit zu rechnen, daß ein Turboaggregat nur für so kurze Zeit aus dem Betriebe genommen wird, daß es nicht ganz abkühlen kann, so wird wenigstens bei größeren Einheiten eine Drehvorrichtung vorgesehen, mit deren Hilfe man nach dem Abstellen den Läufer in langsamer Drehung hält — etwa eine Umdrehung in vier Minuten.

Solange der Läufer solcher Turbosätze mit der Drehvorrichtung gedreht wird, muß die Hilfsölpumpe unbedingt im Betriebe sein, damit die Lager mit Öl versorgt werden. Meist wird die Hilfsölpumpe ohnehin noch im Betriebe stehen müssen, damit keine übermäßige Lagertemperaturerhöhung nach Stillsetzen der Turbinen erfolgt. Bei Turbinen mit Läuferdrehvorrichtung sind zur Schonung der Lager die Vorschriften der Turbinenherstellerfirmen für die Betätigung der Drehvorrichtungen genauest einzuhalten.

14. Filter.

Die Wichtigkeit des Einbaues von Filtern im *Hauptschluß* des Druckumlaufschmiersystems von Dampfturbinen wird noch immer unterschätzt. Man findet bisher in der Praxis keine Turbinenaggregate, welche von der Turbinenfabrik mit Hauptstromfiltern geliefert wurden. Die Vorteile der dauernden Reinigung des Dampfturbinenumlauföles im Hauptschluß gegenüber der Nebenschlußfilterung sind nicht von der Hand zu weisen. Dieses Thema wird in Abschn. IX, 3 ausführlich behandelt.

Verfasser [*24*], [*7*] hat wiederholt auf diese Frage hingewiesen und sowohl im Interesse der Verringerung des Lager- und Zapfenverschleißes als auch der Pflege des Umlauföles während des Betriebes durch Hauptstromfilterung nicht nur durch Einbau von Filtern in neue Turboaggregate, sondern auch in bereits bestehende Anlagen empfohlen. Diese Hauptstromfilter können — das soll schon hier festgehalten werden — niemals eine Ölzentrifuge an Dampfturbinen ersetzen, da durch diese Wasser aus dem Umlauföl nicht entfernt werden kann.

Trotz der gründlichsten Reinigung des Schmier- und Regelsystems bei der Erst- und Wiederfüllung bleiben immer noch feste Fremdstoffe zurück, die vom Druckumlauföl mitgenommen oder aufgeschlämmt werden und dadurch in die Lager oder Regeleinrichtung gelangen, wenn kein Hauptstromfilter vorgesehen wird. Je nach der Art dieser Verunreinigungen können sie wie Schmirgel wirken, denn man findet nicht nur Metallabrieb und kleine Stahlspäne, sondern auch Sand, Rost und Zunder aus den Ölleitungen, Kernsandreste, Staub und Gußspäne, Dichtungsfasern u. a. m.

Die Hauptstromfilter werden zweckmäßigerweise in die Drucköl leitung *vor* dem Ölkühler eingebaut, wobei stets umschaltbare Doppelfilter oder aber ein Einfachfilter in Verbindung mit einer absperrbaren Umführungsleitung vorgesehen werden sollen, damit während des Betriebes der Turboaggregate eine Filterreinigung vorgenommen werden kann. Bei Einfachfiltern ist es selbstverständlich, daß das Absperren des

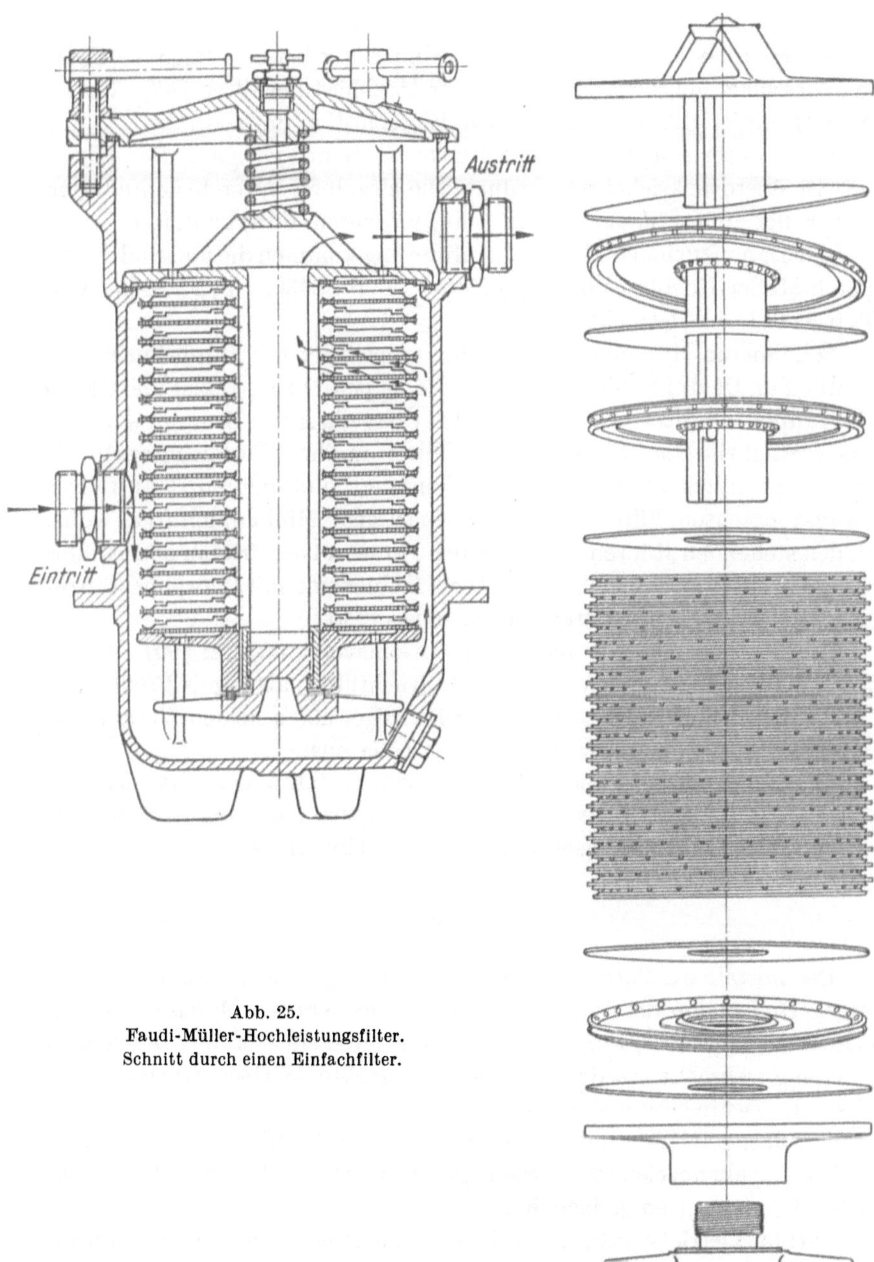

Abb. 25.
Faudi-Müller-Hochleistungsfilter.
Schnitt durch einen Einfachfilter.

Filters zwecks Reinigung erst *nach* erfolgter Öffnung der Umführungs-leitung erfolgen darf.

Als Hauptstromfilter für Dampfturbinen werden u. a. folgende Filter in Vorschlag gebracht: Faudi-Müller-Hochleistungsfilter [*88*], wovon Abb. 25 einen Schnitt durch einen Einfachfilter darstellt.

Diese Filter sind für Betriebsdrücke bis 10 atü geeignet. Der Filtersatz ist überdrucksicher angeordnet. Die einzelnen Filterelemente liegen in parallel zum Flüssigkeitsstrom angeordneten Filterkammern.

Für Dampfturbinen-Hauptstromfilterung kommen die umschaltbaren Faudi-Müller-Hochleistungsdoppelfilter Typ 8436, Typ 8465 und Typ 8449 G in Betracht.

Schuhmann-Minimumölfilter [*89*], Doppelfilter mit Doppelumschaltventil. Für Dampfturbinen kommen die Typen D 135, D 220 und D 270 als Hauptstromfilter in Frage. Seit 1944 hat die Erste Brünner als erste Turbinenfabrik den Einbau dieser Filter in ihre Turboaggregate als Hauptstromfilter vorgesehen. Bemerkenswert sind die von SCHUHMANN herausgebrachten Filterkühler mit neuartigem Minimumölfilter, wobei an den stehenden Röhrenkühler seitlich vor dem Öleintritt in den Kühler an diesen ein Ölfilter angebaut ist. Diese Kühler sind mit Phosphorbronze-Drahtsiebpaketen als Filtermaterial ausgerüstet.

Schließlich sind noch die Helms-Zweiplattengroßfilter [*90*], Bauart FALZ, zu nennen. Diese enthalten Metalltuchfilterplatten mit 17000 bzw. 10000 Maschen/cm². Diese Phosphorbronzegewebe scheiden Verunreinigungen bis zu 0,047 bzw. 0,059 mm Größe aus.

Bei Verwendung dieser Filter im Hauptschluß erübrigt sich der empfohlene Einbau eines Filters in die Abzweigsleitung vor den ölgeschmierten Verzahnungskupplungen (Abschn. III, 12).

15. Getriebe.

Der mittelbare Turboantrieb wird dann angewendet, wenn die günstigen Drehzahlen der Turbine und der angetriebenen Maschine — Generator, Kompressor, Pumpen usw. — nur durch ein Zahnradvorgelege in Einklang gebracht werden können, um größte Wirtschaftlichkeit des Gesamtmaschinensatzes zu sichern.

Turbinengetriebe sind durch hohe Erstdrehzahlen — Ritzeldrehzahlen — gekennzeichnet. Diese liegen fast immer über 3000 U/min bis 10000 U/min, selten jedoch höher.

Turbinengetriebe erhalten mit wenigen Ausnahmen Schrägverzahnung. Turbinengetriebe mit Schrägverzahnung erhalten grundsätzlich Evolventenverzahnung, die den Vorteil einfacher und genauer Herstellung besitzt. Nach KUSE [*91*] hat die AEG ihre Zahnform aus der Evolventenverzahnung entwickelt, die durch ein gewisses Gleiten der

Zahnflanken aufeinander zur Förderung der Schmierkeilbildung gekennzeichnet ist.

MEDAL [92] hat in einer sehr interessanten Arbeit nachgewiesen, daß das Pfeifen der Getriebe von der Konstruktion unabhängig ist, sondern Teilungsfehler die Ursache sind, die auf den Schneckenradantrieb des Tisches der Räderfräsmaschine zurückzuführen waren.

Die Eigenschwingungszahlen der Getriebe müssen genügend weit von den Betriebsdrehzahlen der Getriebe entfernt liegen.

Die Turbinengetriebe sind, Spezialfälle ausgenommen, immer an das Schmiersystem der Turbinen angeschlossen (Abb. 6). Sie werden somit fast ausnahmslos mit dem gleichen Öl wie für die Lager und Regelung versorgt. Das Schmieröl wird in den Zahneingriff durch gelochte oder geschlitzte Düsenrohre unter einem Druck von 0,3 bis 0,5 atü zugeführt. Der Öldruck ist mittels eines Manometers, das am Eintritt der Drucköl-leitung zur Düse angeschlossen ist, zu prüfen.

Ein höherer Öldruck ist wegen des starken Zerstäubens des Öles und der damit verbundenen erhöhten Oxydationsbeanspruchung sowie der Gefahr des Ölschäumens infolge stärkerer Luftdurchsetzung des Öles zu vermeiden.

Die Bohrung der Düsen darf wegen der Verstopfungsgefahr nicht zu klein gewählt werden und soll wenigstens 3 bis 4 mm im Durchmesser betragen. Vielfach werden auch mehrere Öleinspritzdüsen angewendet, wovon jede einzelne während des Betriebes abgesperrt, ausgebaut und gereinigt werden kann.

Die Eintrittstemperatur des Öles in den Zahneingriff soll am zweckmäßigsten bei 45° C liegen.

Sollte trotz der Ausführungen in Abschn. II,6 noch immer auf eine besonders hohe Zähigkeit des Öles und daher aus diesem Grunde auf eine niedrige Eintrittstemperatur des Öles in das Getriebe Wert gelegt werden, so kann in Sonderfällen bei gemeinsamem Schmiersystem für Lager und Getriebe das Umlauföl vor Eintritt in das Getriebe durch einen Zusatz-kühler auch unter 40° C gekühlt werden [93].

Wie im Abschn. II,6, Ölauswahl, ausführlich besprochen und begründet, genügt für die Schmierung der Getriebe eine Zähigkeit des Turbinenöles von 4 bis 5° E bei 50° C, vorteilhafterweise von 4,5° E bei 50° C vollkommen. Es erübrigt sich auch aus diesem Grunde, einen Zusatzkühler vor den Getrieben zu verwenden.

STEINITZ [94] hat mit leichtflüssigen Turbinenölen zwischen 2,5 bis 3° E bei 50° C an Zahnradgetrieben mit feiner Teilung, besonders bei Maag-Verzahnung, die besten Erfahrungen gemacht, und es ergibt sich oft gerade bei Verwendung so dünnflüssiger Öle der ruhigste Lauf und keine nachweisbare Abnützung. Die Verwendung dieser dünnflüssigen Öle wurde ebenso wie die besonders zähflüssigen Öle für die Getriebe bereits aufgegeben. Die Schmierung von Getrieben wurde auch von MEDAHL [95] in verschiedenen Arbeiten behandelt.

Für die Getriebelagertemperatur-Überwachung gilt dasselbe wie für die Turbinenlager. Auch bei den Getriebelagern sind die Temperaturmeßstellen mit Thermometern zu versehen. An besonders belasteten Getriebelagern sollen vorteilhafterweise in den belasteten Lagerschalen, wie bereits für Turbinenlager im Abschn. III, 11 vom Verfasser empfohlen, Thermoelemente womöglich mit Fernanzeigung eingebaut werden.

Haben diese Untersetzungsgetriebe — was selten, und das nur bei Sondergetrieben, z. B. für Stetigschleifer, der Fall ist — einen eigenen, von der Turbine getrennten Ölkreislauf für Zahnräder und Lager, so handelt es sich hierbei ebenfalls um eine Druckumlaufschmierung, bei der eigene Filter und Ölkühler vorhanden sind. Unter Hinweis auf die Ölauswahl sei besonders betont, daß auch an solchen Getrieben mit einem Turbinenöl von 4,5° E bei 50° C unter allen Betriebsbedingungen das Auslangen gefunden wird und ohne weiteres das gleiche Öl wie für die Turbinenlager und Regler in Verwendung genommen werden kann.

Konstrukteur und Betriebsingenieur sollen daher auf Grund der Erfahrungen der letzten Jahre, die in den neuen Ölvorschriften der Turbinenfabriken Berücksichtigung fanden, für immer von der Verwendung stark zähflüssiger Öle für ortsfeste Dampfturbinen mit Getrieben abgehen, um dadurch den Fortschritten in der Getriebetechnik Rechnung zu tragen und die Ölwirtschaft in Kraftwerken durch Verwendung *nur einer Turbinenölsorte* zu vereinfachen.

16. Regel- und Steuereinrichtung.

Die Leistung von Dampfturbinen wird durch Fliehkraftregler, sog. Drehzahlregler, geregelt, während der Dampfdruck an Entnahmestellen oder im Abdampfstutzen durch Druckregler gleichgehalten wird. Die Leistungsänderung kann bei einer Dampfturbine entweder durch die Drosselregelung oder Füllungsregelung vorgenommen werden. Zur zweiten Art gehört die heute fast ausschließlich gebaute Düsengruppenregelung.

Die Arbeitsweise der Regelung ist aus Schema (Abb. 26) ersichtlich.

Der Fliehkraftregler zur Regelung der Drehzahl und somit der Leistung wird meist über Schnecke und Schneckenrad oder über Stirnräder von der Turbinenwelle angetrieben und läuft mit niedrigerer Drehzahl als diese. Die Druckregler sind in der Regel Membranregler, wobei Balgmembranen oder Flachmembranen verwendet werden können. Als Druckregler wird von vielen Turbinenherstellern der Askania-Strahlrohrregler verwendet. Der Dampfdruck im Entnahme- oder Gegendruckdampfnetz wird auf ein Röhrenfelder- oder Wellrohrmeßwerk geführt, das auf das Strahlrohr wirkt. Das Strahlrohr seinerseits betätigt einen

Hilfssteuerkolben, der den Reglerhebel und damit den Kolben des Steuerzylinders bewegt und somit die Turbinenregelung beeinflußt.

Die Regelung erfolgt meist mechanisch-hydraulisch, mit oder ohne Gestänge. In neuester Zeit auch vollhydraulisch. Nach MELAN [96] ist bei der vollhydraulischen oder reinen Flüssigkeitsregelung der Drehzahlregler ein Flügelpumpenrad, das unmittelbar auf der Turbinenwelle angeordnet ist. Bei dieser reinen Flüssigkeitsregelung, die mit Kreiselpumpen arbeitet, wird der Öldruck oder die Menge des geförderten Öles als Reglerantrieb benützt. Abb. 27 zeigt ein Schema der vollhydraulischen Regelung nach SIEMENS.

Die Regel- und Steuereinrichtung umfaßt alle jene Konstruktionsteile, welche unter Heranziehung von Drucköl das Öffnen und Schließen des Hauptventils,

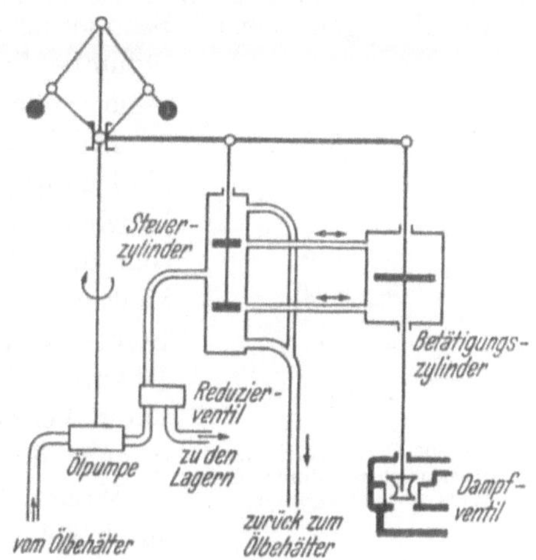

Abb. 26. Schema eines Reglersystems.

der Düsenventile und schließlich der aus Sicherheitsgründen vorgesehenen Schnellschlußvorrichtung bedingen.

Auf die Beschreibung der Regel- und Steuereinrichtungen der AEG[9] BBC[97], MAN[10] und WUMAG[11] sei hingewiesen. Die Leistung der

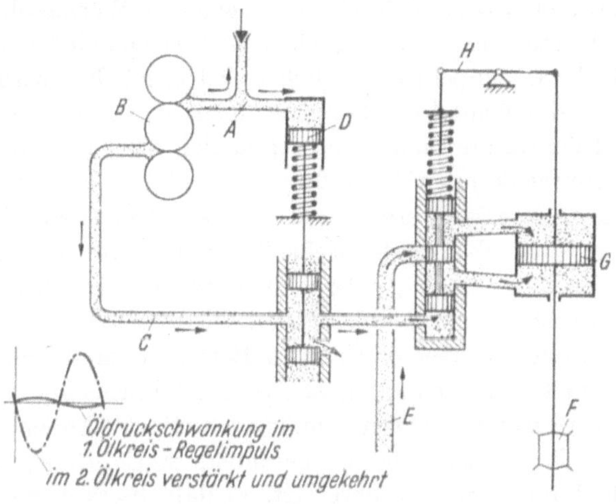

Abb. 27. Grundsätzliche Anordnung des Siemens-Reglers für Dampfturbinen.
A Ölkreis 1, B Steuerölpumpe, C Ölkreis 2, D Hilfskolben, E von der Hauptölpumpe, F Regelventil, G Kraftkolben, H Rückführhebel.

AEG-Turbinen wird allgemein durch Füllungsregelung in Form der Düsengruppenregelung geregelt.

Der Drehzahlregler wird von der Turbinenwelle mittels Schneckentriebes angetrieben. Die Schmierung dieses Antriebes ist im Abschn. III, 5 unter Hauptölpumpe genau beschrieben und in Abb. 11 dargestellt. Die Ausführungen über die Schmierung des Schneckenantriebes der Hauptölpumpe hat für den Antrieb der Fliehkraftregler volle Geltung.

Die Regelung der *BBC-Turbinen* arbeitet als Düsenregelung, wodurch die Drosselverluste lediglich auf das jeweils regelnde Ventil beschränkt bleiben, so daß der Dampfverbrauch niedriger ist als bei reiner Drosselregelung. Alle Steuerorgane, d. h. Hauptabsperrventil und Düsenventile, werden nur durch Drucköl, also unter Vermeidung einer mechanischen Übertragung durch Gestänge, betätigt.

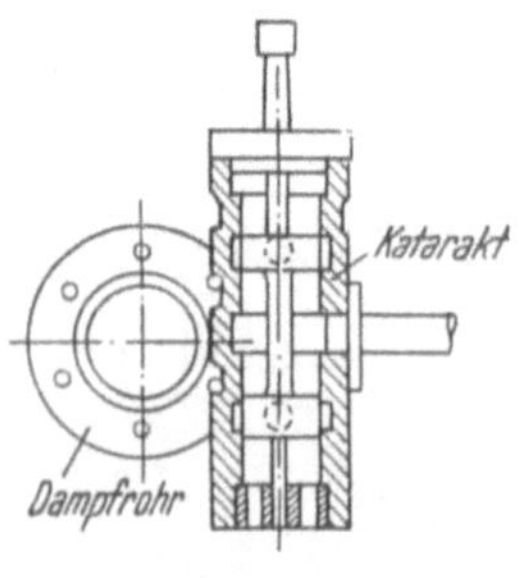

Abb. 28. Verkrusten eines Steuerschiebers durch die Nähe eines Dampfrohres.

Während die frühere Ausführungsform dadurch gekennzeichnet war, daß eine Zahnradhauptölpumpe das Schmieröl unter Druck sowohl für die Lagerschmierung als auch für die Steuerung aus dem Ölsammelbehälter lieferte, werden neuerdings für die Steuerung zwei getrennte Ölsysteme vorgesehen.

Bereits im Abschn. III, 7 wurde darauf hingewiesen, daß besonders im Reglersystem keine Überhitzung des Öles durch leitende oder strahlende Wärme erfolgen soll, da das Regleröl selten kontinuierlich, sondern meist nur intermittierend durch das Reglersystem fließt. Wenn nicht dafür Sorge getragen wird, daß durch entsprechenden Wärmeschutz sowie durch entsprechende Entfernung zwischen Turbinengehäuse und Reglerzylinder die Regler-Öltemperatur möglichst niedrig gehalten wird, können sich besonders bei Höchstdruckdampfturbinen in den Reglerzylindern asphaltartige Rückstände bilden, die schließlich zum Festbrennen der Reglerkolben führen können (Abb. 28).

Es darf nicht vergessen werden, daß das Dampfturbinenöl besonders im Regelsystem nicht über die kritische Temperatur von 100 bis 130° C überhitzt werden darf. Auch die Druckölleitungen zum Ölzylinder des Reglers sollen durch entsprechende Isolierung geschützt sein (Abb. 29).

Da die Steuerventile fast dauernd in Bewegung sind und Drucköl infolge Undichtheit austreten kann, ist das Regelöl nicht nur sehr hohen Temperaturen ausgesetzt, sondern kommt auch mit der Außenluft direkt in Berührung. Hierbei wird das Öl besonders stark beansprucht und überdies noch durch Staub verunreinigt, so daß dieses abfließende Öl auf keinen Fall in das Schmiersystem rückgeleitet werden darf, um die Alterung des Umlauföles nicht zu beschleunigen. Nach FABER [*98*] ist es bei Vorkehrung entsprechender Schutzmaßnahmen nicht nötig, dieses Öl außerhalb des Schmiersystems der Turbinen abzuleiten.

Die Drehzahlregler sind mit dem Getriebe in geschlossenen Gehäusen untergebracht. Die Schmierung erfolgt meist mittels Drucköl durch eine Ringleitung mit vielen kleinen Ausströmöffnungen. Das feinverteilte Öl überströmt den mit hoher Drehzahl arbeitenden Fliehkraftregler. Wenn

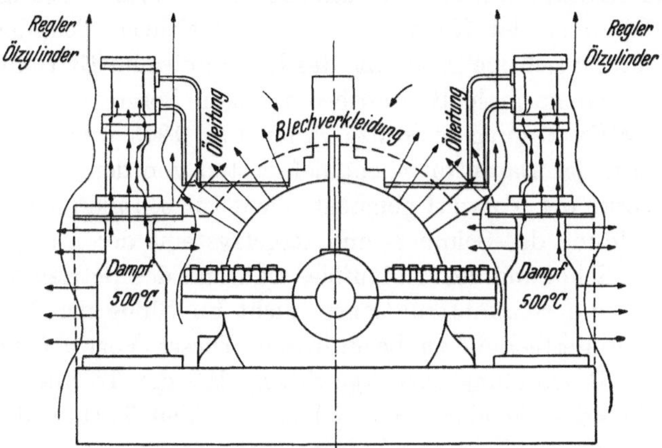

Abb. 29. Wärmestrahlung und Wärmeleitung bei Dampfturbinen.

die Entlüftung am Ölbehälter ungenügend ist, besteht bei Anwesenheit von Wasserdampf im Reglergehäuse die Gefahr der Rostbildung an dem Fliehkraftregler. Erfolgt die Schmierung der beweglichen Teile des Fliehkraftreglers mittels Tropföler, dann ist strengstens darauf zu achten, daß hierzu nur *Dampfturbinenöl* verwendet wird, da das abfließende Öl in das Schmiersystem gelangt und bei Verwendung eines anderen Öles die gesamte Ölfüllung in kurzer Zeit unbrauchbar gemacht werden könnte.

Für sämtliche Reglerarten hat sich als Drucköl ein Turbinenöl mit 4 bis 5° E bei 50° C bewährt. Bei Verwendung eines solchen Öles treten auch an vollhydraulischen Steuerungen beim Anfahren und kaltem Öl keinerlei Schwierigkeiten wegen Ölschäumens auf, welche Tatsache besonders hervorgehoben werden soll.

Zur Überwachung der Drehzahl von Turboaggregaten dient der Tachometer — Drehzahlanzeiger —, der an jeder Turbine vorgesehen ist. Ebenso wie die Ablesungen der Temperaturen und Drücke sind auch die Drehzahlablesungen in das Betriebsbuch der Turbinen einzutragen. Man hat auch bei Turbinen mit Drehstromgeneratoren im Frequenzmesser einen sehr genauen Drehzahlanzeiger.

Die Tachometer dürfen nur mit leichtflüssigem Klauen- oder Knochenöl geschmiert werden. Die Verwendung von Dampfturbinenöl oder einem anderen Mineralöl führt zu schweren Havarien der Tachometer und beeinflußt die Empfindlichkeit derselben. Zur Schmierung werden zwei bis drei Gramm Klauenöl monatlich benötigt, das, wenn es auch in das Schmiersystem der Turbine abtropfen und in das Umlauföl gelangen sollte, infolge der äußerst geringen Menge — es sind nur Spuren von Fettöl — auf die Ölfüllung keinerlei nachteiligen Einfluß ausübt. Die Vorschriften der Tachometerlieferanten sind genau einzuhalten.

In diesem Abschnitt wurden alle konstruktiven Fragen vom schmiertechnischen Standpunkt kurz behandelt, und es wurde gezeigt, durch welche Maßnahmen der Konstrukteur für die richtige Schmierung der Turbinen, für die richtige Schonung des Umlauföles im Betriebe und für schmiertechnisch normale Betriebsbedingungen Sorge tragen kann.

Bei der WEV-Tagung in Stuttgart im Juni 1943 wurde dem Technischen Dienst der Dampfturbinenöllieferanten von den Vertretern der Großkraftwerke der Vorwurf gemacht, nicht für schmiertechnisch richtige Durchbildung des Schmier- und Regelsystems der Dampfturbinen in bezug auf Schonung des Umlauföles während des Betriebes Sorge zu tragen sowie die Neukonstruktionen nicht im Sinne der Fortschritte moderner Schmiertechnik zu beeinflussen. Dieser Vorwurf wurde mit der richtigen Begründung zurückgewiesen, daß der Technische Dienst der Mineralölindustrie nicht in der Lage sei, den Turbinenherstellern diesbezüglich Vorschriften zu machen.

Obwohl besonders in letzter Zeit in diesen Belangen große Fortschritte erzielt wurden, sei an dieser Stelle auf diesen Wunsch der Turbinenbetreiber nochmals hingewiesen. Aus diesem Grunde wurde auch dieser, besonders für den Konstrukteur bestimmte Abschnitt so ausführlich gehalten, und es seien die wichtigsten schmiertechnischen Empfehlungen für die sachgemäße konstruktive Ausbildung des Schmier- und Regelsystems kurz zusammengefaßt:

Die Ölfüllung soll so groß sein, daß diese nicht öfter als 8· bis 12mal in der Stunde umgewälzt wird. Der Ölbehälter soll so konstruiert sein, daß das Umlauföl alle im Betrieb aufgenommenen Verunreinigungen leicht abscheiden kann und diese sowie die Öl- und Wasserdämpfe restlos entfernt werden, ohne daß die Kondensate der letzteren in das Schmiersystem zurückfließen können. Grundplattenbehälter sind mit Ausnahme der BBC-Grundplattenbehälter, die eine ausgezeichnet wirkende Ventilatorgegenstrombelüftung besitzen, abzulehnen. Hauptölpumpe und Saugleitung müssen wegen der Gefahr des Ölschäumens und Abreißens des Ölstromes unbedingt dicht sein. Die Baustoffhärte von Schnecke und Schneckenrad des Hauptölpumpen- und Fliehkraftreglerantriebes muß richtig abgestimmt und die Stellung der Ölzuführungsdüsen richtig sein. Außerdem ist auf die richtige Montage dieser Antriebe besonders zu achten.

Verhinderung des Dampf- und Kondensateintrittes in das Umlauföl durch entsprechende konstruktive Vorkehrungen. Das Öl zur Schmierung der Hilfsölpumpen soll in Rohren in den Ölbehälter rückgeführt werden.

Die Drucköl- und Rücklaufleitungen sind so zu verlegen, daß sie von den Dampfleitungen möglichst weit entfernt, die Flanschverbindungen leicht zugänglich und keine Luftsäcke vorhanden sind. Die Ein- und Austrittsstellen der Ölleitungen an den Lagerböcken sind zu isolieren. Als Dichtungsmaterial sind nur Hartpackungen zu verwenden, die nur trocken eingesetzt werden dürfen.

Keine liegenden Ölkühler wegen der Luftsackbildung und sich daraus ergebenden Gefahr des Ölschäumens verwenden. Die Ölkühler sind unbedingt mit ausziehbaren Röhrenbündeln zu versehen und immer in die Öldruckleitung einzubauen. Als Kühlrohrmaterial sollen nur Messing- oder Stahlrohre, keine Kupferrohre, am besten verzinnte Messingrohre verwendet werden. Ölseitig verzinkte Stahlrohre für Ölkühler sind unbedingt abzulehnen.

Abweisscheiben an den Lagern dürfen nie aus Zink hergestellt sein. Schmiernuten in der tragenden Lagerschale dürfen nicht vorhanden sein, da hierdurch dynamisches Schwimmen des Zapfens, flüssige Reibung und Vollschmierung verhindert werden. Die Traglager sollen kurze Lagerlänge ($l : d \lessgtr 1{,}2$), eine Exzentrizität nicht kleiner als 0,5 und bewegliche Lagerschalen besitzen. Als Lagermetall wäre wegen der guten Notlaufeigenschaften möglichst nur WM 80 zu verwenden. Ölzuführung nur in der unbelasteten Lagerschale und in der Drehrichtung des Zapfens, am besten an der Teilfuge. Bei Traglagern p nicht größer als 20 kg und v nicht größer als 60 m/sec. Das Lagermetall soll von globularer Struktur sein.

Die Belastungszahl pv darf weder für die Auswahl des Lagermetalls noch für die Ölauswahl herangezogen werden. Bei Drucklagern soll p maximal 35 kg/cm², v maximal 65 m/sec betragen. Die Lager sollen möglichst weit vom Turbinengehäuse getrennt sein, um nicht unzulässig stark strahlender und leitender Wärme ausgesetzt zu werden. Das aus dem Lager austretende Öl darf nicht an der Welle entlangkriechen, daher Anbringung von Spritzringen, ferner darf das ablaufende Öl in den Lagergehäusen nicht über Stellen fließen, deren Temperatur über 80° C beträgt. In den Lagerböcken sind größere Ölräume, tote Winkel und Ecken zu vermeiden. Die Lagerböcke müssen zur Verhinderung des Auftretens von vagabundierenden Strömen isoliert aufgestellt und die Ein- und Austrittsstellen der Ölleitungen ebenfalls isoliert werden. Wenn möglich, sind Thermoelemente in die tragenden Lagerschalen zur Temperaturmessung einzubauen — elektrische Fernmessung —. Öltemperatur bei Eintritt in die Lager 45 bis 50° C, der Lageröldruck soll 0,3 bis 0,5 atü betragen. Geringe Mengen von Dampfzylinderöl zur Schmierung des Wellenzapfens bei der Montage sind unschädlich, es darf jedoch keinesfalls Maschinenfett oder Seife für diesen Zweck verwendet werden.

Ölgeschmierte Verzahnungskupplungen sollen, sofern kein Hauptstromfilter vorgesehen ist, in der Ölzuführungsleitung vor Eintritt in die Kupplung mit einem Filter versehen werden. Die Kupplungen sind zwecks Vermeidung der Ölzerstäubung einzukapseln.

In die Druckleitung ist *vor* dem Ölkühler ein Filter im Hauptschluß des Druckumlaufschmiersystems einzubauen.

Die Getriebeverzahnung muß mit größter Genauigkeit hergestellt und das Getriebe sachgemäß montiert werden. Der Öldruck an der Düse am Zahneingriff soll nicht höher als 0,3 bis 0,4 atü sein. Die Öleintrittstemperatur in das Getriebe soll nicht höher als 45° C sein.

Sämtliche Ölleitungen der Regelung und die Reglerzylinder müssen entsprechenden Wärmeschutz bekommen und so verlegt bzw. aufgestellt sein, daß keine örtliche Überhitzung des Regleröles auftreten kann. Der Regleröldruck soll möglichst nicht über 5 atü betragen.

Bei Konstruktion und Berechnung des Schmier- und Regelsystems sind obige Richtlinien einzuhalten, und es ist diesen bei ortsfesten Dampfturbinen für Lager, Regelung und Getriebe eine Viskosität des Dampfturbinenöles von 4,5° E bei 50° C = 30 cP = 34,1 cSt zugrunde zu legen und mit einer spez. Wärme von 0,45 zu rechnen.

IV. Die schmiertechnische Beanspruchung des Umlauföles im Schmiersystem von Dampfturbinen.

In diesem Abschnitt sollen die wichtigsten schmiertechnischen Untersuchungen zusammengestellt werden, die unsere Kenntnisse über die Beanspruchungen des Umlauföles erweitern und Anlaß zu den in Abschnitt III gemachten Vorschlägen zur Verbesserung der konstruktiven Vorkehrungen zwecks Schonung desselben während des Betriebes, zur Erweiterung der von den Turbinenlieferanten herausgegebenen Schmierungsvorschriften — Abschnitt VI — und Verschärfung der Ölvorschriften seitens der Turbinenhersteller — Abschnitt II — gaben.

1. Temperaturmessungen an Lagern, Lagerzapfen und Lagergehäusen.

Mit der Entwicklung der Höchstdruckdampfturbinen und die damit ständig höher werdenden Frischdampftemperaturen, die 500° C weit überschritten, wurde die Frage der thermischen Überbeanspruchung des Dampfturbinen-Umlauföles im Schmiersystem in den Vordergrund gerückt, da diese Möglichkeit hierdurch gegeben erschien. Bisher wurde dieser Frage wenig Bedeutung geschenkt. Verfasser [32] hat jedoch, durch abnormale Alterung von Ölfüllungen veranlaßt, auf umfassende Temperaturmessungen an den besonders gefährdeten Stellen des Schmiersystems gedrungen, diese angeregt und deren Durchführung geleitet. Diese Temperaturmeßversuche wurden mit Temperaturmeßfarben „Thermocolor" [99] durchgeführt.

Hüttner und Hieble [*100*] haben Temperaturuntersuchungen an hochdruckseitigen Turbinenlagern an drei Turbogeneratoren von je 80 000 kW Leistung mit einer Frischdampftemperatur von 350 bis 370° C durchgeführt und dabei nachstehende schmiertechnisch wichtige Feststellungen gemacht:

Lagerzapfentemperatur während des Betriebes; Unmittelbar am Austritt aus der Lagerschale beträgt die Temperatur 150° C, an der Ölabspritzring Stirnseite 175 bis 180° C und hinter dem Ölspritzring 200 bis 220° C. Es wäre also beim Bau eines solchen Lagers darauf zu achten, daß die Spritzringstirnfläche noch reichlich vom Öl umspült wird und daß das vom Spritzring abgeschleuderte Öl nicht mehr auf die Welle zurückgelangen kann.

Lagerzapfentemperatur nach Stillsetzen der Turbine; Die Zapfentemperatur, die während des Betriebes bei 80 bis 85° C lag, stieg 4 Stunden nach dem Stillsetzen auf 105° C, betrug nach 6 Stunden 115° C, um nach etwas über 8 Stunden die Höchsttemperatur von 118,5° C zu erreichen. Nach 17 Stunden war die Zapfentemperatur 100° C, nach 20 Stunden 90° C und nach 24 Stunden 70° C.

Die Messungen bestätigten auch, daß vom turbinenseitigen Ende der Lagerschale bis zum erregerseitigen Ende ein weiteres, wenn auch geringes Temperaturgefälle im Lagerzapfen besteht. Der größte Unterschied beträgt 5° C.

Auf Grund dieser Meßergebnisse ist zur Schonung der Lager, des Lagermetalls und des Umlauföles ein möglichst langes Inbetriebbelassen der Hilfsölpumpe nach dem Stillsetzen der Turbinen, Abschn. III, 6 und VI, zu fordern, weil die bisherigen Laufzeiten der Hilfsölpumpe nach dem Stillsetzen der Turbine im allgemeinen zu kurz sind. Es empfiehlt sich daher dringend, bei jedem Turboaggregat je nach Bauart und Größe von vornherein die zweckmäßigste Nachlaufzeit der Hilfsölpumpe festzulegen, die so lange zu währen hätte, *bis nach dem Stillsetzen derselben ein Lagertemperaturanstieg nicht mehr feststellbar ist.*

Temperaturen des Umlauföles; Die Aufwärmung des aus dem Lager austretenden Öles an der Ölabspritzring-Stirnseite beträgt 12 bis 32° C, die festgestellten Höchsttemperaturen des vom Spritzring abgeschleuderten Öles betrugen 105° C.

Weitere Temperaturmessungen wurden vom Verfasser [*32*] an einer Höchstdruckdampfturbine mit einer Leistung von 11 000 kW, Frischdampftemperatur 500° C, Dampfdruck 90 atü, Gegendruck 11 atü, $n = 3000$ vorgenommen.

Es ist bekannt, daß die Zapfentemperatur im Lager *I*, also am Hochdruckteil von Höchstdruckturbinen, bei einer Frischdampftemperatur von über 500° C ungefähr 180° C beträgt. Da diese Temperatur weit höher als die für thermische Beanspruchung von Turbinenölen zulässige ist, haben über Vorschlag des Verfassers die Skodawerke an einer Höchstdruckturbine am hochdruckseitigen Traglager *I* in das Lagermetall der unteren Lagerschale Thermoelemente eingebaut, um die Möglichkeit zu haben, die Schmierfilmtemperatur und damit die Be-

Meßstelle	Temperatur °C
Lagergehäuse oben des vorderen Traglagers am Hochdruckteil . .	290
„ „ des rückwärtigen Traglagers am Hochdruckteil	290
Vordere und rückwärtige Turbinengehäusefüße	65
Pratze des vorderen Turbinengehäuses, Stirnseite	220
„ „ „ „ Außenseite (Übergang in den Flansch)	300
„ „ rückwärtigen Turbinengehäuses, Stirnseite	150
„ „ „ „ Außenseite	220

anspruchung des Umlauföles durch den hoch erhitzten Zapfen im Druckberg zu messen.

Das Ergebnis ist sehr interessant, es zeigt nämlich, daß die thermische Überbeanspruchung nicht im Lager selbst, also nicht im Schmierfilm erfolgt, sondern erst beim Austritt des Öles aus dem Lager, im Lagerbock oder im Lagergehäuse. Bei diesen Messungen lag die *Schmierfilmtemperatur* zwischen 57 und 63° C, während die Lagertemperatur — Normalmessung in der oberen Lagerschale — um 65° C lag. Es konnte durch die Messung festgestellt werden, daß während des Betriebes trotz hoher Zapfentemperatur im Schmierfilm keine thermische Überbeanspruchung des Turbinenöles stattfand.

Aus diesen Untersuchungen über die Temperaturverhältnisse in den Lagern, Lagerzapfen und Lagergehäusen geht einwandfrei hervor, daß die größte Gefahr für eine thermische Überbeanspruchung des Umlauföles bei seinem Weg vom Austritt aus dem Lager durch das Lagergehäuse ist. Sofern das Umlauföl im Lagergehäuse Flächen passieren muß, die über 130° C erhitzt sind, wird ein solches Lager, wie Verfasser wiederholt in der Praxis an Höchstdruckturbinen an Lager *I* und auch an Lager *II* feststellen konnte, zu einer „Koksfabrik“, diese Lager werden zu einer „Ölalterungsmaschine“, das Umlauföl wird in solchen Lagern abnormal gealtert. Im Abschn. V, 1 ist auf die abnormale Beanspruchung des Umlauföles näher eingegangen.

Um diese schmiertechnischen Nachteile, die durch die thermische Überbeanspruchung des Umlauföles entstehen können, zu verhindern, möge der Konstrukteur vor allem und der Betriebsingenieur, wenn nötig, auch bei bereits bestehenden Anlagen die entsprechenden Vorkehrungen zur Schonung des Umlauföles, besonders in den Lagergehäusen der Turbinen, treffen. Verfasser hat auch bei der WEV-Tagung in Stuttgart 1943 auf die besondere Bedeutung dieser Frage bereits hingewiesen.

2. Katalytischer Einfluß der Werkstoffe der vom Umlauföl bespülten Flächen des Schmiersystems.

Im Abschn. III, 3 ist die durchschnittliche Größe der vom Umlauföl bespülten Flächen im Schmiersystem nach Baustoffen getrennt angeführt. Aus dieser Aufstellung ist ersichtlich, daß Eisen mit rund 70 %, Messing bzw. der für die Kühlrohre verwendete Baustoff mit rund 30 % und das Lagermetall mit nicht ganz 2 % beteiligt sind. Die Lagermetallfrage wird, obwohl praktisch infolge der geringen Beteiligung dieses Werkstoffes an den vom Öl bespülten Flächen schmiertechnisch ohne Bedeutung, trotzdem untersucht und wird im Abschn. IV, 3 getrennt behandelt.

Um die katalytische Alterungswirkung verschiedener Metalle und Legierungen mit jener von reinem Elektrolytkupfer zu vergleichen, wurden Dampfturbinenöle nach Dr. BAADER — Abschn. II, 3 — gealtert. Die Wirkung des Elektrolytkupfers wurde = 100 gesetzt. Die bei den Versuchen als Katalysatoren zur Verwendung gekommenen Metalle und Legierungen hatten die gleiche glatte Oberfläche wie der beim Baader-Test benützte Kupferdraht.

Zahlentafel 2. *Katalytische Alterungswirkung verschiedener Metalle und Legierungen auf Dampfturbinenöl.*

Metalle und Legierungen	Katalytische Wirkung
Elektrolytkupfer	100
Kupfer-Nickel-Legierung (80% Cu, 20% Ni)	62
Messing (63% Cu, 37% Zn)	60
Kupfer-Nickel-Legierung (70% Cu, 30% Ni)	48
Eisen	23
Aluminium	19
Zinn	6

Aus vorstehender Zahlentafel [32] sind die Einflüsse verschiedener Baustoffe des Schmier- und Regelsystems von Dampfturbinen zu erkennen. Im Abschn. III, 9 wurde bei Besprechung der Kühlerbaustoffe bereits auf die Wichtigkeit dieser Frage in bezug auf die Ölschonung während des Betriebes und auf die Arbeit von SKALA [101] hingewiesen, deren Ergebnisse nunmehr näher besprochen werden sollen, da diese Frage von besonderer Bedeutung ist.

SKALA weist in einer sehr gründlichen, umfassenden, für den praktischen Betrieb sehr wertvollen Arbeit die Bedeutung der gleichzeitigen Anwesenheit von metallischem Kupfer und Eisen mit seinen Oxyden im praktischen Dampfturbinenbetrieb nach. Da diese Arbeit bisher nicht veröffentlicht wurde, sei hier, soweit diese für die Praxis der Dampfturbinenschmierung von Interesse ist, hierauf näher eingegangen und zusammenfassend die Ergebnisse derselben festgehalten.

In Versuchen zur künstlichen Alterung von Dampfturbinenölen wurden bei 95° C die Einflüsse der Katalysatorkombinationen: Kupfer-Eisen, Kupfer-Eisenoxydul und Kupfer-Eisenoxyd studiert, wobei unter Berücksichtigung der Tatsache, daß in der Praxis Eisen- und Eisenoxydteilchen in feiner Verteilung im Öl vorhanden sind, die letztgenannten Katalysatoren in Pulverform angewendet.

Es ergab sich, daß der Einfluß von Eisen, Eisenoxydul und Eisenoxyd ohne Gegenwart von Kupfer nicht sehr erheblich ist, wenn die Versuchstemperatur nicht über 95° C liegt und die wirksame Oberfläche nicht durch Aufwirbeln vergrößert wird. Immerhin läßt sich eine Abstufung der einzelnen Einflüsse deutlich erkennen, und zwar wirkt Ferrooxyd am stärksten, Ferrioxyd am schwächsten ein. Bei gleichzeitiger Anwesenheit von Kupfer ist die zusätzliche Wirkung von Eisenoxydul und von Eisen eine erhebliche, und es gilt nach Skala die Gesetzmäßigkeit, daß die Wirkung der Katalysatorkombinationen bedeutend größer ist als die Summe der Einzelwirkung der angewendeten Katalysatoren.

Eine Ausnahme hiervon macht die Kombination Kupfer-Eisenoxyd, die bei 95° C überraschenderweise eine geringere Wirkung ausübt als die Katalysatoren allein. Liegt die Versuchstemperatur bei 120° C, so übt Eisen und Eisenoxydul auch ohne Kupfer eine sehr stark alterungsbeschleunigende Wirkung aus, und zwar Ferrooxyd an erster Stelle, während der Einfluß des Ferrioxydes wesentlich geringer ist.

Die Wirkung der Katalysatoren ist von ihrer Menge und „wirksamen Oberfläche" abhängig. Skala weist in dieser Arbeit auch nach, daß bei der Alterung von Dampfturbinenöl bei einer Temperatur von 95° C unter gleichzeitigem Einleiten von Sauerstoff in Gegenwart der angegebenen Katalysatorkombinationen trotz Kühlung (Kühlertemperatur 15° C) in den mit dem Sauerstoff abgehenden flüchtigen Oxydationsprodukten erhebliche Mengen flüchtiger organischer Säuren festgestellt wurden, die bei der Kombination Eisenoxyd weitaus am größten sind. Skala konnte gleichzeitig feststellen, daß Aluminiumsilikate (Kaolin) in Gegenwart von Kupfer eine sehr starke katalytische Wirkung ausüben, die größer ist als bei Eisenhydroxyd und Kupfer.

Auf Grund der Ergebnisse dieser Arbeit erscheint es durchaus verständlich, daß der Verlauf der Alterung von Dampfturbinenöl im Schmiersystem von Dampfturbinen selbst bei vollkommen gleichen Turbinentypen ein so verschiedener sein kann, denn die Bedeckung der metallischen Oberflächen mit den verschiedenen Oxyden und Hydroxyden oder deren Menge und Verteilungszustand im Öl sind nicht die einzigen wechselnden Einflüsse, die auf das Umlauföl einwirken können. Nicht nur die Höhe der Arbeitstemperatur, vor allem der Maximaltemperatur, der das Umlauföl im Schmier- und Regelsystem der Turbinen ausgesetzt ist, sondern auch nach Skala die Reaktionsgeschwindigkeit, mit der die

Oxydationsvorgänge ablaufen, übt einen weiteren entscheidenden Einfluß auf die Wirkung der Katalysatoren aus.

Für die Praxis ergibt sich daraus die Folgerung, das Umlauföl dauernd wasserfrei und frei von festen Fremdstoffen zu halten, damit die Bildung und Wirkung der Eisenoxyde möglichst vermieden wird.

In Deutschland wurde 1942 von verschiedenen Stellen die Einführung von *Zink* als Austauschwerkstoff im Dampfturbinenbau für ölseitige Verzinkung von Kühlerrohren aus Stahl sowie für Abweisbleche an Stelle von Messing in Vorschlag gebracht. Dieser Vorschlag wurde von den mit der Untersuchung betrauten Fachleuten für die Lebensdauer der Ölfüllung als unschädlich bezeichnet.

Die vom Verfasser angeregten Untersuchungen haben jedoch das Gegenteil ergeben. Sicherlich, Zink übt keine alterungsbeschleunigende Wirkung auf das Dampfturbinenöl aus, so daß aus diesem Grunde eine Ablehnung dieses Werkstoffes nicht gerechtfertigt wäre, aber Zinkseifen sind, wie die Untersuchungen zeigten, sehr gute Emulgatoren und deshalb für die Ölfüllung von Dampfturbinen eine große Gefahr.

Um den Einfluß auf gealtertes Turbinenöl, wie es in jeder Dampfturbine nach einiger Betriebszeit vorhanden ist, zu erkennen, wurde unter Verwendung von Dampfturbinen-Altöl im Laboratorium Zinkseife hergestellt und diese Zinkseife in verschiedenen Prozentsätzen dem Neuöl zugesetzt. Hierzu ist zu bemerken, daß Zinkseife im warmen Turbinenöl löslich ist, während Eisen- und Kupferseifen, die aus dem gleichen Turbinen-Altöl stammten, in warmem Öl unlöslich sind. Auf diese Feststellung sei besonders hingewiesen, da vielfach die Meinung vertreten ist, daß Eisen- und Kupferseifen, sofern solche infolge fortgeschrittener Alterung des Umlauföles ausgeschieden und daher in diesem feinst verteilt — suspendiert — sind, wieder in Lösung gehen, wenn das Umlauföl vor einer Nebenschlußreinigung, sei es durch Filter oder Zentrifuge, vorher erwärmt wird. Durch die obigen Feststellungen der Unlöslichkeit von Eisen- und Kupferseifen im warmen Öl wird diese Auffassung widerlegt. In diesem Zusammenhang sei auf Abschn. IX, 3, a, b und d hingewiesen.

Es wurde zu einem Dampfturbinen-Gebrauchsöl mit einer Nz von 0,8 und einer Vz von 2,3 Zinkseife in der Höhe von 0,1, 0,2 und 0,5 % zugesetzt und die Emulgierneigung nach der Dampfstrahlmethode [*102*] geprüft. Da bei einem Ölwechsel an einer Turbine stets die Möglichkeit vorliegt, daß abgelagerte Metallseifen — insbesonders Ablagerungen im Ölkühler und in den Lagergehäusen — in das Neuöl gelangen, so wurde der gleiche Versuch auch mit Dampfturbinen-Neuöl durchgeführt. Die Ergebnisse dieser Versuche sind in Zahlentafel 3 zusammengefaßt.

Aus diesen Versuchen geht hervor, daß das Gebrauchsöl *ohne* Zinkseifenzusatz völlig einwandfrei war, jedoch bei Vorhandensein geringer Mengen Zinkseifen dieses die Emulsionsbeständigkeit vollkommen verliert und Emulsionen bildet; ferner, daß auch Dampfturbinen-Neuöle schon bei sehr kleinen Prozentsätzen von Zinkseifenzusatz eine Emulsion ergeben.

Zahlentafel 3.

Dampfstrahlprobe von Dampfturbinenölen mit Zinkseifenzusätzen. (Nach WOLF.)

Öl	N_z	V_z	Dampfstrahlprobe nach 10 Min.	nach 60 Min.
A. *Altöl* (Gebrauchsöl)				
pur	0,8	2,3	gut	gut
+0,1% Zinkseife	0,5	4,8	10 mm Em.	gut
+0,2% ,, ...	0,5	5,0	50 mm Em.	gut
+0,3% ,, ...	0,6	5,3	55 mm Em.	50 mm Em.
B. *Neuöl*				
pur	0	0,01	gut	gut
+0,1% Zinkseife	0,1	0,3	Emulsion	70 mm Em.
+0,2% ,, ...	0,1	0,4	Emulsion	75 mm Em.
+0,3% ,, ...	0,25	0,8	Emulsion	95 mm Em.

Aus diesem Grunde ist die Verwendung von Zink als Austauschwerkstoff oder Verzinkung von Stellen im Schmiersystem, die vom Umlauföl bespült werden, unbedingt abzulehnen.

Zahlentafel 4. *Alterung von Dampfturbinenöl von Sondergüte mit verschiedenen Kühlerrohren bei 95° C.* (Nach WOLF.)

	Versuchsdauer			
	48 Stunden		200 Stunden	
	V_z	Schlamm	V_z	Schlamm
1. Dampfturbinenöl von Sondergüte pur . . .	0,03	0	0,03	0
2. Stahlrohr nur atramentiert.	0,08	0	0,03	0
3. Stahlrohr gebeizt, atramentiert und Graulack eingebrannt (VF)	0,06	0	0,07	0
4. Stahlrohr, gebeizt, atramentiert und Graulack eingebrannt (N)	0,08	geringe Spuren	0,04	0
5. Stahlrohr, schwarz, gewöhnlich	0,03	0	0,09	0
6. Stahlrohr, verzinkt	0,08	geringe Spuren	0,06	0
7. Stahlrohr, gebondert	0,03	0	0,04	0
8. Heika-Rohr.	0,03	0	0,04	0

Auf Grund durchgeführter Versuche ist das *Kadmieren* von Kühlrohren von Dampfturbinen nicht zweckmäßig. Dieses Ergebnis deckt sich mit den Erfahrungen, die an anderen Orten mit Kadmiumüberzügen gemacht wurden.

Das Ergebnis von Versuchen zur Überprüfung des Einflusses verschiedener Kühlerrohrüberzüge auf Dampfturbinenöl ist in Zahlentafel 4 zusammengestellt.

Zusammenfassend kann gesagt werden, daß die oben untersuchten Kühlerrohre unbedenklich verwendet werden können und keine Gefahr einer alterungsbeschleunigenden Wirkung derselben auf das Dampfturbinenöl besteht. Ausgenommen ist Stahlrohr verzinkt wegen der emulgierenden Wirkung der Zinkseifen.

Schließlich sei hier auf die Untersuchungen über die gegenseitige Beeinflussung von Dampfturbinenölen und Werkstoffen hingewiesen [103], die in Amerika durchgeführt wurden. Die Ergebnisse dieser Untersuchungen decken sich im großen und ganzen mit den Erfahrungen des Verfassers und bringen auf diesem Gebiete nichts Neues.

3. Katalytischer Einfluß des Lagermetalls auf das Umlauföl.

Obwohl, wie in Abschn. III, 3 bereits festgehalten, auf die vom Umlauföl bespülten Metallflächen nur etwa 2% auf das Lagermetall entfallen und auf Grund der Temperaturmessungen an Lagern, Lagerzapfen und Lagergehäusen — Abschn. IV, 1 — in den Lagern selbst die Gefahr einer thermischen Überbeanspruchung des Umlauföles nicht besteht, wurden trotzdem der Sicherheit halber diese Untersuchungen durchgeführt.

BEUERLEIN und KRYWALSKI [104] haben 52 Reinmetalle und Legierungen auf ihre katalytische Wirkung auf Dampfturbinenöl von Sondergüte untersucht, wobei gleichzeitig auf die Technik der Legierungen und auf die Vorgänge bei der interkristallinen Korrosion zurückgegriffen wurde. Die Alterungsversuche wurden im Baader-Apparat [12] bei 95° C und einer Versuchsdauer von 200 Stunden durchgeführt. Auffallend ist, daß die Vz für Legierungen mit globularer Struktur viel niedriger sind als die für Legierungen mit dendritischer Struktur. Somit wirken Lagermetalle mit dentritischer Struktur alterungsbeschleunigend auf Dampfturbinenöl.

Aus den Untersuchungen von BEUERLEIN und KRYWALSKI geht hervor, daß alle Legierungen, die als Hauptbestandteile Pb-Cu-Sn enthalten, ohne Bedenken verwendet werden können, falls die Behandlungsvorschriften der Lagermetallerzeuger genauestens beachtet werden und ein einwandfreies Gefüge vorliegt. Es empfiehlt sich jedenfalls, die jeweils in Frage kommenden Legierungen auf ihre Zusammensetzung und Struktur zu untersuchen. Bei diesen Untersuchungen wurden bekannte Erzeugnisse führender deutscher Metallwerke herangezogen. Es wurden auch die hoch bleihaltigen Lagermetalle in diese Versuche mit einbezogen. Diesbezüglich sei auf die Ausführungen des Abschn. III, 11 hingewiesen.

Nach MASING [105] erfolgt in allen Fällen der praktischen Korrosion der Angriff elektrochemisch und nur so: Berühren sich zwei verschiedene Metalle, so entsteht ein Element. Aber auch bei einheitlichen Metallen, insbesondere Eisen und Eisenlegierungen, entstehen Lokalelemente, wenn bestimmte Stellen, zu denen Sauerstoff leicht Zutritt hat, oxydieren. Also auch ein einheitliches Metall — die Welle im Lager — kann elektrochemisch angegriffen werden. Man findet einen sehr raschen Verfall des Werkstoffes in warmer, feuchter Luft im Lager. Amerikanische Untersuchungen haben den entscheidenden Einfluß von Verunreinigungen, besonders des Bleis, auf die Erscheinungen der interkristallinen Korrosion hervorgehoben.

Die Untersuchungen von *Feinst-Zinklegierungen*, wie GZn Al 4 Cu 1 (Zamak 5-Legierung, DIN 410 G), 95% Feinzink, 4% Al und 1% Cu, und Al 10 Cu 1 — 89% Feinzink, 10% Al, 1% Cu — ergaben, daß ein alterungsbeschleunigender Einfluß auf Dampfturbinenöl von Sondergüte nicht festgestellt werden konnte. Beide untersuchten Legierungen üben keinerlei nachteiligen Einfluß auf die Alterungsbeständigkeit des Dampfturbinenöles aus, so daß daher gegen eine Verwendung derselben als Lagermetalle — sofern diese globularer Struktur sind — nichts einzuwenden ist. Feinst-Zinklegierungen können daher bei Vorhandensein globularer Struktur als Lagerausgüsse verwendet werden.

Zusammenfassend kann gesagt werden, daß in Bezug auf Ölschonung sämtliche Lagermetalle im Dampfturbinenbau verwendet werden können, sofern dafür Sorge getragen wird, daß beim Vergießen stets die richtigen Temperaturen und Abkühlungsgeschwindigkeiten im Sinne der Vorschriften der Lagermetallieferanten eingehalten werden, so daß die globulare Struktur des Lagermetalls auf alle Fälle gesichert wird.

4. Chemische Korrosionen, elektrolytische Korrosionen, Wellenströme und vagabundierende Ströme.

Erst verhältnismäßig spät erkannte man den ungünstigen Einfluß elektrischer Ströme auf die Lebensdauer der Ölfüllungen von Dampfturbinen. Man konnte sich lange Zeit weder die an Ölkühlern, Abweisscheiben, Lagern, Zapfen und Zahnrädern auftretenden Korrosionen noch die damit in Zusammenhang stehende nachteilige Beeinflussung des Ölumlaufes erklären. SIEGEL [*106*] hat auf Grund langjähriger Beobachtungen, Versuche und Untersuchungen erstmalig in umfassender Form diese Korrosionen behandelt. Da diese Kenntnisse noch nicht Allgemeingut des mit dem Turbinenbau betrauten Ingenieurs geworden sind, sollen diese Erscheinungen in diesem sowie im Abschn. V, 4 u. 5 ausführlich beschrieben und Richtlinien zu deren Verhütung gegeben werden.

Während *chemische* Zerstörungen an den Messingrohren von Ölkühlern verhältnismäßig selten auftreten, dann aber nahezu immer an solchen Turboaggregaten, deren Kühlwasser, wenn auch nur vorübergehend, freie Mineralsäuren enthält, treten elektrolytische Korrosionen verhältnismäßig viel häufiger auf. Die *chemischen* Anfressungen an Messingrohren können nach SIEGEL [*107*] eingeteilt werden:

a) Gleichmäßige Entzinkung durch schwach säurehaltiges Kühlwasser. Die entzinkten Messingrohre erscheinen äußerlich vollkommen unversehrt. Da aber das zurückgebliebene Kupfer nur noch eine geringe Festigkeit besitzt, so werden die entzinkten Rohre mit der Zeit brüchig wie ein morscher Holzstab. Dabei ist es schon vorgekommen, daß nach ein bis zwei Jahren Betriebszeit Rohre von 1 mm Wandstärke zwischen den Fingern zerbröckelt werden konnten. Die entzinkte Rohraußenfläche hat ein glattes, kupferfarbenes, mattglänzendes Aussehen, das später mit zunehmender Entzinkung eine rotbraune Färbung annimmt, dagegen behält die mit dem säurehaltigen Wasser in Berührung gekommene Innenfläche der Rohre ihre ursprüngliche Messingfarbe, bis die Entzinkung so weit fortgeschritten ist, daß die innere, unversehrt erscheinende Rohrwand nur noch 0,1 bis 0,2 mm dick ist. Erst dann macht sich auch auf der Innenrohroberfläche eine rötliche Färbung bemerkbar. Bei der metallographischen Untersuchung der entzinkten Messingrohre läßt das zurückgebliebene Kupfer stets schwammiges, poröses Gefüge bisweilen mit Oxydschichte erkennen.

Die chemische Entzinkung durch säurehaltiges Kühlwasser zeigt ein anderes Korrosionsbild als die reine elektrolytische Entzinkung. Bei der elektrolytischen Entzinkung besteht zwischen dem gesunden Messing und dem niedergeschlagenen Kupfer eine scharfe Grenzlinie, die aber bei der chemischen Entzinkung fehlt.

Rohrbrüche infolge chemischer Entzinkung können sich besonders in Ölkühlern von Dampfturbinen gefährlich auswirken, weil bei Bruch eines Ölkühlerrohres sofort große Mengen des Umlauföles aus dem Schmiersystem austreten und dadurch die Umlaufölmenge — in besonders schweren Fällen und bei Nichtbeobachtung des Ölstandes im Ölbehälter — so weit vermindert wird, daß der Ölspiegel unter die Mündung des Ansaugstutzens der Hauptölpumpe sinkt und die Schmier- und Reglerölversorgung des Turboaggregates mit allen nachteiligen Folgen unterbrochen wird.

b) Siebartige Durchlöcherungen der Messingrohre durch verdünnte Mineralsäuren. Falls im Wasser größere Mengen von freien Mineralsäuren enthalten sind, kommen an Messingrohren außer der gleichmäßigen chemischen Entzinkung durch im Kühlwasser enthaltene Spuren von freien Säuren zuweilen auch siebartige Durchlöcherungen vor. In solchen Fällen zeigt das untersuchte Kühlwasser starke Verunreinigungen durch freie Schwefelsäure sowie durch freie Salzsäure, so wurden z. B. in 100000 Teilen 23,4 Teile Schwefelsäure und 3,1 Teile Chlor gefunden. Bei den Anfressungen fehlten die grünspanartigen Ablagerungen der basischen Kupfersalze, die bei allen elektrolytischen Korrosionen an Kupfer-Zink-Legierungen als kennzeichnendes Merkmal derselben stets vorhanden sind. Solche siebartige Durchlöcherungen kommen bei der chemischen Reinigung von Messingrohren öfters vor, wobei der Kühlwasserraum mit einer etwa 4- bis 6%igen Salzsäurelösung aufgefüllt wird, wodurch der „Kesselstein" in kurzer Zeit gelöst wird. Aus diesem Grunde ist bei der Durchführung solcher Reinigung größte Vorsicht geboten, und es soll diese Reinigungsmethode nur sehr selten angewendet werden, wobei zu beachten ist, daß die Einwirkungsdauer 1 bis 2 Stunden nicht überschreitet und dafür Sorge getragen wird, daß nach der Reinigung auch die letzten Säurespuren entfernt werden.

Obwohl die vorstehend beschriebenen chemischen Korrosionen im allgemeinen keinen nachteiligen Einfluß auf die Alterungsbeständigkeit des Umlauföles von Dampfturbinen haben, wurden sie der Vollständigkeit halber kurz erwähnt, damit bei Durchführung schmiertechnischer Untersuchungen diese richtig erkannt und von den elektrolytischen Korrosionen unterschieden werden können. Wichtig ist, worauf hier besonders hingewiesen werden soll, die dauernde Überwachung des Kühlwassers, besonders in jenen Betrieben, wo die Gefahr besteht, daß dieses durch Säuren verunreinigt werden kann.

Elektrolytische Korrosionen treten auch in reinen Drehstrom- bzw. Wechselstrom-Kraftwerken auf, doch sind sie immer nur auf vagabundierende Ströme von Gleichstromanlagen, abgesehen von den Lagerströmen der Drehstromturbodynamos, zurückzuführen, denn es sind nie nennenswerte Wechselstromspannungen festgestellt worden.

Auch THOMSON [108] weist darauf hin, daß mangelhafte Isolierung des Generators von Dampfturbinen, oder wenn das magnetische Feld aus dem Gleichgewicht ist, daß elektrische Ströme vom Generator oder erzeugte Induktionsströme in die Turbinenwelle fließen und dann durch eines der Lager durch die Grundplatte durch ein anderes Lager wieder zurück in die Turbinenwelle gelangen.

Für den Turbinenbetrieb und die Ölfüllung bedeutet die Gleichstromkorrosion eine große Gefahr, während das Ausmaß der durch Wechselströme hervorgerufenen Korrosionen nach JELLINEK und HOHN [109] in der Regel unter einem Hundertstel der durch Gleichstrom hervorgerufenen Wirkung bleibt und erst durch besondere Verhältnisse die Wechselstromkorrosion Werte von 10% und mehr erreichen kann. Das Aussehen der Wechselstromkorrosionen ist gleich der der Gleichstromkorrosionen.

Die Art der Legierung sowie die Beschaffenheit des Kühlwassers bei Ölkühlrohren sind bei elektrolytischen Korrosionen ohne Einfluß. Nach SIEGEL [110] konnte im praktischen Betriebe ein Einfluß der Gefügegröße und der Art des Kühlwassers auf die Korrosionsfestigkeit von Kühlerrohren nicht nachgewiesen werden. Dagegen werden alle diese Rohre aus den verschiedenen Legierungen stets genau in der gleichen Weise angegriffen, sobald vagabundierende Ströme von Gleichstromanlagen Gelegenheit haben, aus Ölkühlerrohren in einen Elektrolyten überzutreten.

Bei allen elektrolytischen Korrosionserscheinungen an Rohren aus Kupfer oder aus Kupfer-Zink- bzw. Kupfer-Nickel-Legierungen sind in der Nähe der beginnenden Anfressungen stets hellgrüne, grünspanartige Ablagerungen vorhanden, die sich bei allen elektrolytischen Zerstörungen abscheiden. Diese grünspanartigen Ablagerungen bestehen aus basischen Kupfersalzen. Die elektrolytischen Anfressungen sind stets scharf umgrenzt und treten meist nur vereinzelt oder nestartig in kleinen Gruppen auf, während die übrige Oberfläche vollständig unverändert bleibt. Diese Rohre werden verhältnismäßig selten auf der ganzen Oberfläche angefressen, was mit der Verbesserung des Glühprozesses zusammenhängen dürfte. Bei gleichmäßigen Anfressungen ist die korrodierte Rohroberfläche meist mit einer dünnen, festhaftenden Schicht der grünspanfarbigen basischen Kupfersalze bedeckt, unter der die korrodierte Rohrwand eine leicht aufgerauhte Oberfläche von mattgelber Färbung hat. Dagegen zeigt die äußere Oberfläche derartig korrodierter Rohre nach Entfernen der sich mit der Zeit bildenden Oxydschicht die Farbe und Glätte der gezogenen Messingrohre. — Auch auf den Rohrböden können kraterförmige, elektrolytische Korrosionen auftreten.

Für den Kraftwerksingenieur sei besonders auf die Untersuchungen von SIEGEL [111] hingewiesen.

Der Einfluß der elektrolytischen Korrosion ist nicht nur vom betriebstechnischen, sondern auch vom schmiertechnischen Standpunkt besonders interessant.

Bei Auftreten von elektrolytischen Korrosionen an den mit dem Umlauföl in Berührung kommenden Turbinenteilen konnte jederzeit eine starke alterungsbeschleunigende Wirkung derselben mit ihren bekannten Begleiterscheinungen festgestellt werden, und zwar rasches Dunkeln der Farbe, rasche Zunahme der Nz und Vz, so daß bereits nach 4000 Betriebsstunden die Alterungsgrenze nach WEV-Ölbewirtschaftung erreicht war und das Umlauföl ausgewechselt werden mußte, wogegen unter normalen Betriebsverhältnissen bei gleichen Maschinentypen und gleichen sonstigen Bedingungen eine Lebensdauer der Ölfüllung von 40000 Stunden und darüber erreicht wurde; Bildung von Rückständen im Schmiersystem, die sich auf allen Teilen der Turbine, die mit dem Umlauföl in Berührung kommen, niederschlagen und sich besonders im Ölkühler abscheiden. Diese Rückstände sind zum Unterschied vom „Turbinenschlamm" ziemlich hart, glasig, spröde und von dunkler Schokoladefarbe. Es ist durchaus schwierig, diesen Rückstand zu entfernen, und es ist daher dieser sehr unangenehm.

Die rasche Alterung des Umlauföles und die Bildung spröder Rückstände im Schmiersystem treten auch dann auf, wenn galvanische Ströme entstehen. Auch diese verursachen eine Korrosion der Ölkühlerrohre, Rohrböden, der Wellenzapfen und Lagerschalen und sogar des Reglers, wodurch der Kolben des Servo-Motors in seiner Beweglichkeit so sehr gehemmt wird, daß er festkleben kann und die Regelung der Turbine verhindert und dadurch die Betriebssicherheit derselben gefährdet wird.

5. Konstruktion des Ölbehälters.

Im Abschn. III, 4 wurde die sachgemäße Ausführung des Ölbehälters in Bezug auf die Schonung des Umlauföles ausführlich beschrieben und auf die schmiertechnischen Nachteile der Grundplattenbehälter hingewiesen, sofern diese nicht mit einer BBC-Entlüftung versehen sind.

Zahlentafel 5. *Analytische Untersuchung des Umlauföles eines Turboaggregates mit Grundplattenbehälter.* (Nach WOLF.)

Ölmuster aus	Kontrolle I Ölbehälter	Kontrolle II		Kontrolle III	
		Umlauf	Ölbehälter	Umlauf	Ölbehälter
Betriebs- und Einfüllstundenanzahl . .	600	5180	5180	7700	7700
Neutralisationszahl . . .	unt. 0,05	0,33	0,34	1,95	1,88
Verseifungszahl	unt. 1,0	2,14	2,26	5,4	5,5
Wasser im Öl	0	0	0,1%	0,1%	0,7%
Wasser abgesetzt	0	0	5%	0	0
Reaktion des Wassers . .	—	—	neutral	schwach sauer	schwach sauer
Schlammgehalt	0	0	0,5%	0	0
Asche	0	unt. 0,01	unt. 0,01%	0,014%	0,02%

In Zahlentafel 5 sind die Ergebnisse der analytischen Untersuchung des Umlauföles aus einem Grundplattenbehälter ohne BBC-Entlüftung festgehalten.

Wie aus vorstehendem Untersuchungsergebnis zu ersehen, nehmen die Alterungswerte des Umlauföles außerordentlich rasch zu und erreichen bereits nach rund 8000 Betriebs- und Einfüllstunden die nach WEV-Ölbewirtschaftung zulässigen Maximalgrenzen, obwohl an dieser direkt gekuppelten Turbine die Ölfüllung 2500 kg betrug.

Beim Vergleich des Alterungsverlaufes dieser Ölfüllung mit jenem einer Turbine gleicher Leistung, jedoch schmiertechnisch zweckmäßig ausgebildetem Ölbehälter und nur ein Fünftel der Ölfüllung des Grundplattenbehälters tritt die ganz außerordentlich hohe Beanspruchung des Umlauföles in der Grundplattenbehälterturbine besonders hervor. Die fünffache Umlaufölmenge konnte die besondere Überbeanspruchung des Öles nicht wettmachen. Unter diesen abnormalen Betriebsverhältnissen kann auf eine rund 30fach höhere Beanspruchung des Umlauföles als in schmiertechnisch zweckmäßig konstruiertem Schmiersystem geschlossen werden. In solchen Schmiersystemen kann nur mit einer maximalen Lebensdauer der Ölfüllung von höchstens 10000 Betriebsstunden gerechnet werden.

Das Ergebnis dieser Untersuchung sowie Beobachtung an ähnlichen Turbinen beweisen, daß die Ausbildung der Grundplatte von Turboaggregaten als Ölbehälter vom schmiertechnischen Standpunkt *nach wie vor* abzulehnen ist, sofern nicht eine entsprechende Entlüftung und eine vollkommene periodische Abschlammöglichkeit konstruktiv vorgesehen werden kann, wie z. B. bei den modernen BBC-Grundplattenbehältern.

6. Umwälzzahl.

Im Abschn. III, 2 wurde bereits ausführlich auf die Bedeutung der Umwälzzahl für die richtige Schmierung der Dampfturbinen und die

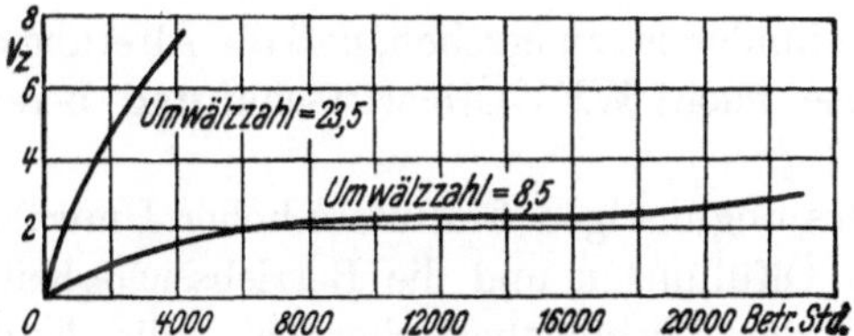

Abb. 30. Anstieg der Verseifungszahl (Vz) bei verschiedenen Umwälzzahlen. (Nach Uhthoff.)

Schonung des Umlauföles während des Betriebes hingewiesen. Es wurde festgestellt, daß die Umwälzzahl zwischen 8 bis 12 liegen soll und daß derzeit für diese in der Praxis noch vielfach weit höhere Werte angetroffen werden.

Uhthoff [28] stellte den Einfluß der Umwälzzahl auf die Lebensdauer der Ölfüllungen fest. In Abb. 30 ist der Alterungsanstieg des Umlauföles ausgedrückt durch die Vz-Kurven bei verschiedenen Umwälzzahlen dargestellt. Bei niedriger Umwälzzahl steigt die Verseifungszahl wesentlich langsamer als bei hohen an, wie aus vorstehender Abbildung ersichtlich ist.

Als Beispiel für eine besonders hohe Beanspruchung des Umlauföles bei einer Umwälzzahl von 18 sei das Ergebnis der schmiertechnischen Kontrolle einer 700 kW Gegendruck-Getriebeturbine, $n = 15000/1500$, 40 atü, 400 ° C, Ölfüllung: 600 kg, Lager, Getriebe und Regler mit gemeinsamem Schmiersystem angeführt.

An abnormalen Betriebsverhältnissen wurde festgestellt: Gedrängte Bauart der Turbine, hohe Umwälzzahl von 18, sehr hohe Raumtemperatur, das Umlauföl war nach dem Getriebe und auch noch im Ölkühler sehr stark mit Luft durchsetzt, dies zeigt auch die aus dem Ölbehälter gezogene Probe. Das Öl ist auch im Ölbehälter stark mit Luft durchsetzt und hat dort keine Zeit, die Verunreinigungen abzuscheiden.

Nach etwa 3500 Betriebsstunden traten an der Steuerung Unregelmäßigkeiten auf, so daß die Turbine stillgelegt werden mußte. Es zeigten sich an den Steuerkolben firnisartige, harte Rückstände. Auch die Kupplung war mit Oxydationsprodukten vom Öl verklebt und beide Ölkühler waren mit Schlamm gefüllt.

Aus der Turbine wurden nach 4300 Betriebsstunden bei 15 300 Einfüllstunden zwei Ölmuster gezogen. Muster I am Schlammablaß des Ölbehälters, Muster II aus dem Umlauf vor dem Ölkühler. Nachstehend das Untersuchungsergebnis:

	Muster I	Muster II
Neutralisationszahl (Nz) . .	4,6	4,6
Verseifungszahl (Vz)	8,6	8,6
Wasser	0,5%	0
Aussehen	trüb, orange	blank, orange

Aus beiden Befunden ist zu ersehen, daß die Alterung des Umlauföles die Maximalwerte nach WEV-Ölbewirtschaftung bereits weit überschritten hat.

Auf Grund des ungünstigen Einflusses hoher Umwälzzahlen auf die Lebensdauer der Ölfüllungen und die Betriebssicherheit der Turbinen sollte es Pflicht der Turbinenhersteller sein, die Kunden bei Neuanschaffung auch in dieser Frage sachgemäß zu beraten. Auf keinen Fall darf mit Rücksicht auf den Gesamtpreis des Turboaggregates an der sachgemäßen Ausführung und Größe des Ölbehälters gespart werden. Es ist abwegig, Fehler in dieser Richtung damit zu entschuldigen, daß bei kleinem Ölbehälter — und den damit meist verbundenen hohen Umwälzzahlen — die Anschaffungskosten für die Erstölfüllung wesentlich niedriger liegen, somit Ölkosten gespart werden können. Wie in der Einleitung ausgeführt, bilden die Schmierölkosten nur einen Bruchteil der Schmierungskosten, so daß diese praktisch überhaupt nicht in die Waagschale fallen. In diesem Falle steigen nicht nur die Schmierungskosten, sondern auch die Schmierölkosten durch die in kürzeren Zeitabschnitten nötig werdenden Erneuerungen der Ölfüllung, wodurch die Richtigkeit der Begründung für die Verwendung kleiner Ölbehälter und hoher Umwälzzahlen widerlegt erscheint.

7. Wasser im Schmiersystem.

Im praktischen Dampfturbinenbetrieb ist es nahezu unmöglich, das Umlauföl dauernd wasserfrei zu halten und den Eintritt von Kondens- oder seltener Kühlwasser in das Schmiersystem zu verhindern. Wie wichtig es ist, durch sachgemäße Wartung des Umlauföles während des Betriebes bei Wassereinbrüchen in das Schmiersystem für die rascheste Entfernung des Wassers aus demselben Sorge zu tragen, soll durch das in diesem Abschnitt angeführte Beispiel von Hunderten, gleichen Fällen aus der Praxis dargetan werden. Schon in Abschn. IV, 2 wurde auf die Arbeit von SKALA [101] verwiesen, aus der hervorgeht, daß die Bildung von Eisenoxyden im Schmiersystem von Dampfturbinen wegen der ungünstigen Beeinflussung der Lebensdauer der Ölfüllungen möglichst vermieden werden muß. In Abschn. VII, 3a sind zur richtigen Beurteilung wasserhältiger Umlauföle auf Grund vom Verfasser durchgeführter Untersuchungen erstmalig Richtlinien gegeben, deren Anwendung sich in der Praxis bestens bewährt hat.

Das Vorhandensein von Wasser im Schmiersystem ist nicht — wie vielfach angenommen wird — so sehr wegen der Gefahr der Emulsions-

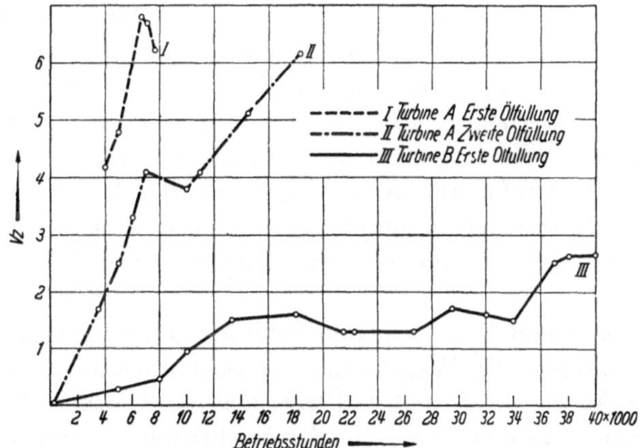

Abb. 31. Abnormaler und normaler Alterungsverlauf ein und desselben Dampfturbinenöles in zwei Turboaggregaten vollkommen gleicher Konstruktion. (Nach WOLF.)

bildung, sondern wegen der Rostbildung und damit verbundenen Beschleunigung der Alterung des Umlauföles unerwünscht. Ein dauernder Wassergehalt des Umlauföles von 0,5 % und darüber bedeutet bereits eine übermäßige Beanspruchung desselben und damit abnormale Betriebsbedingungen. Deshalb sind bei Wassereinbrüchen in das Schmiersystem oder bei Eintritt von Wasserdämpfen in dasselbe alle Vorkehrungen zu treffen, um so bald wie möglich normale Betriebsbedingungen zu schaffen, worauf im Abschn. V, 2 ausführlich eingegangen wird.

Über den Einfluß des Wassers auf die Alterung von Ölfüllungen soll wieder an Hand eines Beispieles, das aus mehreren Hunderten ausgewählt wurde, aus der Praxis berichtet werden. Es handelt sich um zwei Kondensationsturbinen *vollkommen gleicher Konstruktion* auch in Bezug auf das Schmiersystem, die vom Turbinenhersteller zur gleichen Zeit an den Kunden geliefert wurden. Beide Turbinen stehen in einer Kraftzentrale und werden mit dem gleichen Turbinenöl geschmiert. Die technischen Daten der beiden Turbinen sind folgende: 27 500 kW, $n = 3000$, 23,5 atü, 420° C, Ölfüllung 4000 kg.

Auffallend und interessant ist die grundverschiedene schmiertechnische Beanspruchung des Umlauföles in diesen beiden Turbinen, wie aus dem Alterungsverlauf der Ölfüllungen hervorgeht, der für beide Turbinen in Abb. 31 dargestellt ist.

Aus den Untersuchungen geht eindeutig hervor, daß die Kesselspeisewasseraufbereitung und die Kesselwartung einwandfrei und in bester Ordnung ist und ein Eindringen von Säuren durch den Dampf in das Schmiersystem der Turbine A nicht in Frage kommt.

Das Wasser aus den Schlammschleusen von Turbine A und B zeigt jedoch große Unterschiede bei gleichem p_H-Wert. Das Wasser aus dem Schmiersystem der Turbine A hat eine sehr hohe Härte, die augenscheinlich auf den festgestellten hohen Eisengehalt (800 mg/l) zurückzuführen ist, außerdem sind Spuren von Kupfer nachweisbar. Das Wasser aus dem Schmiersystem der Turbine B weist nur Spuren von Eisen und kein Kupfer auf. Anorganische Säuren, wie Schwefelsäure, Salzsäure und ähnliche konnten nicht nachgewiesen werden. Die gefundenen Säuren sind daher organischer Natur und bestehen aus Oxysäuren.

Zusammenfassend kann folgende Schlußfolgerung gezogen werden: Wenn die p_H-Werte des Wassers aus der Schlammschleuse der beiden Turbinen praktisch gleich sind und trotzdem die Alterung des Umlauföles in Turbine A wesentlich rascher fortgeschritten ist, so hat dies seine Ursache an dem außerordentlich hohen Gehalt an Eisen und Kupfer im Wasser aus Turbine A, dessen wesentlich höhere Härte auf gelöste Eisenseifen zurückzuführen ist.

Damit wird aufgezeigt, daß sich zwei gleiche Turbinenöle in gleichen Dampfturbinen ganz verschieden verhalten können und dabei die Ursache nie im Öl, sondern nur in den Betriebsverhältnissen gesucht werden dürfen, sofern das Neuöl den Vorschriften nach WEV-Ölbewirtschaftung entspricht.

Bei stärkerem Wassergehalt des Umlauföles während längerer Betriebsdauer tritt bei fortgeschrittener Alterung der Ölfüllung vielfach „Turbinenschlamm" im Schmiersystem auf. Dieser Turbinenschlamm ist immer öl- und wasserhaltig. Als zweites Beispiel soll hier das Untersuchungsergebnis von Wasser aus einem Turbinenschlamm mitgeteilt werden:

Das Wasser war vollkommen klar. Nach kurzem Stehen wurde es dagegen trüb, grün und setzte einen braunen Niederschlag ab. Der p_H-Wert des Wassers ist 4,5 — somit stark sauer — und änderte sich durch das Absetzen des Niederschlages nicht. Die Bestimmung der Härte ergab einen Wert über 40. Die qualitative Analyse des Wassers ergab im Liter Wasser:

Eisenoxyd . . . . 1960 mg
Schwefelsäure als SO_3 . . . . 482 mg
Chlor . . . . Spuren
Kalk und Magnesia 0

Das Wasser enthält also nur Schwefelsäure und Eisenoxyd neben organischen Säuren. Diese Schwefelsäure ist in diesem Falle aus der Luft und von der Flugasche herrührend, da die Kraftzentrale sehr ungünstig gelegen war. Jedenfalls reicherte sich das Wasser im Schmiersystem der Turbine mit Schwefelsäure so stark an, daß eine verdünnte Schwefelsäure ($p_H = 4{,}5$) entsteht, die aus den Baustoffen des Schmiersystems der Turbine erhebliche Mengen Eisen herauslöst. Dafür spricht der hohe Anteil von 48,3% Eisenrost im Turbinenschlamm, aus dem das untersuchte Wasser stammt.

Die Untersuchung dieses Wassermusters ergibt also einwandfrei das Auftreten von saurem Wasser im Schmiersystem. Dieses Wasser ist zum Unterschied vom erstangeführten Beispiel aggressiv und greift die Baustoffe des Schmiersystems, vor allem Eisen und Messing, an. Im Schlamm wurden über 0,2% Kupferoxyd gefunden. Sekundär wird durch die katalytische Wirkung der Eisenoxyde des Rostes eine alterungsbeschleunigende Wirkung auf das Umlauföl ausgeübt. Dieses Beispiel — es könnten noch zahlreiche dieser Art angeführt werden — zeigt wieder, wie wichtig es ist, das Schmiersystem wasserfrei zu halten.

Schließlich sei im folgenden ein besonders interessanter Fall aus der Praxis mitgeteilt. 2000 kW-BBC-Turbine, $n = 3000$, 15 atü, 380° C, Ölfüllung 1000 kg. Lagertemperatur von I bis IV 52 bis 25° C im Dauerbetrieb, bei Öltemperaturen vor Kühler 32° C, nach Kühler 23° C.

Die im Ölbehälter sowie die aus der Druckö[l]leitung vor den Lagern gezogenen Ölproben waren stark trübe; besonders das aus dem Umlauf stammende Ölmuster hatte das Aussehen von „Eierkognak“. Es handelte sich offensichtlich um eine Wasser-in-Öl-Dispersion bei gleichzeitigem hohem Luftgehalt des Öles. Bei Zimmertemperatur (20° C) werden weder Luft noch Wasser abgeschieden. Das Umlauföl wurde vom Betrieb als „emulgierend“ bezeichnet.

Bei der schmiertechnischen Kontrolle der stillgesetzten Turbine wurde folgendes festgestellt:

a) Durch die Hilfsölpumpe gelangt infolge fehlerhafter Labyrinthstopfbüchse der Dampfleitung Kondenswasser in den Ölbehälter und damit in das Umlauföl.

b) Der Entlüftungsstutzen am Ölbehälter war entfernt und die Öffnung verschlossen worden, wodurch Öl- und Wasserdämpfe nicht entweichen konnten.

c) Aus dem Ölbehälter wurde durch längere Zeit — 300 Betriebsstunden — kein Wasser und Schlamm abgelassen.

d) Blanke Stellen der Spindeln und der Steuerkolben wiesen rostbraunen Belag auf.

e) In den Rohrleitungen und an der Turbinenwelle waren schwache Rostablagerungen vorhanden.

Auf Grund der Untersuchung des Umlauföles wurde festgestellt, daß dieses stark mit Wasser dispergiert und mit Luft durchsetzt war. Nach Erwärmen des Gebrauchsöles auf 80° C setzte sich das Wasser ab, und das Öl wurde vollkommen blank. Es liegt somit *keine* Emulsion vor.

Durch Erhöhung der Öltemperatur nach dem Kühler auf 45 bis 50° C, Schleudern des Umlauföles im Nebenschluß bei 80° C und Anbringung eines Entlüftungsstutzens am Ölbehälter wurden vollkommen normale Betriebsverhältnisse hergestellt.

Diese Turbine ist ein typisches Beispiel für eine stark unterkühlt gefahrene Turbine, wodurch starke Dispersionen Wasser in Öl und starke Luftaufnahme des Umlauföles auftreten können, was weder mit einer Emulgierung des Öles etwas zu tun hat, noch mit der Alterung des Umlauföles in ursächlichem Zusammenhang steht. Das richtige Schmierungsgutachten ist nur an Hand des Temperaturbildes der Turbine, somit nach Überprüfung der Betriebsverhältnisse möglich.

8. Turbinenschlamm im Schmiersystem.

Im Abschn. VII, 4 werden das chemisch-analytische Untersuchungsergebnis sowie die Einflüsse des Turbinenschlammes auf die Alterungsneigung des Dampfturbinenöles beschrieben.

Der Turbinenschlamm besteht meist aus Wasser, Öl und „echtem Schlamm" und findet sich im Schmiersystem in verschiedenen Modifikationen von feinst verteilt als Öl-Wasser-Seifen-Dispersion im Umlauföl dispergiert, ölig bis trocken fest. Das *Wasser* des Turbinenschlammes ist stets mehr oder minder stark sauer und enthält meist Eisenoxyde (Rost), Eisenseifen, Kupferseifen, Oxysäuren, vielfach auch Kalzium, Magnesium, Chlor und Sulfate. Das *Öl* des Turbinenschlammes zeigt meist wesentlich höhere Nz und Vz als das Umlauföl. Der von Wasser und Öl befreite Turbinenschlamm — der „echte Schlamm" — zeigt sehr hohe Nz und Vz. Die *Asche* des Schlammes betrug zwischen 7,5 und 59,8 % und ist verschieden zusammengesetzt. Sie besteht überwiegend aus Eisen (Fe_2O_3), Kupfer (CuO), Quarz und Sand.

Der „echte Schlamm" ist vollkommen ölunlöslich, und weder der schwach noch stark saure Schlamm übt eine katalytische Wirkung auf das Turbinenöl aus. — Er altert somit Turbinen-Neuöl nicht —

noch ist dessen Zusammensetzung von Einfluß auf das Dampfturbinen-Neuöl.

Für die Reinigung des Schmiersystems von Dampfturbinen kommen infolge der sauren Natur des Turbinenschlammes in erster Linie alkalische Reinigungsmittel in Frage.

Turbinenschlammneubildung tritt bei Erreichung eines gewissen Alterungsgrades des Umlauföles ein. Bei abnormaler Alterung beginnt die Schlammbildung früher als bei normaler Alterung. Bei welchen Werten von Nz und Vz erstmalig eine Turbinenschlammausscheidung auftritt, ist noch nicht eindeutig festgestellt. Auf Grund langjähriger Beobachtungen nimmt Verfasser an, daß mit dem Beginn einer Turbinenschlammneubildung beim Erreichen einer Nz = 1,3 und Vz = 3,5 gerechnet werden muß. Bei normalem Alterungsverlauf und wasserfreiem Umlauföl ist diese Turbinenschlammbildung äußerst gering, so daß sie für den praktischen Turbinenbetrieb bis zur Erreichung der nach WEV-Ölbewirtschaftung zulässigen Alterungsgrenzen des Umlauföles überhaupt ohne Bedeutung ist und vollkommen vernachlässigt werden kann.

Durch diese Untersuchungen des Verfassers [32], die sich auch auf zahlreiche Dampfturbinen erstreckten und zu dem gleichen Ergebnis führten, ist grundlegend festgestellt, daß Nz und Vz allein den Alterungsgrad eines Dampfturbinenöles nicht restlos erkennen lassen und vor allem die auf die Betriebssicherheit der Dampfturbinen unter Umständen besonders schädliche Schlammbildung mit den derzeit angewendeten chemisch-analytischen Methoden überhaupt nicht erfaßt wird. Es ist daher nötig, durch weitere Forschungsarbeiten auf diesem Gebiet diese Lücke zu schließen und eine analytische Methode zu finden, die mit Sicherheit die beginnende Schlammbildung im Schmiersystem von Dampfturbinen voraussagen läßt.

In folgendem sei ein interessantes Beispiel aus der Praxis angeführt, aus dem zu ersehen ist, daß *keine* Turbinenschlammneubildung im Schmiersystem auftritt, obwohl Turbinenschlamm vorgefunden wurde und das Nbu (Normal-Benzin-Unlösliches) 0,20 % betrug.

Die schmiertechnische Kontrolle der Turbine ergab: Das Umlauföl in der Turbine emulgiert nicht. Beim Abschlammen an der Schlammschleuse kommt vorerst reines Wasser und sodann scheinbar reines Öl, das jedoch nach mehrtägigem Stehen Schlamm ausscheidet. Das Umlauföl ist stark luftdurchsetzt. Der Schlamm ist im Umlauföl feinst verteilt und wird erst nach längerem Abstehen des abgelassenen Öles sichtbar.

Trotz dieser Feststellung ist die Schmierung der Turbine eine vollkommene, wie die in Zahlentafel 6 festgehaltenen Temperaturen einwandfrei erkennen lassen. Die Öltemperatur nach dem Kühler ist jedoch zu tief.

Nach 180 Betriebsstunden bei 650 Einfüllstunden ist das Auftreten von Schlamm ganz besonders auffallend und abnormal. Auf Grund des hohen Nbu und des starken Emulgierens des Umlaufölmusters bei der

Zahlentafel 6. *Schmiertechnische Kontrolle eines Turboaggregates, in dessen Schmiersystem nach 180 Betriebsstunden bei 650 Einfüllstunden Turbinenschlamm festgestellt wurde.* (Nach WOLF.)

Turbine: 1000 kW, $n = 3000$, 15 atü, 315° C, Ölfüllung 250 kg.

Temperaturen:

Kammlager	56° C	Öl vor Kühlung	43° C
Lager I	60° C	Öl nach Kühlung	39° C
Lager II	42° C	Öldruck vor Regler	4,0 atü
Lager III	36° C	Öldruck vor Lager	0,5 atü
Lager IV	39° C	Dampfdruck	15 atü
Kühlwasser vor Kühler	13° C	Dampftemperatur	315° C
Kühlwasser nach Kühler	18° C		

Betriebsstundenanzahl seit letzter Neufüllung: 180
Einfüllstundenanzahl seit letzter Neufüllung: 650

Umlauföl: gezogen aus der Druckleitung:

spez. Gewicht	0,899
Flammpunkt	188° C
Viskosität bei 50° C	3,6° E
Stockpunkt	unter —15° C
Neutralisationszahl	0,1
Verseifungszahl	unter 0,5
Benzinunlösliches (Nbu)	0,20% (!)
Wasser	0 (!)
Emulgierbarkeit des unfiltrierten Öles	stark emulgierend
Emulgierbarkeit des filtrierten Öles	nicht emulgierend
Schlammgehalt	Öl ist trübe

Abgesetzter Schlamm aus dem Ölbehälter:

Wassergehalt 60%, Ölgehalt 30%, Metallseifen etwa 10% (Eisenseifen und Rost)
Neutralisationszahl . . . . 0,6 ⎫
Verseifungszahl . . . . unter 1,0 ⎬ des Öles
Benzinunlösliches . . . . 5% ⎫
Benzolunlösliches . . . . 4,8% ⎬ berechnet auf Trockensubstanz
Asche . . . . 1,6% ⎭

Die Asche besteht hauptsächlich aus Fe_2O_3, aus geringen Mengen Kupfer, Quarz, Sand.

Das Benzinunlösliche setzt sich in der Hauptsache aus Metallseifen (Eisenseifen) zusammen.

Dampfstrahlprobe wäre das Umlauföl zu erneuern! Diese Folgerung allein auf Grund des analytischen Befundes zu ziehen, wäre grundfalsch, weil das Ergebnis der schmiertechnischen Kontrolle an der Turbine ebenfalls zu berücksichtigen ist.

Es ist in erster Linie zu entscheiden, ob Turbinenschlammneubildung vorliegt oder nicht. Da sowohl Nz wie Vz des Umlauföles als auch des abgelassenen Schlammes kaum Spuren von Alterung erkennen lassen, liegt *keine Turbinenschlammneubildung* vor. Der Turbinenschlamm rührt offenbar von Rückständen der vorher abgelassenen Ölfüllung infolge ungenügender Reinigung des Schmiersystems her. Die Untersuchung des Umlauföles läßt auch erkennen, daß es sich um keine Lösung des Turbinenschlammes im Umlauföl, sondern nur um eine Aufschlämmung des „echten Schlammes" handelt; wäre dies nicht der Fall, müßten Nz und Vz wesentlich höher sein.

Einen weiteren Beweis für diese Folgerung gibt der Vergleich der Schlammuntersuchung — der Zahlentafel 6 — mit dem Untersuchungsergebnis des bei der Reinigung vor Neufüllung der Turbine vorgefundenen Turbinenschlammes, welcher eindeutig erkennen ließ, daß der Turbinenschlamm vor der Reinigung und Neufüllung des Schmiersystems und der im Umlauföl festgestellte Schlamm qualitativ gleich sind, somit keine Turbinenschlammneubildung, sondern eine Aufschlämmung alter Rückstände durch die „Warmspülung" der Turbine erfolgte. Es handelt sich um einen Reinigungsprozeß des Schmiersystems. Durch Filtration ist der Schlamm vollkommen aus dem Öl zu entfernen; das Öl wird vollkommen blank. Zwecks Reinigung der Ölfüllung wurde folgende Maßnahme durchgeführt:

Außer dem täglichen Abschlammen zwecks Entfernung vorhandener Verunreinigungen, vor allem Wasser, wurde wöchentlich ein Drittel der gesamten Ölfüllung abgelassen und nach einwöchigem Absitzenlassen filtriert und das Filtrat wieder zur Nachfüllung verwendet. Durch diese Maßnahme war innerhalb von einem Monat die gesamte Ölfüllung dieser Turbine vollkommen blank und schlammfrei, und es waren wieder normale Betriebsverhältnisse hergestellt.

V. Abnormale schmiertechnische Betriebsverhältnisse, ihre Kennzeichnung, Ursache und Behebung.

In diesem Abschnitt sollen in Ergänzung zu Abschn. IV für den Betriebsingenieur und Chemiker die abnormalen Betriebsverhältnisse gekennzeichnet, ihre Ursache beschrieben und Richtlinien für deren Behebung zwecks Schonung des Umlauföles während des Betriebes gegeben werden.

1. Thermische Überbeanspruchung des Umlauföles.

Verfasser gibt zur einwandfreien analytischen Kennzeichnung thermischer bzw. abnormaler Beanspruchung des Umlauföles folgende Anregung, die es ermöglichen dürfte, auch dann, wenn obige analytische

Kennzeichen noch nicht feststellbar sind, zu erkennen, ob das Umlauföl
chemische Veränderungen erfährt, die außerhalb des normalen Alterungsverlaufes liegen. Dies kann nach Ansicht des Verfassers durch die künstliche Alterung des Umlauföles im Laboratorium, z. B. nach dem Baader-
Test oder wie in Abschn. VII, 6 angeregt, durch eine neue, noch zu ent-
wickelnde Methode, durchgeführt werden, wobei die Zunahme der Vz,
z. B. nach dem Baader-Test, als Maßstab für die abnormale Beanspruchung des Umlauföles im Schmiersystem der Turbinen dienen soll.
Die Differenz zwischen der Kupfer-Verseifungszahl (Cu-Vz) nach Baader
minus der Verseifungszahl (Vz) nach Baader des Gebrauchsöles bezeichnet Verfasser als die „Alterungsempfindlichkeit“; dieser Wert
soll möglichst klein sein. Er beträgt bei im Betrieb normal gealterten
Ölen mit einer Vz = 1,0 rund 0,2, während bei abnormal gealterten Umlaufölen mit einer Vz = 1,0 dieser Wert 2,0 beträgt. Durch Reihen-
versuche, die Verfasser an dieser Stelle anregt, könnten an Hand des
tatsächlichen Alterungsverlaufes der Ölfüllungen die Werte der „Alterungsempfindlichkeit“ des Gebrauchsöles festgestellt werden, welche
eine abnormale Beanspruchung desselben im Schmiersystem der Dampfturbinen erkennen lassen. Es müßte ein Grenzwert für die normale Beanspruchung, unabhängig von der Betriebszeit gefunden werden, bei
dessen Überschreiten man einwandfrei von einer Überbeanspruchung
des Umlauföles im Schmiersystem der Turbinen sprechen kann. Auch
diese rein chemisch-analytische Untersuchungsmethode und ihre Brauchbarkeit für die Praxis kann nur in Zusammenarbeit vom Laboratorium
mit dem Betrieb und gleichzeitiger schmiertechnischer Kontrollen der
betreffenden Turbinen, deren Umlauföle untersucht werden, durchgeführt werden. Erst wenn durch Reihenuntersuchungen diese Be-
urteilungsmöglichkeit bewiesen erscheint, könnte diese vom Verfasser
angeregte Methode anerkannt und allgemein eingeführt werden.

Nach Baader [*112*] sind in thermisch überbeanspruchten Umlaufölen
Essigsäure und Oxalsäure nachweisbar.

Als indirekter Maßstab für die thermische Beständigkeit kann der
Verdampfungswert herangezogen werden. Der Verdampfungswert läßt
Rückschlüsse auf die Einheitlichkeit des Turbinenöles zu, und es wird
von zwei Ölen gleicher Zähigkeit und gleichem Mischgefüge bei sonst
gleicher Güte die „Kernfraktion“ den geringeren Verdampfungswert
und somit auch den kleineren Nachfüllölbedarf und die größere thermische Beständigkeit haben.

Verfasser schlägt mit Rücksicht auf die Höchstdruckdampfturbinen
mit Frischdampftemperaturen über 500° C und Gasturbinen mit Temperaturen bis 700° C zur Bestimmung der Verdampfungsverluste — des
Verdampfungswertes — von Dampfturbinenölen folgendes vor: Ölmenge
100 g, Versuchstemperatur 135° C, Vakuum 20 mm Wassersäule zur Ab-

saugung der Öldämpfe; Versuchsdauer eine Stunde. Es bleibt dem Chemiker überlassen, eine exakte, einfache Methode an Hand obiger, dem Turbinenbetrieb angepaßter Versuchsbedingungen auszuarbeiten. Erst auf Grund von Reihenversuchen und Vergleich dieser Laboratoriumsergebnisse mit dem Verhalten des Dampfturbinenöles während des Betriebes kann erkannt werden, welche Mindestwerte für Höchstdruckdampf- und Gasturbinen gefordert werden müssen.

Manche Großkraftwerke haben zur Prüfung der Alterungsbeständigkeit von Dampfturbinenölen eigene Methoden in ihrem Betrieb eingeführt. Es handelt sich hierbei um Apparate, mit welchen versucht wird, die Überhitzung des Umlauföles im Schmiersystem der Turbinen nachzubilden. Das Turbinenöl wird dabei weit über die zulässige Temperatur meist in dünnem Film erhitzt und so eine „Ölalterungsmaschine" geschaffen, die keinerlei Rückschlüsse auf das Verhalten in der Turbine zuläßt. Die Beanspruchung des Öles in diesen Alterungsapparaten ist wesentlich höher als in den vom Verfasser in der Praxis angetroffenen Turbinen mit thermischer Überbeanspruchung des Umlauföles.

Die Gründe für die Unbrauchbarkeit solcher Apparaturen liegen darin, daß das zu prüfende Öl dauernd in dünnem Film und großer Oberfläche den Luftsauerstoff bei Temperaturen ausgesetzt wird, bei welchen jedes Dampfturbinenöl unbedingt bereits in kurzer Zeit Veränderungen erfahren muß, die mit der Güte desselben in keinem ursächlichen Zusammenhang mehr stehen. Solche Methoden sind für die Praxis vollkommen wertlos und daher restlos abzulehnen.

Bei Dampfturbinenöl von Sondergüte ist die Forderung nach Hitzebeständigkeit erfüllt, und es darf diese nie übertrieben werden. Es wäre vollkommen abwegig, wenn der Turbinenhersteller und der Konstrukteur der Meinung wären, die schmiertechnisch gestellten Forderungen zur Schonung des Umlauföles und Schutz desselben gegen Überhitzung im Schmiersystem auf die Mineralölindustrie — also auf den Erzeuger der Dampfturbinenöle — abwälzen zu können.

Nach Erfahrungen des Verfassers sind an Höchstdruckturbinen nur konstruktive Maßnahmen in der Lage, eine einwandfreie Schmierung zu sichern, und es ist Aufgabe des Konstrukteurs, dieses Ziel zu erreichen, da dem Dampfturbinenölerzeuger bei der Rohstoffauswahl und der Auswahl des Verarbeitungsverfahrens Grenzen gesetzt sind, die in erster Linie in der Natur des Rohstoffes gelegen sind. Es bleibt daher nach wie vor Aufgabe des Turbinenkonstrukteurs und der Turbinenhersteller, dafür Sorge zu tragen, daß die vom Verfasser in Abschn. III, 11 insbesondere über die Ausführung der Lager gegebenen Richtlinien eingehalten werden, da ansonsten trotz Verwendung hitzebeständiger Dampfturbinenöle, das Umlauföl wie wiederholt in der Praxis an Höchstdruckdampfturbinen an Lagern *I* und *II* festgestellt werden konnte, diese Lager zu einer „Ölalterungsmaschine" und „Koksfabrik" werden können. Das Umlauföl wird in solchen Lagern durch die unzulässig hohe Überhitzung stark oxydiert, in schweren Fällen gespalten und gekrackt, praktisch einer Zersetzungsdestillation unterworfen, die nicht nur zu einer abnormalen Alterung der Ölfüllung und Verkürzung der Lebensdauer derselben, sondern auch zur starken Turbinenschlamm- und Rückstandbildung, in besonders schweren Fällen zur Koksbildung führt.

Wie wichtig es ist, örtliche Überhitzung des Turbinenöles im Schmiersystem zu vermeiden, sei hier nochmals der Einfluß der Temperatur auf die Alterung des Turbinenöles aufgezeigt. Es ist bekannt, daß eine Temperatursteigerung z. B. von 100 auf 110° C die Alterung verdoppelt, von 100 auf 120° C vervierfacht, von 100 auf 130° C verneunfacht und die Alterung von 100 auf 140° C sechzehnmal so hoch ist, welcher Tatsache die Turbinenhersteller jederzeit Rechnung tragen müssen, um eine größtmögliche Schonung des Umlauföles während des Betriebes zu gewährleisten.

In Abb. 33 zeigt Kurve *A* den charakteristischen Verlauf für thermische Überbeanspruchung, wobei die Alterungsgrenze nach WEV-Ölbewirtschaftung nach 10000 Betriebsstunden überschritten wird.

Es seien nunmehr zwei Beispiele aus der Praxis angeführt: Über einen äußerst seltenen, besonders interessanten Fall von starker Wellenabnützung, die auf „Ölkohlebildung" an einer Lagerdichtungsscheibe infolge thermischer Überbeanspruchung zurückzuführen war, sei hier kurz berichtet. Diese „wachsende" Ölkohle — die fast koksartigen Charakter hatte — verursachte eine starke Rillenbildung auf der Turbinenwelle. Die analytische Untersuchung der Ölkohle ergab folgenden Befund:

59 %	Eisenoxyd,		
39,7 %	Glühverlust, davon	29,1 %	Kohlenstoff,
0,32%	Siliziumoxyd,	0,14%	Phosphoroxyd,
0,34%	Manganoxyd,	0,69%	Kalziumoxyd,
0,15%	Molybdänoxyd,	0,40%	Alkalioxyd,
0,42%	Nickeloxyd,	0,11%	Magnesiumoxyd.

Aus diesem Befund ist zu ersehen, daß in der Ölkohle der „Abrieb" der Turbinenwelle feststellbar ist.

Ferner wurde an einer 10000 kW-Turbine der Öldurchfluß durch das Lager *I* durch Vergrößerung der Bohrung der Drosselscheibe um 40% erhöht. Man ging dabei von der Annahme aus, daß diese Vergrößerung der Durchflußmenge durch das Lager die spezifische Beanspruchung des Öles durch Wärme vermindert und die Gefahr einer Überhitzung des vom Lager abfließenden Öles an den heißen Gehäusewandungen und Prallblechen herabgesetzt wird. Vor dieser Neueinstellung hatte Lager *I* eine Drosselscheibe mit 15 mm lichter Weite und eine Durchflußmenge von 56 l/min, die Durchflußmenge wurde durch Vergrößerung der Bohrung auf 17 mm auf 76 l/min erhöht. Durch diese Maßnahme, die stets nur einvernehmlich mit dem Turbinenlieferanten durchgeführt werden soll, wurde ein wesentlicher Beitrag zur Schonung des Umlauföles an dieser Turbine geleistet.

In der Zusammenstellung am Ende des Abschn. V sind die Ursachen der thermischen Überbeanspruchung und ihre Behebung angeführt.

2. Wassereintritt in das Schmiersystem.

Neben der Überhitzung des Umlauföles im Schmiersystem bildet die Anwesenheit von Wasser die größte Gefahr für die Lebensdauer der Ölfüllung. In Abschn. IV, 7 ist der Einfluß des Wassers auf die Beanspruchung des Umlauföles an Beispielen aus der Praxis aufgezeigt, während in Abschn. VII, 3a die analytische Seite dieser Frage behandelt wird.

Die Beanspruchung des Umlauföles durch Wassereintritt in das Schmiersystem ist wohl die häufigste der abnormalen Betriebsbedingungen. Da neben der Überhitzung des Umlauföles hierdurch die stärkste Alterungsbeschleunigung der Ölfüllung verursacht wird, ist es besonders wichtig, wasserhaltige Umlauföle richtig zu beurteilen, wozu Verfasser nachstehende Richtlinien gibt, die sich in der Praxis bestens bewährt haben:

a) Feststellung der Ursachen des Wassereintrittes und, wenn möglich, sofortige Abhilfe schaffen, um normale Betriebsverhältnisse herzustellen.

b) Bei unvollkommener Wasserabscheidung und Auftreten von trübem Umlauföl — Öl-Wasser-Mischung oder einer Öl-Turbinenschlamm-Wasser-Suspension —, es handelt sich fast ausnahmslos um „Scheinemulsionen", überprüfen, ob diese beiden Mischungen beim Erhitzen auf 70 bis 85 °C und gleichzeitigem Filtrieren das Wasser und den Tui binenschlamm abgeben und das Gebrauchsöl wieder vollkommen blank wird.

c) Wird bei dieser Behandlung die an der Schlammschleuse des Ölbehälters gezogene Ölprobe vollkommen blank, dann liegt *keine* „beständige Emulsion", sondern *nur* eine „Scheinemulsion" vor, und es ist *keinesfalls* eine Teilerneuerung oder Gesamterneuerung der Ölfüllung vorzunehmen.

d) Eine Ölerneuerung ist nur nach Erreichen der Alterungsgrenze nach WEV-Ölbewirtschaftung von $Nz = 3$ oder $Vz = 6$, oder wenn bei Behandlung einer Umlaufölpiobe nach Punkt b das Umlauföl nicht mehr blank wird und trüb, hellbraun, gelb oder weiß bleibt, vorzunehmen. Im letzteren Falle ist *vor* Durchführung der Ölerneuerung der Technische Dienst des Öllieferanten zur Begutachtung des Umlauföles heranzuziehen.

7*

e) Bei Vorliegen einer „Scheinemulsion" — dies ist bei wasserhaltigen Umlaufölen fast immer der Fall — ist, bis der Wassereintritt in das Schmiersystem durch Überholung verhindert werden kann, eine besondere Ölpflege zur Entfernung der in das Schmiersystem eintretenden Verunreinigungen notwendig.

f) Es ist täglich an der Schlammschleuse des Ölbehälters die Öl-Wasser-Mischung oder die Öl-Turbinenschlamm-Wasser-Suspension abzulassen, bis reines, wenn auch trübes Öl austritt.

g) Die abgelassene Öl-Wasser-Mischung und Öl-Turbinenschlamm-Wasser-Suspension sind bei einer Temperatur von 70 bis 85° C zu filtrieren oder zu zentrifugieren und das wiedergewonnene blanke Umlauföl wieder in den Ölbehälter rückzuführen, *ohne jedoch diese Mengen als Nachfüllöl auszuweisen.* Unter Nachfüllöl, das sei schon an dieser Stelle gesagt, sind nur jene Mengen zu verstehen und festzuhalten, die zur Ergänzung auf den normalen Ölstand im Ölbehälter nachgefüllt werden müssen.

h) Bei Verwendung einer Zentrifuge — auch im Nebenschluß — ist darauf zu achten, daß bei Anwendung des *Purifikationseinsatzes* die Leistung derselben so eingestellt wird, daß bei *einmaligem* Durchgang des Öles dasselbe vollkommen blank wird.

i) Um die gesamte Ölfüllung zu reinigen — dies ist auch meist dann notwendig, wenn eine Ölschleuder im Nebenschluß angeschlossen ist —, sind mehrmals größere Mengen der Ölfüllung abzulassen, wobei besonders zu beachten ist, daß der Ölstand nicht bis zum unteren Rand des Ansaugstutzens der Hauptölpumpe absinkt — bei 70 bis 85° C zu filtrieren oder zu zentrifugieren und jeweils die gereinigten, blanken Umlaufölmengen in das Schmiersystem zurückzufüllen. Durch mehrmalige Wiederholung dieser Teilreinigung des Umlauföles wird die Gesamtfüllung wieder vollkommen blank und wasserfrei, ohne daß eine Ölerneuerung vorgenommen wurde.

j) Bei Inbetriebnahme der Turbine Kühlwasser erst anstellen, wenn Öltemperatur 40 bis 50° C beträgt.

k) Während des Betriebes Kühlung so einstellen, daß die Eintrittstemperatur des Öles in die Lager 45 bis 50° C beträgt.

l) Durch „Scheinemulsionen" wird die Betriebssicherheit nicht im geringsten gefährdet.

m) Durch Einhaltung dieser Betriebsanweisung wird Dampfturbinenöl für Wieder- und Nachfüllungen eingespart und ein normaler Ölverbrauch erreicht.

Wenn das Wasser im Öl feinst dispergiert ist, tritt bis zu einem Wassergehalt von 0,8% keine Viskositätserhöhung auf und es ist auch aus diesem Grunde in der Praxis noch nie zu Schwierigkeiten gekommen, sofern der Wassergehalt des Umlauföles ein höherer war. Besonders gefährlich ist aggressives — stark saures — Wasser, da dieses die Metalle des Schmiersystems angreift und eine rasche Alterung des Umlauföles verursacht. Aggressives Wasser tritt meist dann auf, wenn gleichzeitig eine thermische Überbeanspruchung des Umlauföles oder eine Einwirkung elektrischer Ströme auf dasselbe erfolgt.

Da es sich bei Wassereintritt in das Schmiersystem nahezu ausnahmslos um Kondensat des Betriebsdampfes handelt, ist es wichtig, daß stets für richtige und einwandfreie Aufbereitung des Kesselwassers Sorge getragen wird, damit der Dampf chemisch rein ist. Erfolgt bei Wassereintritt in das Schmiersystem eine merklich raschere Alterung der Ölfüllung, so ist nicht nur eine Untersuchung des im Schmiersystem vorhandenen Wassers, sondern auch des Kesselwassers, Kesselspeisewassers und unter Umständen auch des Kühlwassers vorzunehmen.

Der Eintritt von Wasserdampf und Wasser in das Schmiersystem ist die primäre Ursache der Rostbildung im Schmier- und Regelsystem der Dampfturbine. Auch an den beweglichen Teilen des Fliehkraftreglers treten zuweilen Rostablagerungen auf, die man sich lange Zeit nicht erklären konnte. Man vermutete ungenügende Entlüftung des Fliehkraftreglergehäuses und Reiboxydation als Ursache dieser Erscheinung. Es soll hier auf die Arbeiten von FINK und HOFMANN [113] sowie DIES [114] hingewiesen werden.

Wie wichtig es ist, auch das Kesselwasser vor allem bei starken Rosterscheinungen im Regelsystem einer Untersuchung zu unterziehen, soll folgendes Beispiel aus der Praxis beweisen. Nach langen Untersuchungen gelang der Nachweis, daß es sich bei den an Fliehkraftreglern aufgetretenen Rostablagerungen um Eisenoxydausscheidungen aus dem eisenhaltigen Kesselwasser handelte, die von Dampf bzw. Kondensat über die Hilfsölpumpe in den Ölkreislauf gebracht wurden. Durch Enteisung des Kesselspeisewassers wurde diese Schwierigkeit behoben.

Am Schluß dieses Abschnittes ist eine Zusammenstellung: Kennzeichnung, Ursache und Behebung des Wassereintrittes in das Schmiersystem von Dampfturbinen.

3. Schäumen des Umlauföles.

In Abschn. VII, 3a wird darauf hingewiesen, daß ein starkes Schäumen des Umlauföles oft eine Begleiterscheinung von Scheinemulsionen ist. Das Schäumen ist ebenfalls eine Frage der Grenzflächenspannung, aber nicht wie bei Emulsionen Öl gegen Wasser, sondern Öl gegen Luft.

Dampfturbinenöle neigen nur in äußerst geringem Maße zur Schaumbildung. Sie verhalten sich bezüglich Schäumen analog wie in Bezug auf Emulsionsbeständigkeit.

Im Interesse der einwandfreien Schmierung und Regelung der Dampfturbinen sowie der Schonung des Umlauföles während des Betriebes muß ein möglichst geringes Schäumen im Schmiersystem der Turbinen gefordert werden. Bei Verwendung von Dampfturbinenöl, das den bestehenden Vorschriften entspricht, ist eine sehr geringe Neigung zum Schäumen und zu Schaumbildung gewährleistet. Wenn aber trotzdem starkes Schäumen im Schmiersystem festgestellt wird, dann ist niemals die Ursache desselben in der Qualität des Dampfturbinen-Neuöles zu suchen, sondern vor allem in abnormalen Betriebsbedingungen, die in diesem Abschnitt ausführlich besprochen werden sollen.

Eine 10 bis 15 cm hohe Schaumschicht im Ölbehälter wird von den Betriebsingenieuren fast ausnahmslos beanstandet und als ein unzulässig starkes Schäumen des Umlauföles bezeichnet. Diese Ansicht ist nur bedingt richtig, und zwar nur dann, wenn gleichzeitig das im Ölbehälter befindliche Öl unter der Schaumschicht stark luftdurchsetzt ist. Ist das Öl unter der Schaumschicht blank und frei von kleinsten Luftbläschen, dann ist es ein Zeichen dafür, daß das Öl im Ölbehälter die während des Umlaufes aufgenommene Luft abgibt und daher nicht zum Schäumen neigt. Eine solche „Schaumbildung" ist vom schmiertechnischen Standpunkt nicht zu beanstanden, da es nicht auf die festgestellte Schaumhöhe, sondern nur darauf ankommt, ob das Öl die im Kreislauf aufgenommene Luft im Ölbehälter tatsächlich abgibt und blank wird, damit nicht luftdurchsetztes Öl von der Ölpumpe kontinuierlich angesaugt wird.

Die Luftabscheidung wird bedeutend erleichtert, wenn mit höheren Temperaturen, etwa 50° C gefahren wird. Diese Temperatur ist auch wegen der Wasserabscheidung günstiger. Es ist unter Umständen schmiertechnisch vorteilhafter, mit Temperaturen über 50 bis 55° C nach dem Ölkühler zu fahren als mit Temperaturen unter 40° C. In diesem Temperaturbereich spielt die höhere Temperatur in Bezug auf Alterungsbeschleunigung gar keine Rolle und ist ohne Nachteil für die Lebensdauer der Ölfüllung, während sich der vorhandene Luftgehalt und evtl. auch vorhandenes Wasser infolge zu kühl gefahrenem Umlauföl unter 40° C weit ungünstiger auf die Alterungsbeständigkeit auswirkt, auf welche Tatsache hier besonders hingewiesen werden soll.

Die Viskosität des Dampfturbinenöles wird durch den Luftgehalt — fein dispergierte Luft — praktisch nicht geändert.

Nicht nur die im Umlauföl feinst dispergierte Luft, sondern auch die im Öl gelöste Luft übt eine oxydative, alterungsbeschleunigende Wirkung auf das Dampfturbinen-Gebrauchsöl aus. Der Gehalt an gelöster Luft im Dampfturbinenöl beträgt 10 % und ändert sich in geringen Grenzen mit dem Druck. Je wärmer das Umlauföl ist, desto geringer ist der Gehalt an gelöster Luft und desto günstiger sind die Betriebsbedingungen.

Das Schäumen der Umlauföle bzw. der hohe Gehalt feinst dispergierter Luft kann unter Umständen an Dampfturbinen mit vollhydraulischer Steuerung zu Schwierigkeiten führen und nicht nur die Sicherheit der Regelung solcher Turbinen in Frage stellen, sondern auch die Lagerschmierung infolge Verminderung der Tragfähigkeit des Schmierfilms gefährden. Als man begann, die vollhydraulische Steuerung zu entwickeln, hat man aus diesem Grunde die Verwendung von extrem dünnflüssigen Dampfturbinenölen vorgeschrieben. Dieser Standpunkt wurde aber von den Herstellerfirmen vollkommen aufgegeben, als man auf Grund von Versuchen und Betriebserfahrungen an zahlreichen Turbinen feststellte, daß sich auch Dampfturbinenöl von Sondergüte mit einer Viskosität von 4,5 bis 5,0° E bei 50° C im Betriebe auch bei wiederholtem Anfahren der Turbosätze bei niederen Maschinenhaustemperaturen bestens bewährte.

Es gibt heute noch keine allgemein eingeführte Methode zur Prüfung des Schäumens von Dampfturbinenölen. Es sei daher hier von Versuchen

Zahlentafel 7.

Überprüfung der Schaumbildungsneigung von Dampfturbinenölen. (Nach WOLF.)

| | Dampfturbinenöl von Sondergüte | | | | | |
	Viskosität 3,5 bis 4,0° E/50° C			Viskosität 4,5 bis 5,0° E/50° C		
Versuchsbedingungen:						
Temperatur °C	20	40	60	20	40	60
Druck atü	4	4	4	4	4	4
Düse ⌀ mm	4	3,5	3	4	3,5	3
Versuchsdauer Stunden	3	3	3	3	3	3
1. Versuch in Schaumprüfmaschine:						
Schaumhöhe cm	1	1	1	1	$1^1/_2$	$1^1/_2$
Schlamm zerfällt in Min.	10	2	sofort	10	3	sofort
2. Versuch in Askaniaregler	kein Schaum			kein Schaum		

berichtet, die im Zusammenhang mit der vollhydraulischen Regelung vom Verfasser zur Überprüfung des Schäumens bzw. der raschen Luftabscheidung von Dampfturbinenölen veranlaßt wurden.

Diese Versuche wurden

1. mit einer „Schaumprüfmaschine", bei der durch Einspritzen des Öles aus einer Entfernung von 60 cm durch eine Düse von 3 bis 4 mm ⌀

und einem Düsendruck von 4 atü direkt in das Öl infolge Mitreißens von Luft durch den Düsenstrahl Schaum erzeugt wurde, und

2. unter Benützung eines Askaniareglers bei einem Düsendruck von 4 atü durchgeführt.

Bei diesen Versuchen wurden die in Zahlentafel 7 zusammengestellten Werte ermittelt.

Wie aus diesem Versuchsergebnis zu ersehen ist, sind beide Öle in ihrer Neigung zur Schaumbildung als vollkommen gleich zu bezeichnen. Es gelang nur mit dem freien Ölstrahl geringe Mengen Schaum zu erzeugen, der rasch zerfiel.

Als wiederholt angetroffene Ursache des Ölschäumens in der Praxis ist die zu tiefe Öltemperatur nach dem Ölkühler, zu hoher Öldruck, hohe Umwälzzahl und vielfach auch Eintritt von Wasser und von festen Fremdstoffen in das Schmiersystem festgestellt worden.

Bei auftretendem übermäßigem, besonders aber bei wachsendem Schäumen ist die Turbine sofort abzustellen, die Ursachen festzustellen und Abhilfe im Sinne der am Schluß dieses Abschnittes gegebenen Richtlinien zu schaffen.

4. Abnützung der Schneckenräder des Ölpumpen- und Fliehkraftreglerantriebes.

In Abschn. III, 5 wurde auf die Wichtigkeit der richtigen Schmierung und sachgemäße Montage der Schneckenräder der Ölpumpen- und Fliehkraftreglerantriebe bereits hingewiesen.

Es ist bekannt, daß an diesen Bronzeschneckenrädern des öfteren starke Abnützungen entstehen, die vielfach auf zu geringe Zähflüssigkeit des verwendeten Turbinenöles und auf ungenügende Schmierfähigkeit desselben zurückgeführt werden. Diese Annahme hat sowohl Turbinenherstellerfirmen wie auch Turbinenbesitzer wiederholt veranlaßt, mit Rücksicht auf diese Abnützungserscheinung ein zähflüssigeres Turbinenöl zu verwenden.

Verfasser nahm bei seinen wiederholten Vorsprachen bei den Turbinenherstellerfirmen Gelegenheit, auf diese irrige Auffassung hinzuweisen und vor allem klarzustellen, daß diese Erscheinungen in keinem ursächlichen Zusammenhang mit dem verwendeten Turbinenöl stehen, sondern lediglich auf mechanische Ursachen oder elektrolytische Korrosionen zurückzuführen sind.

Mit der Grübchenbildung (Pittings) an Zahnflanken hat sich die Forschung schon vor Jahren befaßt. Dabei wurde gefunden, daß es sich bei den untersuchten Grübchen um Abbröckelungen infolge örtlicher Überschreitung der Wechselfestigkeit des Baustoffes durch die Betriebsbeanspruchungen, also um rein mechanische Dauerbrüche handelt. Bei bereits weiter fortgeschrittener Grübchenbildung kann man bei Zahnrädern aus Stahl den dauerbruchartigen Charakter der Ausbröckelungen äußerlich an ihrem Verlauf erkennen. Der mikroskopische Befund läßt mit großer Sicherheit erkennen, daß die Grübchen als Folge einer weitgehenden Rißbildung in der Randzone entstanden sind. In diesem Zusammenhang sei auf die Versuche von EHRT [*115*] und KARAS [*116*] hingewiesen.

An dieser Stelle seien die Ursachen angeführt, die zu diesen Abnützungserscheinungen, vor allem der Grübchenbildung an den Schneckenrädern aus Bronze führen können:

1. *Mechanische Überbeanspruchung des Zahnradmaterials durch:*

a) unrichtige Wahl der Abmessungen und Form der Verzahnung,

b) mangelhafter Eingriff der Zahnräder,

c) unrundes Laufen der Wellen bzw. der Verzahnungen,

d) schlecht ausgerichtete Radwellen,

e) schlechte statische und dynamische Auswuchtung, besonders bei schnellaufenden Getrieben,

f) Materialfehler,

g) unrichtige Wahl der Materialhärte für Schnecke und zugehöriges Rad, unrichtiges Verhältnis der Härte des Stahlrades zur Härte des Bronzerades,

h) ungenügende und unrichtige Zuführung des Schmieröles an die Eingriffsstelle des Schneckenrades.

Von den mechanischen Ursachen kommen für den Betrieb die unter c und d angeführten Ursachen in erster Linie in Frage, da diese auf reine Montagefehler zurückzuführen sind.

2. *Die elektrolytischen Korrosionen* wurden bereits in Abschn. IV, 4 allgemein besprochen und sollen in Abschn. V, 5 speziell behandelt werden. Diese Frage soll jedoch, soweit sie die Ölpumpen- und Fliehkraftreglerantriebe betrifft, näher beleuchtet werden. SIEGEL [*117*] hat erstmalig auf Grund langjähriger Beobachtungen und Untersuchungen den Schluß gezogen, daß die Grübchenbildung an den Zahnflanken in vielen Fällen auf elektrolytische Korrosionen zurückzuführen sind.

Bei allen derartigen raschen Abnützungen an den Zahnflanken der Bronzeschneckenräder werden die Zähne der Stahlschnecke, soweit sie im Eingriff waren, meist vollständig bronziert; die bronzierte Oberfläche hat aber nicht den bei allen gut geschmierten Flächen üblichen glänzenden, polierten Metallspiegel, sondern ein mattes, leicht aufgerauhtes Aussehen. Außerdem erscheint die bronzierte Oberfläche übersät mit kleinen, direkt nebeneinander liegenden Pünktchen von dunklerer Färbung.

In Verbindung mit den vorerwähnten Zerstörungen sind auch erhöhte Temperaturen an den Schnecken und Schneckenrädern beobachtet worden. Bemerkenswert erscheint weiterhin, daß an den äußeren Kanten derartiger, durch elektrolytische Einflüsse angegriffenen Schnecken, trotz reichlicher Schmierung festhaftende, schwarze Krusten, also Ölrückstände festgestellt wurden.

Nachdem EHRT [115] durch die von ihm durchgeführten Untersuchungen über die Grübchenbildung an Schneckenrädern aus Bronze zu dem Schluß kam, daß dies in erster Linie auf übermäßige Wechselbeanspruchung des Werkstoffes zurückzuführen ist, wurde von EHRT und KÜHNELT [118] die Frage, ob ähnliche Beschädigungen der Zahnflanken auch unter Einwirkung elektrischer Ströme entstehen bzw. wie solche Beschädigungen aussehen, untersucht. Das Ergebnis dieser sehr interessanten Arbeit soll hier kurz zusammengefaßt werden.

Die Versuche wurden mit Gleich- und mit Wechselstrom von verhältnismäßig hohen Stromstärken (0,3, 1 und 4 A) durchgeführt und zeigten die vom Strom durchflossenen Laufflächen grundsätzlich ein gleichartiges Bild der Zerstörung. Lediglich ihr Umfang war verschieden. Sie besteht in einer allgemeinen Abtragung der Oberflächenschicht unter Bildung von Riefen, abgerundeten Kratern und Kuppen. Daneben finden sich in der Oberfläche wurmstichartige, feine Löcher.

Zusammenfassend kann gesagt werden, daß nach diesen Versuchen an miteinander kämmenden Zahnrädern bei Durchfluß von elektrischem Strom eine allmähliche Zerstörung der Zahnflanken eintritt. Sie zeigt sich schon bei verhältnismäßig niedrigen Stromstärken und nimmt mit wachsender Stromstärke zu. Ihrem äußeren Aussehen nach haben diese Zerstörungen keinerlei Ähnlichkeit mit der Grübchenbildung infolge übermäßiger Wechselbeanspruchung. Es handelt sich hier vielmehr um einen allgemeinen, zusätzlichen Abrieb der Zahnflanken. Die vorzeitige Zerstörung der Zahnflanken wird nach diesen Versuchen durch die Funken eingeleitet, die zwischen zwei kämmenden Zahnflanken entstehen. Bei Funkenübertragung tritt eine örtliche Erhitzung des Zahnmaterials an der Oberfläche auf, so daß diese teilweise in teigigen Zustand übergeht. Die Folge davon ist ein verringerter Widerstand gegen Abrieb. Der Verschleiß wird zusätzlich erhöht durch direkten Abbrand und die allgemeine Aufrauhung der Zahnflanken. Scheinbar ist die Abtragung des Materials entgegen anderen Ansichten bei Wechselstrom stärker als bei Gleichstrom.

Ein Einfluß der Schmierung auf die Gewichtsabnahme der härteren Stahlräder hat sich nicht ergeben. Das Oberflächenbild des Verschleißes entspricht, solange überhaupt noch eine Schmierung stattfindet. Lediglich für den Trockenlauf ergibt sich ein anderes Aussehen. Das Bronzerad ist dagegen wesentlich empfindlicher. Bei Trockenlauf sind an diesem

Verschmierungen aufgetreten, während an den Stahlflanken Bronze als
dünne Schicht, zum Teil auch als Tröpfchen bzw. Schweißperlen an-
haftet. Die Tröpfchen sind offensichtlich von übertretenden Funken auf-
gebrannt worden.

Die Verhinderung elektrolytischer Korrosionen wird im folgenden
Abschnitt behandelt.

5. Elektrolytische Korrosionen, Wellenströme, vagabundierende Ströme.

In Abschn. IV, 4 wurden die elektrolytischen Korrosionen im allgemeinen und in Abschn. V, 4 jene an Ölpumpen- und Fliehkraftregler-
antrieben behandelt und deren Kennzeichnung und Ursachen bereits
beschrieben. An dieser Stelle sollen weitere Fälle aus der Praxis beschrieben und die Maßnahmen zur Verhinderung dieser Erscheinungen
besprochen werden.

Da ein den Vorschriften entsprechendes Mineralöl sich als Isolieröl
für Transformatoren und Schalter auch bei höchsten Spannungen bestens
bewährt hat, wird häufig die Ansicht vertreten, daß bei geringen elektrischen Spannungen schon eine hauchdünne Ölschicht genüge, um z. B.
den Stromübergang aus einer Lagerschale durch das Öl in einen Wellenzapfen oder umgekehrt wirksam zu verhüten. Daß dem nicht so ist, hat
SIEGEL [106] festgestellt und nachgewiesen, daß es sich bei der Zerstörung von Lagerlaufflächen und Wellenzapfen um elektrolytische
Korrosionen handelt. Die Laufflächen zeigten trotz einwandfreier
Schmierung nicht den sonst üblichen hochglanzpolierten Laufspiegel,
sondern leicht aufgerauhte Oberfläche von mattgrauem Aussehen und
muldenförmigen Aushöhlungen.

Stark bleihaltige Lager werden nach FABER [119] von Öl mit hoher
Neutralisationszahl (Säurezahl, Nz) — hohem Alterungsgrad — ganz
besonders an Stellen großer Strömungsgeschwindigkeit erodiert. Bei
diesen Erscheinungen handelt es sich offensichtlich um Korrosionen
chemischer Natur.

Die Wellenzapfen sind vielfach übersät mit einzelnen kleinen metallisch blanken, kraterartigen Vertiefungen (Pittings), welche auch oft
nesterartig so nahe nebeneinander liegen, daß die Oberfläche ein porös
schwammiges Aussehen hat. Solche Korrosionen treten auch an Spindeln
von Schnellschlußventilen auf.

Besonders bemerkenswert sind ferner umfangreiche, metallisch
blanke Anfressungen an den an den Lagern seitlich angebrachten Spritz-
blechen aus Messing und Zink. Auch diese Anfressungen zeigen deutlich
die bei allen elektrolytischen Korrosionen kennzeichnenden körnigen
Oberflächen. An einem 2 mm starken Messingspritzblech wurden zu
beiden Seiten etwa 0,5 mm weggefressen, so daß von der ursprünglichen

Blechdicke nur noch 1 mm übriggeblieben war. Zu beiden Seiten des Spritzbleches wurde an den nicht korrodierten Flächen ein ähnlich festhaftender schwarzer Rückstand vom Turbinenöl herrührend gefunden, wie an den Zähnen der Stahlschnecken zum Antrieb der Bronzeschneckenräder bei Turbogeneratoren, ein Zeichen dafür, daß an diesen Stellen eine besonders stark alterungsbeschleunigende Wirkung auf das Umlauföl ausgeübt wird.

Als Ursache aller beschriebenen elektrolytischen Korrosionen wurde außer Gleich- auch Wechselstrom festgestellt, der bei geteilten Dynamogehäusen für Dreh- und Wechselstrom in der Induktorwelle induziert wird. Um ihn unschädlich zu machen, muß der Stromlauf an einer Stelle unterbrochen werden, was nach LASCHE-KIESER [120] durch sorgfältige Isolation des äußeren Lagerbockes (Erregerlager) gegen die Grundplatte sowie der anschließenden Ölleitungen erfolgt. Gegen vagabundierende, von außen in die Turbine kommenden Ströme sollen sämtliche Lagerböcke und Ölleitungen zu und von den Lagern beim Durchtritt durch das Lagergehäuse isoliert sein.

Neben diesen Wellen- und Lagerströmen sind auch *vagabundierende Ströme* die Ursache dieser elektrolytischen Korrosionen, wofür noch zwei Beispiele angeführt werden sollen: Schweißarbeiten in der Nähe des Turbogenerators ohne besonderes Stromrückleitungskabel bis zum Nullpunkte des Schweißdynamos, infolgedessen Rückstrom von Schweißstelle zum Schweißdynamo durch Erde und Turbine. Rückstrom einer neben dem Maschinenhaus vorbeiführenden elektrischen Transportbahn, deren Null-Leiter geerdet war.

In diesem Abschnitt soll abschließend kurz die *Überprüfung der Turbogeneratoren auf Wellen- und Lagerströme* skizziert werden, die bekanntlich bei mehrpoligen Maschinen mit geteiltem Ständergehäuse durch den magnetischen Widerstand der Teilfugen entstehen. Ein wechselnder magnetischer Fluß umschlingt die Welle und induziert in den Materialfasern eine Wechselspannung, wobei das Verhältnis der Zahl der Teilfugen zur Zahl der Poolpaare eine wichtige Rolle spielt. Auch zweipolige Maschinen mit ungeteiltem Ständer erzeugen Lagerströme, wenn der Läufer nicht zentrisch in der Gehäusebohrung läuft. Die geringste Verlagerung gibt bereits Anlaß zu Wellenspannungen. Die Stöße der geschichteten und sich überlappenden Ständerbleche verursachen bei höherer Sättigung überlagerte Oberschwingungen. Bei nicht genau zentrischer Lage des Läufers geht durch die Ständerbohrung ein wechselnder Strahlfluß axial auch durch die Läuferwelle. Der magnetische Strahlfluß schneidet jede Radialfaser der in rascher Umdrehung befindlichen Welle, und es wird nach dem Prinzip der Unipolarmaschinen eine Gleichspannung erzeugt. Die mit Unipolarmaschinen erzeugten Spannungen sind bekanntlich sehr gering, doch liefern diese Maschinen beträchtliche

Stromstärken, durch die Turbinenlager und Bronzeschneckenräder in kürzester Zeit zerstört werden können.

Es seien hierfür zwei Beispiele der Überprüfung von Turboaggregaten auf Lager- und Wellenströme beschrieben:

Im ersten Fall wurden mit Hilfe eines Spitzenzirkels ansehnliche elektrische Funken zwischen Wellenzapfen und Lagergehäuse gezogen, die Veranlassung gaben, die voll erregte und belastete Maschine gemäß Abb. 32 unter Zuhilfenahme eines Millivoltmeters durchzumessen.

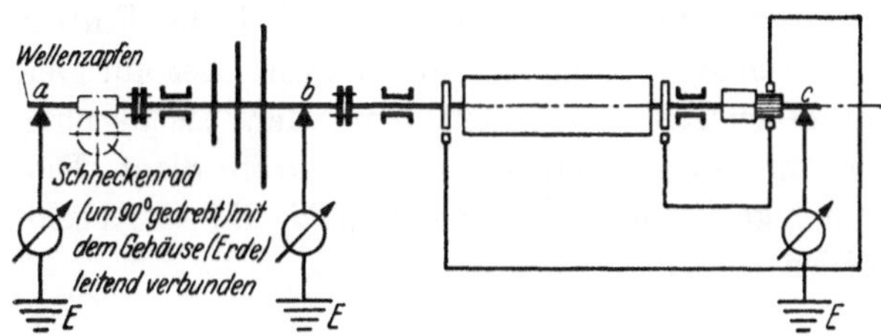

Abb. 32. Vereinfachte Darstellung des Laufzeuges einer Dampfturbine mit Anordnung zur Messung von Lager- und Wellenströmen.

Im zweiten Falle wurden am vorderen Turbinenzapfen nach Erde bzw. Turbinengehäuse an einem Turboaggregat bei einer Belastung von 17 MW ohne Kurzschlußbürsten 22,5 V mit Kurzschlußbürsten 0 gemessen. Für das hohe Gleichstrompotential wurde als Ursache an diesem Aggregat eine elektrostatische Aufladung der Welle von der Dampfseite her festgestellt.

Messung auf Fremdstrom: Turbinenwelle gegen Erde, Zapfen +, Erde —.

Ergebnisse bei Belastungen:

$$9 \text{ MW} \ldots \ldots 11{,}5 \text{ V}$$
$$6 \text{ MW} \ldots \ldots 8{,}0 \text{ V}$$
$$4 \text{ MW} \ldots \ldots 0{,}2 \text{ V};$$

Leerlauf unerregt: Turbinenwelle gegen Erde, Zapfen —, Erde + ... 120 mV. Leerlauf Dampf abgestellt: Turbinenwelle gegen Erde, Zapfen +, Erde — ... 0,2 mV.

Fremdstrom liegt daher nicht vor.

Eine wirksame Abhilfe zur Unschädlichmachung von Wellen- und Lagerströmen ist die Anbringung einer Kupfergewebebürste am vorderen Wellenende oder auch je einer Bürste an beiden Seiten des Generators zwischen Lager und Statorverschalung auf der Welle, um vorhandenen Lagerstrom direkt abzuleiten, ohne daß dieser Strom den Weg über die Lager und damit durch den Schmierfilm nehme.

6. Hohe Umwälzzahl.

In Abschn. III, 2 u. IV, 6 wurde bereits die Umwälzzahl ausführlich behandelt und an einzelnen Beispielen deren Wichtigkeit für die Lebensdauer der Ölfüllung an Dampfturbinen klargelegt.

Im praktischen Betriebe ist eine Abhilfe durch Veränderung der Förderleistung der Hauptölpumpe oder des Öldruckes nicht immer möglich, weshalb meist nur eine Vergrößerung des Ölbehälters und damit der Ölfüllung zwecks Verminderung der Umwälzzahl auf 8 bis 12 in Frage kommt. Zur Vergrößerung der Ölfüllung hat sich der Einbau eines Zusatzbehälters, wie in Abb. 8 dargestellt, bewährt, der auf gleicher Höhe mit dem Hauptölbehälter angebracht, vor allem als Beruhigungs- und Absetzbehälter für Wasser und feste Fremdstoffe dient. Die benötigte zusätzliche Ölmenge kann nach RICHTER [*26, 27*] — Abschn. III, 2 — berechnet werden.

7. Unsachgemäße Reinigung des Schmier- und Regelsystems vor Erst- und Wiederfüllung.

In den Abschn. IV, 8 u. VII, 4 wurde auf den ungünstigen Einfluß des Turbinenschlammes auf die Alterungsbeständigkeit des Umlauföles hingewiesen, während in den Abschn. V, 2 u. 3 u. VII, 3a über Emulgierbarkeit und Schäumen des Öles davon gesprochen wurde, durch welche Faktoren diese abnormalen Betriebsverhältnisse verursacht werden.

Bei *Erstfüllung* können öllösliche Rostschutzmittel, wie Dampfzylinderöl, Innenanstriche, Lacke, Tränkungsmittel von Dichtungsmaterial, Schmierseife, Schellack usw., ferner Rost und Staub sowie andere feste Fremdstoffe die Alterungsneigung der Ölfüllungen abträglich beeinflussen.

Labormäßige Kennzeichnung: Nach kurzer Betriebszeit während des ,,Warmspülens'', also während der ersten 500 Betriebsstunden, Feststellung übermäßig hoher Alterungswerte (hohe Nz und Vz). Betrieblich ist nichts festzustellen, wenn nicht feste Fremdstoffe aufgeschlämmt wurden, die im Umlauföl feinst suspendiert sind und diesem ein trübes Aussehen verleihen.

Anders ist es bei *Wiederfüllungen:* Sofern nicht eine Gesamtreinigung des Schmiersystems vorgenommen wurde, ist es sehr schwer, das zur Wiederfüllung verwendete Neuöl vor einer Infektion durch zurückgebliebenen Turbinenschlamm zu schützen. In Zahlentafel 8 sind einige Beispiele aus der Praxis angeführt, die eine Verunreinigung des Umlauföles bei Wiederfüllungen durch den nach der Reinigung des Schmiersystems zurückgebliebenen Turbinenschlamm und nicht entfernte Rückstände erkennen lassen. Zum Vergleich ist ein normaler Alterungsverlauf einer nicht infizierten Ölfüllung angegeben.

Zahlentafel 8. *Abnormale Zunahme der Alterungswerte — Nz und Vz — infolge Infektion der Neufüllung durch Turbinenschlamm und Rückstände als Folge unsachgemäßer Reinigung des Schmiersystems. (Nach WOLF.)*

Betriebsstunden	Nz	Vz	Anmerkung
1. 0	0	0	Ungenügende Reinigung des
700	0,1	0,41	Schmiersystems.
1439	0,3	1,03	
2. 0	0	0	
650	0,09	0,53	wie unter 1.
1230	0,4	1,12	
3. 0	0	0	
500	0,03	0,48	wie unter 1.
1080	0,3	1,23	
0	0	0	Normale Zunahme der Alterungs-
550	0	0,05	werte bei sachgemäßer Reinigung
1200	0,05	0,16	des Schmiersystems.
1550	0,08	0,32	
2100	0,15	0,65	

Richtlinien für die sachgemäße Reinigung des Schmier- und Regelsystems sind in Abschn. IX, 1 gegeben.

8. Verwendung eines nicht neuölwertigen Regenerates zur Wieder- und Nachfüllung.

Diese Ursache abnormaler Alterung von Turbinenöl im Schmiersystem von Dampfturbinen wurde erstmalig vom Verfasser erkannt. Sie ist die letzte und neueste Erkenntnis auf diesem Gebiet. Es war nicht leicht, diese ganz außergewöhnliche Ursache klar und einwandfrei zu erkennen, da in verschiedenen Turbinen gleichzeitig auch andere Ursachen rascher Alterung eine Rolle zu spielen schienen. Als aber nach gründlicher Untersuchung aller Möglichkeiten keine Ursache dieser Erscheinung gefunden werden konnte, stellte Verfasser die Frage, ob Neuöl oder Regenerat verwendet werde, da man nur immer die Markenbezeichnung des verwendeten Turbinenöles nannte.

Als man bekanntgab, daß im Betriebe ein Regenerat, das aus Gebrauchsöl selbst hergestellt, in Verwendung stehe und dieses Gebrauchsöl einwandfrei aufbereitet wurde — es handelte sich um ein Großkraftwerk mit eigenem Ölspezialisten und erstklassiger Regenerieranlage —, stand es für den Verfasser außer Frage, daß die Qualität des auf chemischem

Wege aufbereiteten Dampfturbinen-Altöles einwandfrei und daher neuölwertig sein müsse. Trotzdem ließ Verfasser diese Regenerate auf ihre Neuölwertigkeit im Labor überprüfen. Das Ergebnis ist in Zahlentafel 9 zusammengestellt. Neben Nz und Vz wurde zur Überprüfung der Alterungsbeständigkeit auch die Vz-Cu nach BAADER bestimmt.

Zahlentafel 9. *Alterungsneigung „neuölwertiger" Regenerate aus Großkraftwerken.* (Nach WOLF.)

Regenerat	Nz	Vz	Baader Vz-Cu
A	0,04	0,12	3,4
B	0,05	0,15	3,7
C	0,4	1,0	2,6
Nach WEV-Ölbewirtschaftung für Neuöl zulässige Maximalwerte . .	—	0,15	0,30

Aus vorstehender Zahlentafel ist deutlich erkennbar, daß keines der „neuölwertigen" Regenerate als solche anzusprechen ist. Regenerat C scheidet vollkommen aus der Betrachtung aus, da es auf Grund seiner Eigenschaften nicht mehr als Regenerat angesprochen werden kann und seine Alterungsbeständigkeit außerordentlich schlecht ist. Regenerat A und B hingegen entsprechen in Bezug auf Nz und Vz den Vorschriften für Neuöl, es wurde jedoch bei der chemischen Aufbereitung — nur diese darf als Regenerierung bezeichnet werden — übersehen, *auch in Bezug auf Alterungsneigung ein neuölwertiges Regenerat* zu erhalten. Aus diesem Grunde darf auch bei Regenerat A und B nicht von „neuölwertig" gesprochen werden, denn die als Maßstab für die Alterungsneigung dienende Vz-Cu — Kupferverseifungszahl — nach BAADER ist bei beiden Regeneraten mehr als zehnmal so groß, als nach WEV-Ölbewirtschaftung für Neuöl zulässig ist.

Es ist nicht allzu schwer verständlich, daß ein solches neuölwertiges Regenerat, wenn es zur Wiederfüllung verwendet wird, in der Turbine einen wesentlich rascheren Alterungsanstieg und gegenüber Neuöl einen abnormalen Alterungsverlauf zeigen muß. Regenerat A zeigte in der Turbine nach 8,119 Betriebsstunden bereits eine Vz = 10,1! Es war also die Alterungsgrenze nach WEV-Ölbewirtschaftung schon vor Erreichen von 10000 Betriebsstunden weit überschritten, während Regenerat B die WEV-Alterungsgrenze bereits nach 6500 Betriebsstunden erreichte.

Werden solche Regenerate als Nachfüllöl zu einer Neuölfüllung verwendet, dann tritt, wie SUIDA [*121*] nachgewiesen hat, eine Steigerung der Alterungsneigung durch Infektion auf, wodurch die Lebensdauer der Ölfüllungen ganz wesentlich verkürzt und ein abnormaler Alterungsverlauf desselben verursacht wird.

Aus diesem Grunde sind die Dampfturbinenöl-Regenerate auch stets auf ihre Neuölwertigkeit in Bezug auf Alterungsneigung zu prüfen, und sollen nur solche Regenerate zur Wieder- und Nachfüllung verwendet werden, deren Vz-Cu nach BAADER *nicht über 0,30* liegen. Nur solche Regenerate, die auch in Bezug auf Alterungsneigung den Bedingungen der WEV-Ölbewirtschaftung für Neuöl entsprechen, dürfen als *neuölwertig* bezeichnet werden.

Sollte es Dampfturbinenbesitzern, in deren Betrieben eine chemische Aufbereitung der Gebrauchsöle bzw. Turbinen-Altöle durchgeführt wird, nicht gelingen, neuölwertige Dampfturbinenöl-Regenerate im Sinne obiger Forderung herzustellen, dann ist es zweckmäßig, die Altöle dem Turbinenöllieferanten, der eine Lohnregenerierung durchführt, zur Regeneration zu übergeben.

In Abschn. X, 5 wird dieses Thema nochmals behandelt.

9. Zusammenfassung.

In diesem Abschnitt wurden alle abnormalen Betriebsverhältnisse besprochen, die zu einer raschen Alterung der Ölfüllungen und zu Schwierigkeiten im Betriebe der Dampfturbinen führen können. Es kommt in der Praxis wiederholt vor, daß nicht nur ein, sondern zwei oder mehrere abnormale Einflüsse auf das Umlauföl gleichzeitig auftreten, so daß die richtige Erkennung der primären Ursache nicht immer leicht möglich ist und umfangreiche Untersuchungen nötig sind, die manchmal Monate dauern können.

Ein Beispiel aus der Praxis soll hier jetzt kurz erwähnt werden:

Von drei 80 000 kW Turboaggregaten vollkommen gleicher Konstruktion und Leistung erreichten die Ölfüllungen eines Aggregates nur 25 000 bis 30 000 Betriebsstunden bis zum Überschreiten der Alterungsgrenze nach WEV-Ölbewirtschaftung, während die Ölfüllungen der beiden anderen Maschinensätze *die vierfache Zeit ohne Erneuerung* in Verwendung standen. In diesem Kraftwerk stand nur eine Dampfturbinenölsorte in Verwendung. Nachdem alle schmiertechnischen Kontrollen und Untersuchungen — es wurden auch elektrische Messungen und umfangreiche Temperaturmessungen, da man auch thermische Überbeanspruchung des Umlauföles vermutete, vorgenommen — ein negatives Ergebnis zeitigten, konnte schließlich Verfasser feststellen, daß die Verwendung eines in Bezug auf Alterungsneigung nicht neuölwertigen Regenerates die Ursache der raschen Alterung der Ölfüllungen dieses Maschinensatzes war. An den beiden anderen Aggregaten stand Neuöl in Verwendung.

Um dem Betriebsingenieur solche schmiertechnische Untersuchungen zu erleichtern und die Ursachen abnormaler Betriebsverhältnisse erkennen und rasche Abhilfe schaffen zu lassen, sind die wichtigsten Fälle in den nachstehenden Tafeln zusammengestellt.

Abnormale schmiertechnische Beanspruchung des Umlauföles in Dampfturbinen. (Nach WOLF.)

Art	Kennzeichnung	Ursache	Behebung
1. Thermische Über-beanspruchung	**Betrieblich:** 1. Starkes Nachdunkeln des Umlauföles, Farbe dunkelrotbraun bis schwarz. 2. Stechender, stark saurer Geruch, bisweilen nach verbranntem Öl. 3. Umlauföl fast immer wasserfrei. 4. Ölrückstände, Turbinenschlamm im Schmiersystem, besonders in Lager I und II sowie in den Reglerventilen. 5. Ölrückstände meist trocken, dunkelbraun bis schwarz, hart und spröde, bis zur Koksbildung. 6. Rückstände schwer entfernbar, da meist angebrannt. **Analytisch:** 1. Rascher Anstieg der Viskosität des Umlauföles. 2. Rascher Anstieg von Nz und Vz. 3. WEV-Alterungsgrenze meist vor 10000 Betriebsstunden erreicht. 4. Turbinenschlamm im Umlauföl. 5. Umlauföl fast wasserfrei. 6. Nachweis von Essigsäure und Oxalsäure im Umlauföl. **Betriebliche Überprüfung:** Temperaturmessung m. Temperatur-meßfarben „Thermocholor" od. Temperaturmeßstiften „Thermochrom".	1. Temperaturen der vom Umlauföl zu passierenden Stellen über 80° C, Lagertemperaturen über 70° C. 2. Lagergehäuse besonders von Lager I und II gegen Strahlungs- u. Leitungswärme nicht genügend isoliert. 3. Ungenügend isolierte Dampfleitungen in der Nähe von Ölleitungen. 4. Langer Weg des Öles vom Lager durch das Gehäuse in die Ölrückfluß-Sammelleitung. 5. Tote Räume in den Lagergehäusen. 6. Kein oder unrichtig angebrachter Spritzring an der Turbinenwelle im Lagergehäuse. 7. Lager zu nahe am Turbinengehäuse. 8. Zu geringer Öldurchfluß durch die Lager. 9. Vorzeitiges Abstellen der Hilfsölpumpe beim Stillsetzen der Turbine. 10. Zu geringe Ölfüllung — zu hohe Umwälzzahl.	1. Isolierung der Lagergehäuse von Lager I u. II gegen Strahlungs- und Leitungswärme, Aufstellung von Asbestwänden, evtl. Kühlluft-Ventilatoren. 2. Anbringung von Prall- und Leitblechen innerhalb der Lagergehäuse vor d. turbinenseitigen Gehäusewand. 3. Entfernung toter Räume in den Lagergehäusen durch Abdeckung derselben. 4. Anbringung von umlaufenden Abweisscheiben mit Kühlrippen auf Turbinenwelle zwischen Turbinen- u. Lagergehäuse. 5. Richtige Anbringung von Spritzringen. 6. Isolierung von Dampf-, und wenn nötig auch von Ölleitungen. 7. Erhöhung der Durchflußmenge des Öles durch Lager I u. II, nur im Einvernehmen mit dem Turbinenlieferanten! 8. Abstellen der Hilfsölpumpe bei Stillsetzen der Turbine erst dann, wenn nach dem Abstellen derselben keine Lagertemperaturerhöhung mehr eintritt. 9. Vergrößerung der Ölfüllung — Verringerung der Umwälzzahl. 10. Keine Lagertemperatur üb. 70° C.

II. Wassereintritt in das Schmiersystem.	Betrieblich:	1. Leckdampfabsaugung an Überdruckstopfbüchsen zu gering.	1. Richtige Einstellung der Leckdampfabsaugung.
	1. Öl-Wasser-Mischung: Trübes Öl, Wassergehalt 0,1 bis 0,5%, meist freies, abgesetztes Wasser, keine Verunreinigungen durch feste Fremdstoffe.	2. Unrichtige Stopfbüchsenschaltung.	2. Richtige Stopfbüchsenschaltung.
	2. Öl-Turbinenschlamm-Wasser-Suspension: Trübes Öl durch Schwebestoffe verunreinigt. Wassergehalt des Öles über 1%, beim Abstehen in der Wärme drei Schichten: Öl-Wasser-Mischung, Öl-Turbinenschlamm-Wasser-Suspension mit festen Fremdstoffen, besonders Rost, Wasser mit festen Fremdstoffen, meist Rost.	3. Ungenügender Abstand der Stopfbüchsen von den Lagern.	3. Richtige Anbringung von Dichtungsscheiben und von rotierenden Abweisscheiben zwischen Stopfbüchsen u. Lager zwecks Ablenkung des aus den Stopfbüchsen austretenden Dampfes.
	3. Emulsion: Trübe, hellbraun, gelb oder weiß gefärbte, milchige Mischung, hoher Wassergehalt, freies Wasser, nicht immer Turbinenschlamm.	4. Ungenügende Abdichtung durch Dichtungsscheiben und Abweisbleche.	4. Wasser-Stopfbüchsenkammer erst bei Erreichung der nötigen Drehzahl der Schleuderscheibe füllen.
	Analytisch:	5. Wassereintritt aus Wasserstopfbüchsen.	5. Abdichten d. Stopfbüchse d. Hilfsölpumpe, Anbringung von zwei Ventilen im Dampfzuführungsrohr, zwischen den Ventilen Entwässerungsleitung.
	1. Öl-Wasser-Mischung: Restlose Wasserabscheidung bei 70 bis 85° C, Öl wird blank.	6. Undichte Stopfbüchse der Hilfsölpumpe.	6. Hilfsölpumpe vom Ölbehälter trennen, elektrische Hilfsölpumpe.
	2. Öl-Turbinenschlamm-Wasser-Suspension: Wasser und Turbinenschlamm werden bei *70 bis 85° C und gleichzeitigem Filtrieren* abgeschieden, Öl wird blank.	7. Unterkühlt gefahrene Turbine, Kondensatbildung.	7. Abdichtung des Ölkühlers. Öldruck soll immer höher wie Wasserdruck sein!
	3. Emulsion: Erhitzung auf 70 bis 85° C und gleichzeitiges Filtrieren ergeben keine Trennung in blankes Öl und Wasser.	8. Undichter Ölkühler, wenn Wasserdruck höher als Öldruck.	8. Bei Inbetriebnahme der Turbine Kühlwasser erst anstellen, wenn Öltemperatur 40 bis 45° C erreicht hat.
		9. Unrichtige und ungenügende Entlüftung des Schmiersystems.	9. Öleintrittstemperatur in die Lager nicht unter 45 bis 50° C.
			10. Sachgemäße Entlüft. d. Schmiersystems zur Entfernung von Wasser und Öldämpfen. — Kondensat beider darf in d. Schmiersystem nicht zurückfließen.
			11. Tägliches Abschlammen an der Schlammschleuse des Ölbehälters, bis reines Öl abfließt.
			12. Sachgemäße Wartung und Pflege des Umlauföles.

Abnormale schmiertechnische Beanspruchung des Umlauföles in Dampfturbinen (Forts.).

Art	Kennzeichnung	Ursache	Behebung
III. Schäumen des Umlauföles.	**Betrieblich:** Trübe, hellbraune bis gelbe Öl-Luft-Mischung. Schaumhöhe im Ölbehälter über 15 cm, Öl im Ölbehälter stark durchsetzt. Öl in Rücklaufleitung von den Lagern und in Ölrücklaufsammelleitung stark mit Luftblasen durchsetzt. Zuweilen geringer Wassergehalt; feste Fremdstoffe. **Analytisch:** Beim Erwärmen scheidet sich Luft und evtl. vorhandenes Wasser meist ohne Filtrieren schon unter 70° C ab, das Öl wird blank. Bei Vorhandensein feinst verteilter Fremdstoffe bleiben diese suspendiert, und das Öl wird erst nach dem Filtrieren blank.	1. Zu niedriger Ölstand, daher Ansaugen von Luft durch Ölpumpen. 2. Undichte Saugrohre und Ölpumpen. 3. Ölrücklauf mündet oberhalb des Ölspiegels im Ölbehälter ohne Leitblech und Blasenbrecher. 4. Undichte Drosselvorrichtung am Öleintritt in die Lager. 5. Übermäßige Ölzerstäubung durch die Kupplung. 6. Zu hoher Öldruck. 7. Anfahren mit gleichzeitigem Anstellen des Kühlwassers. 8. Unterkühlt gefahrene Turbine, Öltemperatur unter 45° C. 9. Umwälzzahl zu hoch. 10. Unsachgemäße Ausbildung des Ölbehälters. 11. Liegender Ölkühler mit Luftsackbildung. 12. Feinst suspendierte feste Fremdstoffe, Staub, Flugasche, feinster Glasstaub von Isolierung, Rost, Wasser mit kolloidal gelöstem Eisenoxyd und Wasser. 13. Öllösliche Fremdstoffe, Rostschutzmittel, Tränkungsmittel, An-	1. Normalen Ölstand im Ölbehälter einhalten. 2. Ölpumpen und Saugrohre derselben abdichten. 3. Anbringung von Leitblech mit Blasenbrecher. 4. Drosselscheiben abdichten, um damit Ansaugen von Luft zu verhindern. 5. Kupplung gegen Ölzutritt einkapseln oder abschirmen. 6. Öldruck vor Lager und Getriebe nicht über 0,3 bis 0,5 atü einstellen. 7. Kühlwasser beim Anfahren erst bei einer Öltemperatur von 40 bis 45° C anstellen. 8. Öltemperatur auf 45 bis 50° C nach dem Ölkühler einstellen. 9. Umwälzzahl nicht über 8 bis 12. 10. Konstruktion im Sinne Abschnitt III, 4. Gute Entlüftung oder Belüftung und Beruhigung des Öles im Ölbehälter — periodische Reinigung und Entlüftung durch „Hochvakuum-Ölreinigungsanlage“. 11. Nur stehende Ölkühler verwenden.

		striche, Lacke, Zylinderöl, Schmierseife. 14. Nachfüllung unterkühlten Öles.	12. Feste Fremdstoffe durch Filtrieren entfernen. 13. Bei übermäßigem und wachsendem Schäumen Ölfüllung aufbereiten, wenn einwandfrei festgestellt, daß nicht Punkt 1 bis 12 die Ursache. 14. Nie große Mengen auf einmal, und nur Öl von Maschinenhaustemperatur nachfüllen.
IV. Abnützung der Schneckenräder des Öl-pumpen- und Fliehkraftreglerantriebes.	Betrieblich: A. Grübchenbildung (*Pittings*) an Zahnflanken, Ausbröckelungen mit muschelförmigem Verlauf als Folge weitgehender Rißbildung. B. Allgemeine Abtragung der Oberflächenschichte unter Bildung von Riefen, abgerundeten Kanten und Kuppen. Wurmstichartige, feine Löcher von der Größe eines Stecknadelkopfes. Radial verlaufende Riefen, teilweise mit messerscharfen Kanten. Quer zur Zahnflanke verlaufende hügelige Erhebungen. Bronzierung der Stahlschnecke, zum Teil Bildung von Schweißperlen. Diese Abnützungen verursachen öfters auch starke Geräusche und Vibrationen.	*Zu A.* Mechanische Überbeanspruchung: a) Unrichtige Wahl der Abmessungen und Form der Verzahnung. b) Mangelhafter Eingriff der Zahnräder. c) Unrundes Laufen der Wellen bzw. der Verzahnungen. d) Schlecht ausgerichtete Radwellen. e) Schlechte statische und dynamische Auswuchtung, besonders bei schnell laufenden Getrieben. f) Materialfehler. g) Unrichtige Auswahl der Materialhärte für Schnecke und Zahnrad. Unrichtiges Verhältnis der Härte des Stahlrades zur Härte des Bronzerades. h) Ungenügende und unrichtige Zuführung des Schmieröles an die Eingriffsstelle der Schneckenräder.	*Zu A.* Richtige Konstruktion, richtige Materialauswahl, richtiges Verhältnis der Härte von Schneckenrad und Schnecke zueinander, richtige Montage, richtige Ölzuführung im Sinne Abschn. III,5. *Zu B.* Feststellung der Stromquelle durch planmäßige Spannungsmessung und Beseitigung derselben. Isolierung des Außenlagers (Erregerlager) gegen die Grundplatte sowie der Rohrleitungen. Anbringung einer Kupfergewebebürste am Wellenende oder je einer Bürste beiderseits des Generators zwischen Lager und Statorverschalung auf der Welle. Isolierung sämtlicher Lagerböcke gegen die Grundplatte sowie sämtlicher angeschlossener Rohrleitungen.

Abnormale schmiertechnische Beanspruchung des Umlauföles in Dampfturbinen (Forts.).

Art	Kennzeichnung	Ursache	Behebung
V. Chemische und elektrolytische Korrosionen an Ölkühlern.	**Betrieblich:** A. Chemische Korrosionen: a) Glattes, kupferfarbenes, mattglänzendes Aussehen der Kühlerrohre bis rotbraune Färbung. Keine Grenzlinie zwischen gesundem Messing und niedergeschlagenem Kupfer. Trichterförmige Anfressungen an den Rohrböden rings um die Rohre. b) Siebartige Durchlöcherungen der Ölkühler-Messingrohre. Keine grünspanartigen Ablagerungen. B. Elektrolytische Korrosionen: Hellgrüne, grünspanfarbige Ablagerungen in der Nähe der beginnenden Anfressungen. Anfressungen scharf umgrenzt, vereinzelt oder nestartig.	*Zu B.* Elektrolytische Korrosionen: Induktionsströme, Wellenströme, Lagerströme, vagabundierende Ströme, Isolationsfehler an Generatoren, Erregermaschinen, Umformer, verschmutzte Bürsten des Erregerstromkreises, verschmutzte Verbindungen der Schalttafel, beschädigtes Kabel, Bahnanlagen, Krananlagen, Schweißgeräte usw. *Zu A, a)* Elementbildung, Potentialunterschiede an der Rohroberfläche, stark lufthaltiges Kühlwasser, besonders durch Kohleteilchen, gleichmäßige Entzinkung durch schwach säurehaltiges Kühlwasser. *Zu A, b)* Verwendung einer 4- bis 6%igen Salzsäurelösung zur wasserseitigen Reinigung d. Ölkühler zwecks Entfernung des „Kesselsteins". *Zu B.* Vagabundierende Ströme. Seltener Wellen- und Lagerströme — Isolationsfehler an Generatoren, Erregermaschinen, Umformer, Bahnanlagen, Krananlagen, Schweißgeräte, verschmutzte Bürsten des Erregerstromkreises, verschmutzte Verbindungen der Schalttafel, beschädigte Kabel.	*Zu A, a)* Kleinste Potentialunterschiede in der elektrolytischen Spannungsreihe der Kühlerbaustoffe, besonders zwischen Rohrböden und Kühlerrohren. Einbau von Schutzplatten aus Zink in den Wasserkammern der Ölkühler mit den Rohrböden gut leitend verbunden (Anode), ständige Überwachung und Auswechselung derselben. Ständige Überwachung des Kühlwassers auf vollkommene Säurefreiheit und Reinheit. Nur einwandfreies Kühlwasser verwenden. *Zu A, b)* Größte Vorsicht bei Reinigung, Säureeinwirkung nicht länger als 1 bis 2 Stunden, Entfernung sämtlicher Säurespuren nach Reinigung.

		Unter den Ablagerungen leicht aufgerauhte Oberfläche von mattgelber Färbung oder auch kleine kraterförmige oder pockenartige Vertiefungen metallisch glänzender Oberfläche sowohl an Rohrböden als auch Kühlerrohren. Bildung von harten, glasigen, spröden, schwer entfernbarer Rückstände von dunkelbrauner Farbe im Schmier- und Regelsystem, besonders im Ölkühler.	*Zu B.* Feststellung der Stromquelle durch planmäßige Spannungsmessung und Beseitigung derselben. Ferner wie unter IV, B.
VI. Verschiedene abnormale, chemische Einflüsse auf das Umlauföl von alterungsbeschleunigender Wirkung.	Meist nur analytisch im Laboratorium, durch abnormalen, raschen Alterungsanstieg der Ölfüllung.	a) Hohe Umwälzzahl über 12. b) Turbinenschlamm, Rückstände, Reinigungsmittel, öllösliche Rostschutzmittel, Dampfzylinderöl, Lacke, Innenanstriche, Tränkungsmittel für Dichtungen, Schmierseife, Schellack, Rost usw. c) Verwendung von nicht neuölwertigem Regenerat für Nach- und Wiederfüllungen. d) Aggressive Gase in der Außen- und Maschinenhausluft (Schwelgase, Ammoniak, Chlor, Schwefeldioxyd).	*Zu a)* Umwälzzahl auf 8 bis 12 durch Vergrößerung der Ölfüllung einstellen. *Zu b)* Gründliche Gesamtreinigung des Schmier- und Regelsystems bei jeder Erst- und Wiederfüllung. *Zu c)* Nur Regenerate verwenden, *die auch in Bezug auf Alterungsneigung neuölwertig sind* und nach BAADER eine Cu-Vz von nicht über 0,30 besitzen. *Zu d)* Abschluß des Schmiersystems gegen die Atmosphäre und gleichzeitiges Einleiten von Stickstoff mit geringerem Überdruck an den Dichtungsringen der Lager des Turboaggregates. Geringer Überdruck im Maschinenhaus gegenüber der Außenluft.

VI. Schmierungsvorschriften für den Dampfturbinenbetrieb.

Der Turbinenhersteller beeinflußt nicht nur durch die Konstruktion, sondern auch durch die Bedienungsvorschriften, die von ihm jeder Turbine mitgegeben werden, die Lebensdauer der Ölfüllungen. Da durch diese Vorschriften die Beanspruchung des Umlauföles ganz besonders beeinflußt wird, sollen alle Punkte, die in diesen Bedienungsvorschriften über das Dampfturbinenöl und die Schmierung enthalten sein sollen, angeführt werden, damit durch deren Einhalten die richtige Schmierung der Dampfturbinen gesichert wird. Die Einhaltung dieser vom Turbinenhersteller herausgegebenen Vorschriften wird jedem Turbinenbesitzer zur Pflicht gemacht.

Allgemeines:

Nur Schmieröle nach den Vorschriften der Turbinenherstellerfirmen für die Beschaffung von Turbinenöl verwenden.

Vorbereitung zur Inbetriebnahme der Turbine.

1. Vor Erstfüllung und Erstinbetriebsetzung sowie bei jeder Ölerneuerung ist das gesamte Schmier- und Regelsystem gründlichst zu reinigen.

2. Vor jedem Anlassen, bei Dauerbetrieb *täglich einmal*, an der Schlammschleuse des Ölbehälters sowie am Ölkontrollhahn des Kühlers prüfen, ob sich Wasser oder sonstige Verunreinigungen abgesetzt haben und diese so lange ablassen, bis reines Öl austritt. Ölstand prüfen und wenn nötig nachfüllen.

3. Die Hilfsölpumpe ist schon *vor* dem Anlassen der Turbine anzustellen und muß so lange laufen, bis genügend Öl aus sämtlichen Lagern rückfließt und Ölmanometer in der Reglerölleitung den vorgeschriebenen Druck zeigt.

4. Der Drehzahlenanzeiger und das Reglergestänge der Steuerung müssen richtig geschmiert werden, wobei die Vorschriften des Tachometerlieferanten genau einzuhalten sind.

Inbetriebnahme.

1. Die Hilfsölpumpe darf erst dann abgestellt werden, wenn die Hauptölpumpe den vorgeschriebenen Druck zeigt.

2. Das Kühlwasser zum Ölkühler ist *erst dann anzustellen*, wenn die Öleintrittstemperatur in die Lager 40 bis 45° C erreicht hat.

Betrieb.

1. Ölstand im Ölbehälter durch regelmäßiges Nachfüllen stets auf der vorgeschriebenen Höhe halten.

2. Das zur Nachfüllung verwendete Öl soll nicht unterkühlt sein und mindestens die Temperatur des Maschinenhauses haben. Sonst Gefahr des Schäumens!

3. Die Kühlwassermenge für die Ölkühlung ist so einzustellen, daß die Eintrittstemperatur des Öles in die Lager 45 bis 50° C beträgt.

4. Die Lagertemperaturen dürfen 65 bis 70° C nicht übersteigen. Die Turbine muß abgestellt werden, wenn die Öltemperatur 70° C überschreitet und eine Erhöhung des Lageröldruckes keine Besserung bringt.

5. Die Lagertemperaturen, die Öl- und Wassertemperaturen am Ölkühler, der Lager- und Regleröldruck — evtl. Getriebeöldruck — sind laufend zu beobachten und im Betriebsbuch stündlich einzutragen. Der Lager- und Getriebeöldruck soll 0,3 bis 0,5 atü, der Regleröldruck 5 atü nicht übersteigen.

6. Ölsiebe wenigstens einmal in der Woche, Filter mindestens zweimal jährlich reinigen!

7. Bei sinkendem Öldruck oder steigender Öltemperatur am Kühleraustritt die Ursache, die an verschmutztem Ölsieb oder Filter an Undichtheiten, Kühlerwassermangel oder verschmutztem Kühler liegen kann, suchen und beseitigen.

8. Wenn die Temperaturdifferenz zwischen dem Ölaustritt und dem Wasseraustritt erheblich ansteigt, ist der Ölkühler zu öffnen und öl- und wasserseitig gründlich zu reinigen.

9. Während nur kurzer Betriebsunterbrechung — d. h. wenn bis zum Wiederanfahren der Turbine die Wellenzapfen in den Lagern nicht völlig abkühlen können, muß die Hilfsölpumpe bis zur Wiederaufnahme des Betriebes durchlaufen. Ist eine Drehvorrichtung vorhanden, so muß die Hilfsölpumpe so lange der Läufer solcher Turbosätze gedreht wird, unbedingt in Betrieb sein, damit die Lager mit Öl versorgt werden.

10. Wird der Drehzahl- oder Fliehkraftregler nicht mit Drucköl versorgt, dann ist zur Schmierung desselben mittels Tropföler *nur Dampfturbinenöl zu verwenden.*

11. Undichtheiten an den Ölleitungen sind sofort abzustellen, da sie nicht nur Ölverluste bedeuten, sondern auch eine große Brandgefahr darstellen.

12. Infolge Undichtheit an den Steuerventilen austretendes Öl soll nicht in das Schmiersystem zurückgeleitet werden.

Außerbetriebsetzung.

1. Die Hilfsölpumpe ist rechtzeitig anzustellen und der Lageröldruck dabei zu beobachten.

2. *Nach erfolgtem Stillstand der Turbine muß die Hilfsölpumpe noch so lange weiter in Betrieb bleiben, bis nach Abstellen derselben keine Lagertemperaturerhöhung mehr erfolgt!*

3. Nach dem Stillsetzen der Hilfsölpumpe ist das Kühlwasser für den Ölkühler abzustellen.

Instandhaltung.

1. Gelegentlich der periodischen Turbinenrevision Ölfüllung ablassen, Ölbehälter und Ölkühler auf Verschlammung bzw. auf Kesselsteinbildung überprüfen und wenn nötig reinigen. Kühler auch wasserseitig reinigen. Ölfüllung nach Filtrieren oder Zentrifugieren wieder einfüllen. Hierbei sind auch die Verzahnungs- und Klauenkupplungen sowie deren Ölwege gründlich zu reinigen.

2. Das Umlauföl ist nach je 4000 bis 5000 Betriebsstunden untersuchen zu lassen und bei Erreichung der zulässigen Alterungsgrenze — nach WEV-Ölbewirtschaftung Neutralisationszahl = 3,0, Verseifungszahl = 6,0 — zu erneuern. Das Altöl ist regenerieren zu lassen und das Regenerat zur Neu- und Nachfüllung wieder zu verwenden.

3. Bei jeder Ölerneuerung und jedem Ölwechsel Neufüllung erst nach gründlicher Gesamtreinigung des Schmier- und Regelsystems vornehmen.

4. Der Drehzahl- oder Fliehkraftregler ist periodisch von Ölrückständen und Schmutz zu reinigen.

5. *Es ist besonders darauf zu achten, daß das Dampfturbinenöl mit keinem anderen Schmieröl, auch nicht mit Spuren eines solchen, vermischt wird.* Auf größte Reinlichkeit ist bei Turbinenöllagerung und Behandlung des Turbinenöles im Betrieb besonders zu achten.

6. Für jede Turbine ist außer dem Betriebsbuch auch ein „Schmierungsbuch" zu führen.

VII. Die richtige Beurteilung der Weiterverwendungsmöglichkeit des Dampfturbinen-Umlauföles (Gebrauchsöles) im Betrieb.

Für die Sicherheit und die Wirtschaftlichkeit des Dampfturbinenbetriebes ist die richtige Beurteilung der Weiterverwendungsmöglichkeit des Dampfturbinen-Umlauföles (Gebrauchsöles) von größter Wichtigkeit. Die Frage, wann der richtige Zeitpunkt für die Durchführung der Erneuerung des Umlauföles gekommen ist, muß eindeutig und richtig beantwortet werden können. Dies ist auf Grund von langjährigen Untersuchungen und Beobachtungen des Verfassers [*32*] nur dann möglich, wenn neben den entsprechenden Untersuchungen von Öl-, Wasser- und Turbinenschlamm-Mustern im Laboratorium auch eine schmiertechnische Kontrolle der Dampfturbinen vorgenommen wird. Wie bereits in der Einleitung hingewiesen wurde, muß dem analytischen Laborbefund ein maschinentechnischer Befund an die Seite gestellt werden.

In diesem Abschnitt sollen die chemisch-analytischen Untersuchungsmethoden und ihre Brauchbarkeit für die richtige Beurteilung von Dampfturbinen-Umlauföl im Betrieb besprochen werden, während im Abschnitt VIII die Durchführung schmiertechnischer Kontrollen beschrieben wird.

1. Normale Beanspruchung und Überbeanspruchung des Umlauföles.

Das Dampfturbinenöl kommt, da sämtliche Dampfturbinen mit Ausnahme der Kleinturbinen Druckumlaufschmierung besitzen, in seinem steten Kreislauf bei erhöhter Temperatur in ununterbrochene Berührung mit der Luft, den verschiedenartigen Baustoffen des Schmier- und Regelsystems eindringenden Verunreinigungen, wie Dampf, Wasser, Flugasche, Kohlenstaub, Fasern von Dichtungsstoffen, Rost usw., wodurch zwangsläufig das Umlauföl eine die Alterung des Öles beschleunigende Wirkung ausgeübt wird.

Die Beanspruchung des Umlauföles hängt von den Betriebsbedingungen der Turbine ab. *Die Beanspruchungen sind als normal zu bezeichnen, wenn nachstehende Forderungen erfüllt werden:*

a) Genügend große Ölfüllung, die Umwälzzahl nicht größer als 8 bis 12.

b) Maximaltemperatur, welcher das Umlauföl ausgesetzt wird, an keiner Stelle des Schmiersystems höher als 120° C. An den Stellen, die das Umlauföl passieren muß, soll die Temperatur nicht mehr als 80° C betragen.

c) Vollkommene Wasserfreiheit des Umlauföles, kein Eintritt von Wasser in das Schmiersystem.

d) Keine Verunreinigungen des Umlauföles durch feste Fremdstoffe, vor allem Rost, Flugasche, Kohlenstaub, Fasern usw.

e) Keine Verunreinigungen des Umlauföles durch öllösliche Fremdstoffe, wie Farbanstriche, Schellack, Zylinderöl und andere Mineralöle von nicht Dampfturbinenölqualität, fette Öle und Fette sowie Tränkungsmittel von Dichtungen und Turbinenschlamm aus früheren Ölfüllungen.

f) Kein Eintritt von Luft in das Umlauföl und dadurch Auftreten abnormalen Schäumens.

g) Kein Eintritt von aggressiven Gasen, wie Ammoniak, Chlor, Schwefeldioxyd in das Schmiersystem.

h) Kein Auftreten chemischer und elektrolytischer Korrosionen.

i) Kein Auftreten von vagabundierenden oder Wellenströmen.

j) Sachgemäße Entlüftung des Schmiersystems zur Entfernung der Wasser- und Öldämpfe.

k) Sachgemäße Reinigung des Schmier- und Regelsystems vor Erst- und Wiederfüllung laut Abschn. IX, 1.

1) Schmiertechnisch einwandfreie Ausbildung des gesamten Schmiersystems in Bezug auf Ölschonung im Sinne der Ausführung des Abschnittes III.

m) Einhaltung der Schmierungsvorschriften für den Dampfturbinenbetrieb laut Abschn. VI.

n) Sachgemäße Wartung und Pflege des Umlauföles laut Abschn. IX, 3.

o) Verwendung eines vorschriftsmäßigen Nachfüllöles und eines auch *in Bezug auf Alterungsneigung neuölwertigen Regenerates als Nachfüllöl,* sofern nicht Neuöl für diesen Zweck verwendet wird.

Diese Zusammenstellung zeigt, wieviel Faktoren die einwandfreie Schmierung der Dampfturbinen beeinflussen. Sie sollen vor allem dem Betriebsingenieur, dem Montageingenieur der Turbinenfabriken zeigen, daß bei Beurteilung des Schmierungszustandes von Dampfturbinen, besonders dann, wenn Schwierigkeiten auftreten, nicht von vornherein dem verwendeten Dampfturbinenöl die Schuld beizumessen ist, vorausgesetzt, daß dieses den Vorschriften entspricht, sondern daß durch eine schmiertechnische Kontrolle an der Turbine zu überprüfen ist, welche der 15 geforderten Bedingungen für den normalen Dampfturbinenbetrieb nicht erfüllt werden, um dadurch die Ursachen der übermäßigen Beanspruchung des Umlauföles feststellen und Abhilfe schaffen zu können.

Verfasser gibt durch obige Zusammenstellung erstmalig einen Gesamtüberblick über die Verschiedenheit der den Dampfturbinenbetrieb schmiertechnisch beeinflussenden Faktoren, die auf jahrzehntelangen Beobachtungen und Untersuchungen fußt.

Bei Einhaltung vorstehend geforderter normaler Betriebsbedingungen wird das Umlauföl normal beansprucht und es nimmt die natürliche Alterung des Umlauföles einen normalen Verlauf, d. h. es wird eine lange Lebensdauer der Ölfüllung erreicht. Wird eine oder mehrere der Bedingungen für schmiertechnisch normale Betriebsverhältnisse nicht erfüllt, so treten mehr oder weniger abnormale Betriebsbedingungen ein, die zu einer geringeren oder stärkeren Überbeanspruchung des Umlauföles führen.

Den Verlauf der Alterung von Dampfturbinen-Umlauföl bei verschiedenen Betriebsverhältnissen zeigt Abb. 33.

Es sind drei typische Alterungskurven — Vz — Verseifungszahlkurven — ausgewählt worden. Diese Kurven sind Vertreter ihrer Gruppen und stellen den Durchschnittsalterungsverlauf derselben dar. Kurve A kennzeichnet eine außerordentlich starke Überbeanspruchung des Umlauföles durch abnormale Betriebsverhältnisse. Der Verlauf dieser Kurve ist für die thermische Überbeanspruchung des Umlauföles charakteristisch, da nach 10000 Betriebsstunden die Alterungsgrenze nach WEV-Ölbewirtschaftung Vz = 6 überschritten wird. Kurve B kennzeichnet normale Betriebsverhältnisse und somit normalen Alterungsverlauf, wobei nach rund 45000 Betriebsstunden die Alterungsgrenze nach WEV erreicht wird. Nach dem heutigen Stand des Dampfturbinenbaues und der Mineralöltechnik ist im allgemeinen bei Dampfturbinenölen von Sondergüte mit dieser Lebensdauer des Umlauföles zu rechnen, sofern normale Betriebsbedingungen vorherrschen. Kurve C zeigt die Auswirkung besonders günstiger Betriebsverhältnisse auf die Lebensdauer

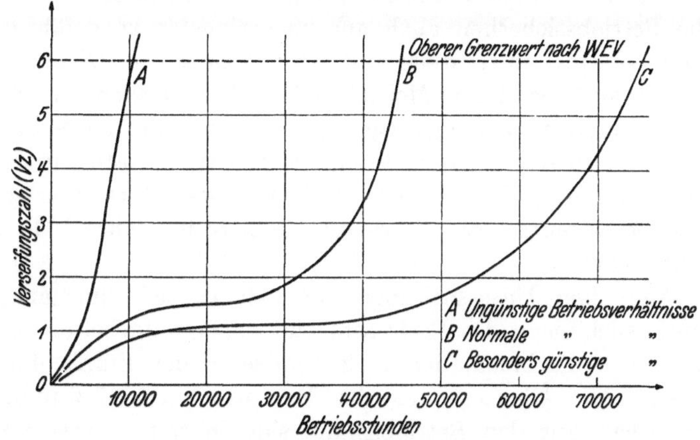

Abb. 33. Verlauf der Alterung von Dampfturbinen-Umlauföl bei verschiedenen Betriebsverhältnissen. (Nach WOLF.)

des Umlauföles, das in einem 80000 kW Turboaggregat 80- bis 100000 Betriebsstunden ohne Erneuerung erreichte [*122*].

Damit das Umlauföl während des Betriebes schmiertechnisch normal beansprucht wird, sind nicht nur konstruktive Vorkehrungen zu treffen und die vom Turbinenlieferanten gegebenen Schmierungsvorschriften für den Dampfturbinenbetrieb seitens des Turbinenbetreibers einzuhalten, sondern es hat auch dieser die Wartung und Pflege des Umlauföles sachgemäß durchzuführen.

2. WEV-Vorschriften für Dampfturbinen-Gebrauchsöl.

Die Wirtschaftsgruppe Elektrizitätsversorgung (WEV) war die erste Vereinigung, die in Deutschland in „Ölbewirtschaftung" nachstehende Richtlinien für Dampfturbinen-Gebrauchsöle niedergelegt hat:

Äußere Merkmale: Ausscheidungen . . . . bei +20° C unzulässig
Feste Fremdstoffe . . . . unzulässig
Ölruß . . . . unzulässig
Wasser, abgesetztes . . . . unzulässig
   „   gebundenes . . . . unzulässig
Reaktion . . . . neutral
Säurezahl (Neutralisationszahl) Nz . . . . . nicht über 3,0
Verseifungszahl Vz . . . . nicht über 6,0
Aschegehalt . . . . nicht über 0,05%

Entspricht das Umlauföl diesen Vorschriften nicht mehr, so ist eine Ölerneuerung vorzunehmen.

3. Kritische Besprechung der WEV-Vorschriften für Dampfturbinen-Gebrauchsöl.

In diesem Abschnitt wird nachgewiesen, daß die gegebenen Richtlinien für die Durchführung einer Ölerneuerung zum Teil überholt sind und es nach den neuesten Untersuchungen des Verfassers möglich ist, ohne die Betriebssicherheit auch nur im geringsten zu gefährden, die bisherigen Vorschriften teilweise außer Kraft zu setzen. Diese Erkenntnisse wurden auch bereits im Merkblatt 7 [*123*], an dessen Ausarbeitung Verfasser maßgebend beteiligt war, seinerzeit von der Reichsstelle für Mineralöl für Deutschland berücksichtigt. Die Wirtschaftsgruppe Elektrizitätsversorgung (WEV) wurde vom Verfasser über den neuesten Stand seiner Erkenntnisse auf diesem Gebiete im Jahre 1944 bereits unterrichtet [*8*].

Bei sämtlichen Untersuchungen handelt es sich um langjährige Reihenuntersuchungen des Verfassers und seiner Mitarbeiter an vielen Hunderten von Turbinen, deren Ergebnisse in der Praxis durch die schmiertechnische Überwachung der Dampfturbinen einwandfrei bestätigt wurden. Für den Betriebsmann sind in erster Linie die Feststellungen des Verfassers über Emulgierbarkeit und Emulsion von grundlegender Bedeutung, da es hierdurch erstmalig möglich wurde, klare Richtlinien für die Behandlung wasserhaltiger Umlauföle zu geben. Ferner wird der Nachweis erbracht, daß Normalbenzinunlösliches (Nbu) für die Praxis bedeutungslos und nur irreführend ist. Schließlich wird nachgewiesen, daß das Auftreten von saurer Reaktion kein Grund zur Durchführung einer Regenerierung oder Erneuerung des Umlauföles vor dem Erreichen der Alterungsgrenze nach WEV-Ölbewirtschaftung Nz = 3,0 oder Vz = 6,0 zu sein braucht.

a) Emulgierbarkeit und Emulsion. In Abschn. II, 4 k wurde die Emulgierbarkeit der Dampfturbinen-Neuöle besprochen, und es wurde darauf hingewiesen, daß durch die Labormethode das Verhalten der Umlauföle bei Wassereintritt in das Schmiersystem nicht vorausgesagt werden kann.

Es sei daher zum näheren Verständnis dieser für die einwandfreie Schmierung der Dampfturbinen wichtigsten Erscheinung der Emulgierbarkeit von Umlaufölen soweit als nötig auf das Gebiet der Kolloidchemie eingegangen, damit nicht nur die wiederholt in der Praxis der Dampfturbinenschmierung angetroffenen „Emulsionen" ihre Erklärung, sondern auch ihre richtige Bewertung und Behandlung finden.

Die Bildung einer Emulsion ist von der Oberflächenspannung eines Öles gegen Wasser, also von der Grenzflächenspannung abhängig. Bekanntlich ist die Grenzflächenspannung von Dampfturbinenölen gegen reines Wasser so hoch, daß sich die durch kräftiges Schütteln gebildete

Wasser-in-Öl-Dispersion in ganz kurzer Zeit wieder glatt in zwei Schichten Öl und Wasser trennt.

Die Grenzflächenspannung wird aber durch Spuren im Öl oder Wasser kolloidal gelöster Stoffe so stark herabgesetzt, daß sehr starke Emulsionen entstehen können. Als Emulsionsbildner kommen in Öl gelöste bzw. suspendierte Erdölharze, Schleimstoffe oder im Wasser gelöste Alkaliseifen, Sulfosäuren usw. in Betracht. Die im Öl gelösten freien organischen Säuren — Fettsäuren, Naphthensäuren, Oxysäuren — erniedrigen die Grenzflächenspannung im Wasser ebenfalls, aber viel weniger als im Wasser vorhandene Alkaliseifen. Dadurch können die freien organischen Säuren unter Umständen emulsionszerstörend wirken, indem sie etwa vorhandene neutrale Alkaliseifen in nicht emulgierende saure Seifen verwandeln. Dagegen bilden sie mit alkalischem Wasser Seifen und damit um so stärkere Emulsionen. Ferner kann durch Staub, Rost und andere feinst verteilte Schwebestoffe sowie in Wasser kolloidal gelöstes Eisenhydroxyd die Grenzflächenspannung so stark herabgesetzt werden, daß eine Wasser-in-Öl-Emulsion auftritt.

Für Mineralöle, besonders für Dampfturbinenöle ist die hohe Grenzflächenspannung gegen Wasser besonders charakteristisch, im Gegensatz zu den niedrigen Werten der fetten Öle — Rüböl, Olivenöl, Rizinusöl, Lardöl und Fettsäuren usw. — Ebenso charakteristisch ist die starke Erniedrigung der Grenzflächenspannung von Schmierölen durch kleine Mengen von Ölsäure, Kupferseife oder fetten Ölen. Zu diesen allgemeinen

Zahlentafel 10. *Grenzflächenspannung zwischen Mineral-, Fett- sowie Compoundölen und Wasser.* (Nach L. GURWITSCH.)

	mg/mm
Spindelöl	5,23
Schmieröl (Dampfturbinenöl)	5,47
Lardöl	2,04
Cottonöl	2,06
Olivenöl	1,95
Terpentinöl	1,47
Oben angeführtes Schmieröl mit Grenzflächenspannung 5,47 mg/mm nach Zusatz von:	
1% Ölsäure	3,46
10% Ölsäure	1,70
10% Lardöl	2,77

Ausführungen sollen auch in Zahlentafel 10 einige Werte für die Grenzflächenspannung zwischen Mineral-, Fett- sowie Compoundölen und Wasser angeführt werden [*124*].

Wasser und Öl können zwei verschiedene Arten von Emulsionen bilden. Entweder ist das Wasser im Öl in Form von suspendierten Tröpfchen verteilt — wir haben das Öl als Dispersionsmedium oder äußere

Phase, während das Wasser die disperse oder innere Phase bildet (Wasser-in-Öl-Emulsion) — oder das Öl ist im Wasser fein verteilt, dann ist es umgekehrt (Öl-in-Wasser-Emulsion). In der Praxis finden wir bei Dampfturbinen-Umlaufölen fast ausnahmslos den ersten Fall mit Wasser als disperse Phase, also die Wasser-in-Öl-Emulsion. Die Wasser-in-Öl-Emulsionen weisen je nach der Höhe des Wassergehaltes eine 2- bis 3mal höhere Viskosität als das in Verwendung stehende Umlauföl auf. Unter Umständen kann die Förderung einer solchen Emulsion infolge zu hoher Viskosität versagen, so daß Lagerschäden und empfindliche Störungen in der Regulierung auftreten können.

Das spez. Gewicht (Dichte) der Dampfturbinenöle spielt bei der Bildung von Emulsionen praktisch keinerlei Rolle, da diese von der Grenzflächenspannung gegenüber Wasser abhängig ist.

Verfasser konnte feststellen, daß auf Grund der in WEV-Ölbewirtschaftung [125] gegebenen Definition und des angegebenen Prüfverfahrens zur Feststellung, ob bei wasserhaltigem Umlauföl eine beständige oder unbeständige Emulsion vorliegt, nicht nur eine Beunruhigung der Dampfturbinenbetreiber bei stärkerem Wassereintritt in das Schmiersystem erfolgt, sondern diese auch veranlaßt werden, Teilerneuerungen oder frühzeitige Gesamterneuerung der Ölfüllungen wegen „Emulgierens" vorzunehmen.

Langjährige Beobachtung und schmiertechnische Überwachung der Dampfturbinen hat ergeben, daß in der Praxis — wie bereits ausgeführt — Emulsionen überhaupt nicht auftreten, wenn nicht grobe Verstöße gegen die grundsätzlichen Richtlinien für die Behandlung des Umlauföles, für die Montage, die Reinigung des Schmier- und Regelsystems und während des Betriebes vorkommen.

Im praktischen Turbinenbetrieb treten daher nur *Scheinemulsionen* auf, die keineswegs die Betriebssicherheit der Turbinen gefährden und die auch nicht Anlaß zu frühzeitigen Ölerneuerungen oder Teilerneuerungen sein dürfen, da sich diese Scheinemulsionen, sei es eine Öl-Wasser-Mischung oder Öl-Turbinenschlamm-Wasser-Suspension beim Erwärmen auf 70 bis 85° C und gleichzeitigem Filtrieren oder Zentrifugieren in blankes Öl trennen und Wasser sowie Turbinenschlamm abscheiden.

Verfasser unterscheidet bei der Beurteilung wasserhaltiger Turbinen-Umlauföle drei Arten von Emulsionen, die sich voneinander durch ihren Dispersitätsgrad und durch die Anwesenheit von Emulsionsstabilisatoren oder Schutzkolloiden unterscheiden. Es werden mit Absicht nur die beständigen Emulsionen als Emulsionen bezeichnet, während die unbeständigen Emulsionen, die als Scheinemulsionen anzusprechen sind, als Öl-Wasser-Mischung oder Öl-Turbinenschlamm-Wasser-Suspension bezeichnet werden.

Öl-Wasser-Mischung. *Betriebliche Kennzeichen:* Das Öl ist trübe, der Wassergehalt beträgt meist 0,1 bis 0,5 %, außerdem ist meist noch freies, abgesetztes Wasser im Schmiersystem feststellbar. Auch bei großem Wassereintritt nimmt der Wassergehalt des Umlauföles nicht zu, sondern das Wasser wird vom Umlauföl abgeschieden und kann als freies, abgesetztes Wasser aus dem Schmiersystem an der Schlammschleuse des Ölbehälters abgelassen werden. Verunreinigungen durch feste Fremdstoffe, wie Rost, Staub, Turbinenschlamm usw. sind nicht vorhanden. *Analytische Kennzeichnung:* Beim Erhitzen auf 70 bis 85° C scheidet das Wasser restlos ab und das Öl wird blank.

Öl-Turbinenschlamm-Wasser-Suspension. *Betriebliche Kennzeichen:* Das Öl ist trübe und durch Schwebestoffe verunreinigt. Wassergehalt des Öles meist über 1 %, der sich auch bei längerem Abstehenlassen durch Abscheidung bis auf 0,5 % verringern kann. Neben freiem, abgesetztem Wasser, das durch schwebende, feste Fremdstoffe, dem Turbinenschlamm, stark verunreinigt ist, findet sich auch Turbinenschlamm vor. Eine aus dem Umlauföl — z. B. am Ölkühler — gezogene Probe stellt eine unbeständige Öl-Turbinenschlamm-Wasser-Suspension dar, die sich in der Wärme in drei Schichten trennt. Die oberste Schicht ist eine Öl-Wasser-Mischung, vielfach durch Schwebestoffe verunreinigt. Die Mittelschicht ist eine Öl-Turbinenschlamm-Wasser-Suspension, wobei eine starke Verunreinigung durch feste Fremdstoffe, vor allem Rost — diese Schwebestoffe sind Dispersions- bzw. Emulsionsstabilisatoren — auftritt. Die unterste Schicht ist Wasser, das sehr oft durch Rost und sonstige Schwebestoffe, wie Flugasche, Kohlenstaub, mineralischem Staub, Fasern und auch aufgeschlämmte Rückstände stark verunreinigt ist. Alle diese festen Fremdstoffe bilden den „Turbinenschlamm". *Analytische Kennzeichnung:* Das Öl und die Öl-Turbinenschlamm-Wasser-Suspension geben beim *Erhitzen auf 70 bis 85° C und gleichzeitigem Filtrieren* das Wasser und den Turbinenschlamm ab und das Öl wird vollkommen blank.

Emulsionen. Bei diesen ist durch rein physikalische Mittel eine Trennung des Öles vom Wasser und Turbinenschlamm nicht mehr möglich. *Betriebliche Kennzeichen:* Trübe, hellbraune, gelbe oder weißfarbige milchige Mischung, hoher Wassergehalt, kein oder nur sehr wenig reines Wasser im Schmiersystem, Turbinenschlamm und feste Fremd- und Schwebestoffe müssen nicht unbedingt vorhanden sein. *Analytische Kennzeichnung:* Erhitzung auf 70 bis 85° C und gleichzeitiges Filtrieren ergeben *keine* Trennung in blankes Öl und Wasser.

Durch diese Unterscheidung wasserhaltiger Umlauföle wird nicht nur die richtige Beurteilung derselben ermöglicht, sondern ohne die Betriebssicherheit zu gefährden auch Dampfturbinenöl für Wieder- und Nachfüllungen eingespart.

Die Ursachen des Wassereintrittes in das Maschinensystem und die Behebung desselben wird in Abschn. V, 2 ausführlich behandelt.

Verfasser hat vor Jahren die Emulsionsprobe nach der Dampfstrahlmethode [15] für filtrierte und unfiltrierte Dampfturbinen-Gebrauchsöle (Umlauföl) eingeführt, um evtl. unterschiedliches Verhalten der Öle kennenzulernen. Es zeigt sich, daß diese Methode für Gebrauchsöle einige Rückschlüsse auf das Verhalten des Umlauföles zuläßt. Ist das Umlauföl nach dieser Methode „emulgierend" oder „stark emulgierend", hingegen das filtrierte Umlauföl „nicht emulgierend", so ist dies ein Zeichen dafür, daß in dem Umlauföl Verunreinigungen vorhanden sind, die nach der Dampfstrahlmethode zur Emulsionsbildung Anlaß geben, die jedoch durch Filtrierung des Öles entfernt werden können, somit das Umlauföl nach der Dampfstrahlmethode wieder „nicht emulgierend" gemacht werden kann. Dieses vorstehend geschilderte Verhalten des Umlauföles kann als Zeichen für die Möglichkeit des Entstehens einer Scheinemulsion im Schmiersystem, sofern starke Wassereinbrüche erfolgen, gelten. Ein solcher Laborbefund kann auch im Widerspruch zum Verhalten des Umlauföles im Schmiersystem stehen, d. h. es muß trotzdem auch bei Wassereintritt in das Schmiersystem keine Scheinemulsion entstehen.

Sind jedoch nach der Dampfstrahlmethode unfiltriertes *und* filtriertes Umlauföl „emulgierend" oder „stark emulgierend", dann werden dadurch im Öl gelöste und durch Filtrieren nicht entfernbare Verunreinigungen festgestellt, die zur genauen Beobachtung des Verhaltens des Umlauföles im Schmiersystem gegenüber Wassereinbrüchen und zu einer sorgsamen Pflege des Umlauföles Anlaß geben müssen. Derartige Feststellungen sind ein Zeichen dafür, daß im Umlauföl öllösliche Emulgatoren, wenn auch nur in Spuren, vorhanden sind, welche die Ursache dieser Erscheinung sind, ohne daß sie durch die Vz-Bestimmung festgestellt werden können. In diesen äußerst seltenen Fällen ist im Schmiersystem meist eine Scheinemulsion vorhanden, aber auch dies muß nicht immer zutreffen.

Die Emulsionsprobe nach der Dampfstrahlmethode kann unter bestimmten Voraussetzungen Rückschlüsse über das weitere Verhalten des Umlauföles gegenüber Wassereinbrüchen zulassen und läßt Verunreinigungen erkennen, die die Wasserabstoßfähigkeit des Umlauföles verringern, so daß die Möglichkeit zur Bildung einer Scheinemulsion nicht ausgeschlossen und Vorsicht geboten ist.

Für die Praxis kommt jedoch nur die Beurteilung wasserhaltiger Umlauföle im Sinne der in diesem Abschnitt gegebenen Richtlinien für Öl-Wasser-Mischungen, Öl-Turbinenschlamm-Wasser-Suspensionen, deren betriebliche Kennzeichen und analytische Kennzeichnung in Frage.

Zum Schlusse dieser grundlegenden Ausführungen über die neuen Erkenntnisse zur richtigen Beurteilung von Emulgierbarkeit und Emulsion sei hier ein Laborbefund eines Umlauföles, das im Schmiersystem eine Scheinemulsion bildete, als Beispiel aus der Praxis angeführt: dieser Befund lautet:

„Im Öl sind Kohlenwasserstoffverbindungen enthalten, die die Oberflächenspannung herabsetzen und dadurch zur Emulgierung führen. Das Öl zeigt im Anlieferungszustand eine 40 mm starke Blasenschicht, nach dem Filtrieren eine solche von 30 mm, außerdem neigt das Öl zur Schaumbildung, wodurch die schlechte Wasserabscheidung begründet ist. Es wurden Spuren von Schlamm festgestellt. Die übrigen Alterungsdaten sind normal."

Auf Grund dieses Befundes sah der Betrieb im „Emulgieren" des Umlauföles einen Gütemangel des Dampfturbinen-Neuöles und glaubte, diesem die Schuld an dem abnormalen Verhalten im Schmiersystem beimessen zu müssen. Wie unrichtig dies war, konnte durch eine schmiertechnische Kontrolle der Turbine nachgewiesen werden. Es handelt sich um eine Öl-Turbinenschlamm-Wasser-Suspension, also um eine Scheinemulsion. Durch Filtrieren des Umlauföles bei 80° C konnte diese in ganz kurzer Zeit vollkommen wasser- und schlammfrei gemacht werden, ohne daß eine Ölerneuerung nötig war. Nach Entfernen des Turbinenschlammes blieb das Öl auch bei späterem Wassereintritt blank und schied das Wasser vollkommen ab. Die Bildung dieser Scheinemulsion stand selbstverständlich mit der Güte des verwendeten Dampfturbinen-Neuöles in keinerlei ursächlichem Zusammenhang.

In diesem Laborbefund wurde auch unrichtigerweise die schlechte Wasserabscheidung mit dem Schäumen des Öles in Zusammenhang gebracht. Das stärkere Schäumen ist öfter eine Begleiterscheinung beim Auftreten von Scheinemulsionen, besonders von Öl-Turbinenschlamm-Wasser-Suspensionen. Das Schäumen ist ebenfalls eine Frage der Grenzflächenspannung, aber nicht wie bei der Emulsion Öl gegen Wasser, sondern Öl gegen Luft. Im Abschn. V, 3 wird auf diese Frage näher eingegangen.

Zusammenfassend kann dieses für die Praxis so außerordentlich wichtige Kapitel mit der Feststellung abgeschlossen werden, daß Emulsionen äußerst selten auftreten und Scheinemulsionen im Sinne der vom Verfasser durchgeführten zahllosen schmiertechnischen Dampfturbinenkontrollen weder einen Grund zur Beunruhigung des Dampfturbinenbetreibers, noch zur Vornahme einer Teil- oder Gesamterneuerung der Ölfüllung bilden. Auch die verschiedentlich vertretene Auffassung, daß durch Zunahme der Alterung und durch Überalterung der Gebrauchsöle die Neigung zur Bildung von Emulsionen steigt und die Gefahr einer Emulsionsbildung im Schmiersystem eintritt, kann Verfasser nicht bestätigen, da bei dem vom Verfasser im Betrieb überwachten Turbinenöle auch bei normaler Alterung und starker Überalterung (Vz 10 bis 12) niemals Scheinemulsionen, geschweige denn Emulsionen auftraten.

b) Reaktion. In WEV-Ölbewirtschaftung [126] wird die Betriebsanweisung gegeben, daß Dampfturbinen-Gebrauchsöle, bei nicht neutraler Reaktion, ohne daß weitere Prüfungen erforderlich wären, zu regenerieren sind. Ferner ist auch darauf hingewiesen, daß eine chemische Behandlung des Umlauföles dann notwendig ist, wenn unter anderem saure oder basische Reaktion nachgewiesen worden ist.

Diese Betriebsanweisungen stehen mit den zulässigen Alterungsgrenzen von Nz = 3,0 oder Vz = 6,0 in Widerspruch, wie langjährige, vom Verfasser durchgeführte Untersuchungen, über die tiefer stehend berichtet werden soll, zeigten [32].

Bei diesen Untersuchungen wurde die Dampfstrahlmethode [15] dazu benützt, um das Vorhandensein von wasserlöslichen Fett- und Oxysäuren festzustellen und versuchsmäßig die Wirksamkeit des De Laval-Funk-Verfahrens im Laboratorium zu überprüfen. Dieses Verfahren, das in Abschn. IX, 3e genau beschrieben wird, sieht die Waschung des Umlauföles im Nebenschluß mit heißem Kondensat vor. Das zur Untersuchung bestimmte Öl wurde dreimal nacheinander der Dampfstrahlmethode unterworfen und vor und nach der Behandlung die Nz und Vz des Öles sowie der p_H-Wert des Wassers bestimmt.

Aus diesen Reihenversuchen ist ersichtlich, daß das Verhalten der Umlauföle gegen die Dampfstrahlprobe von der Art der natürlichen Alterung abhängig ist, die deutlich aus dem Verhältnis Nz : Vz bzw. aus der Differenz Vz—Nz = Ez erkennbar ist. Die Ez, auch Esterzahl genannt, gibt die Menge der vorhandenen ester- oder anhydridartig gebundenen Säuren an. Die Wasserlöslichkeit der freien und gebundenen Säuren ist verschieden. Die Wasserlöslichkeit dürfte im allgemeinen mit zunehmender Nz abnehmen, während die Wasserlöslichkeit der gebundenen Säuren mit zunehmender Esterzahl ebenfalls zuzunehmen scheint.

Interessant ist die Feststellung, daß durch wiederholte Anwendung der Dampfstrahlmethode eine restlose Entfernung sämtlicher wasserlöslichen Säuren bei stark gealterten Ölen nicht möglich ist. Es scheint, daß bei Einwirkung von Hitze intermolekulare Umlagerungen stattfinden, die zur Neubildung von wasserlöslichen Produkten, die durch die Nz und Vz erfaßt werden, führen.

Auf Grund des bei diesen Untersuchungen festgestellten p_H-Wertes des Wassers ist mit einer Bildung wasserlöslicher Fett- und Oxysäuren — also mit einem Auftreten von *saurer Reaktion von einer Nz von 0,5 und einer Vz von 2,0 aufwärts* zu rechnen.

Ein Regenerieren der Dampfturbinen-Gebrauchsöle — somit eine Ölerneuerung bei einer Nz von 0,5 oder Vz von 2,0 — wegen Auftretens der sauren Reaktion steht somit nicht nur mit den nach WEV-Ölbewirtschaftung zulässigen Alterungsgrenzen (Nz = 3,0 oder Vz = 6,0) in Widerspruch, sondern ist auch schmiertechnisch vollkommen unbegründet und nicht notwendig.

Auf Grund obiger Erfahrungen ist die Reaktion der Dampfturbinen-Gebrauchsöle für den praktischen Turbinenbetrieb und die Betriebssicherheit vollkommen belanglos, und es sind die diesbezüglichen Betriebsanweisungen in „Ölbewirtschaftung" als überholt zu bezeichnen. Verfasser hat die Wirtschaftsgruppe Elektrizitätsversorgung (WEV) hiervon verständigt. Die Technische Abteilung der Schmierstoffgemeinschaft der RfM hat in Merkblatt 7 diesen Erkenntnissen Rechnung getragen und die Reaktion als Kriterium der Umlaufölregenerierung eliminiert.

c) **Normalbenzinunlösliches (Nbu).** Zwei widersprechende Feststellungen bei der schmiertechnischen Überwachung der Dampfturbinen, wonach „Turbinenschlamm-Neubildung" im Schmiersystem einer Dampfturbine auftrat, das Normalbenzinunlösliche (Nbu) jedoch keinen positiven Wert annahm und im zweiten Falle das Nbu 0,20 %, also einen außerordentlich hohen Wert annahm, obwohl in der Turbine *keine* „Turbinenschlamm-Neubildung" eingetreten ist, hat Verfasser veranlaßt, Reihenuntersuchungen vornehmen zu lassen [32], deren Ergebnis tiefer stehend kurz angeführt ist:

a) Die Feststellung des Normalbenzinunlöslichen (Nbu) läßt *keine* Schlüsse auf den weiteren Verlauf der Alterung des Umlauföles zu.

b) Bei nahezu gleicher Nz und Vz wird einmal Nbu = 0, das andere Mal 0,09 und einmal Nbu = 0 und das andere Mal 0,20 gefunden.

c) Bei vollkommen ungealterten Umlaufölen mit Nz und Vz = 0 wird Nbu mit 0,01 festgestellt, während bei einem anderen Öl mit einer Nz von 5,6 und einer Vz von 12,9 nur Spuren Nbu bestimmt werden konnten.

d) Öle mit gleichem Nbu = 0,06 haben in einem Falle eine Nz = 4,2 und eine Vz = 8,1, im anderen Falle eine Nz von 0,1 und eine Vz von 1,1.

e) Zwei Umlaufölmuster aus derselben Turbine zeigen innerhalb eines Jahres gleiche Nz und Vz, wobei Nbu bei der ersten Untersuchung 0,55 betrug, während das Umlauföl nach längerer Verwendung ein Nbu = 0 zeigt.

Aus diesen wenigen herausgegriffenen Fällen ist klar ersichtlich, daß Rückschlüsse auf das Verhalten des Umlauföles in Bezug auf „Turbinenschlamm-Neubildung" auf Grund der Nbu-Bestimmung auf keinen Fall gemacht werden können. Durch diese Untersuchungen erscheinen auch die von WEV in Ölbewirtschaftung [127] gemachten Ausführungen über Nbu widerlegt.

Auch Hana [128] nimmt als Grenzwert unter anderem zur Beurteilung der Ölerneuerung das Nbu und findet Nbu mit 0,1 % als noch zulässig, da bei höherem Gehalt an Nbu reichlich Schlammbildung im Öl einsetzen soll, weshalb auch HANA bei derartigen Nbu-Gehalten das Öl aus dem Betrieb nehmen und gegebenenfalls sachgemäß zu regenerieren empfiehlt. Auch damit geht Verfasser nicht einig, der seine Erkenntnisse in Bezug auf Nbu auf der Stuttgarter Tagung des Turbinenölausschusses der WEV im Juni 1943 bekanntgab.

Auch SUIDA [121] lehnt die Bestimmung des Nbu zur Feststellung tatsächlichem Alterungszustandes ab und bezeichnet die übliche Kennzeichnung des Normalbenzinunlöslichen — also die bei Zugabe eines Verdünnungsmittels —, somit die unfreiwillig ausgeschiedenen Produkte, als „Schlamm", als irreführend, da unter „Schlamm" stets nur freiwillig ausgeschiedener Schlamm ohne Zuhilfenahme eines Fällungsmittels verstanden werden soll. Verfasser bezeichnet so gekennzeichneten „Schlamm" nach SUIDA „Laborschlamm" zum Unterschied von dem im Schmiersystem der Turbine entstehenden „Turbinenschlamm".

Der Nbu-Schlamm, der „Benzinunlösliche Schlamm" läßt keinen Rückschluß auf den Alterungsgrad des Umlauföles zu, da dieser durch ein Fällungsmittel erzeugt wird und daher nie in gleicher Form im Schmiersystem der Dampfturbinen entstehen kann. Aus diesem Grunde ist es auch nicht möglich, durch Zentrifugieren oder Filtrieren des Umlauföles diesen „Schlamm" aus demselben zu entfernen, weil es sich nicht um Turbinenschlamm handelt.

Abschließend kann festgehalten werden, daß keinerlei Zusammenhang zwischen dem Auftreten von Normalbenzinunlöslichem (Nbu) und der beginnenden Schlammbildung in der Turbine besteht und das Auftreten von Nbu kein Kriterium für die Regeneriernotwendigkeit des Gebrauchsöles darstellt.

Verfasser hat die WEV und die Technische Abteilung der Schmierstoffgemeinschaft der RfM von der Unbrauchbarkeit der Nbu-Bestimmung für die schmiertechnische Dampfturbinenüberwachung unterrichtet, und es wurde auch diese Erkenntnis im Merkblatt 7 der RfM seinerzeit berücksichtigt.

d) Gebundenes Wasser. Gebundenes, d. h. chemisch gebundenes, erst beim Erhitzen frei werdendes Wasser wird als primäres Alterungsmerkmal gewertet und ist für den praktischen Dampfturbinenbetrieb vollkommen bedeutungslos. Die WEV-Forderung, daß gebundenes Wasser bei Dampfturbinen-Gebrauchsölen „unzulässig" sei, ist daher fallen zu lassen, da sie in der Praxis überhaupt nicht beachtet wird.

e) Zähigkeit oder Viskosität. Die Zähigkeit des Dampfturbinen Gebrauchsöles ändert sich im Schmiersystem der Dampfturbine bei normaler Alterung praktisch nicht, es tritt meist ein ganz geringer Anstieg von 0,2 bis 0,3° E/50° C während 40000 bis 50000 Betriebsstunden ein, welcher Anstieg für den Betrieb vollkommen bedeutungslos ist.

Man stößt in der Praxis bei Betriebs- und Montageingenieuren sowie Konstrukteuren noch vielfach auf eine ganz unrichtige Ansicht über die Veränderung der Viskosität des Dampfturbinenöles im Betriebe. Man glaubt nämlich, daß durch die Alterung des Umlauföles eine „Zersetzung" desselben eintritt, mit der eine starke Abnahme der Viskosität, somit der Schmierfähigkeit verbunden sei. Gerade das Gegenteil ist der Fall. Bei abnormaler Beanspruchung des Umlauföles, vor allem bei thermischer Überbeanspruchung steigt die Viskosität innerhalb ganz kurzer Betriebszeit sehr stark an, und es kann schon nach 3000 bis 4000 Betriebsstunden eine Viskositätserhöhung von 0,6 bis 1,5° E/50° C eintreten.

f) Neutralisationszahl (Nz) — (früher Säurezahl). In Abschn. II, 4e wurde die Nz für Neuöl behandelt. Die Nz für Gebrauchsöl ist gemeinsam mit der unter VII, 3g besprochenen Verseifungszahl Vz das wichtigste Kriterium für den Alterungsgrad des Dampfturbinen-Umlauföles. Bekanntlich soll nach WEV-Ölbewirtschaftung die *Nz von 3,0* der Gebrauchsöle nicht überschritten werden, und es soll bei Erreichung dieses Wertes eine Ölerneuerung vorgenommen werden.

Die Nz erfaßt die bei der Alterung sich bildenden freien wasserlöslichen und wasserunlöslichen organischen Säuren, wovon die ersteren wie aus Abschn. VII, 3b ersichtlich, die Ursache der sauren Reaktion des Gebrauchsöles sind, die bereits bei einer Nz von 0,5 aufzutreten beginnt.

Durch die Zunahme der Nz infolge natürlicher oder auch künstlicher Alterung, wie STÄGER in einer ausgezeichneten Arbeit zeigt [*129*], wird der Randwinkel eines Schmieröles erniedrigt und die Benetzungskraft erhöht, somit das Schmierfilmbildungsvermögen, die Schmierfähigkeit des Umlauföles verbessert. Durch die natürliche Alterung des Umlauföles im Schmiersystem der Dampfturbinen vollzieht sich automatisch eine Erhöhung des Schmierfilmbildungsvermögens, die auf künstlichem Wege durch Zusatz freier Fettsäuren zu Mineralölen zur Verminderung des Reibungskoeffizienten u. a. durch den sog. „Germ-Prozeß" nach den englischen Patenten von WELLS und SOUTHCOMB angestrebt und erreicht wird.

Durch die natürliche Alterung der Mineralöle nimmt deren Schmierfähigkeit, deren Schmierfilmbildungsvermögen zu, es tritt keine Zersetzung auf, keine Verminderung der Viskosität ein. Es sei dies ganz besonders betont, da Verfasser immer wieder auf diese irrige, das Gesamtschmierungsproblem verkennende Auffassung bei Ingenieuren stößt. Es ist vollkommen verfehlt, auf Grund der Säurezahl auf ungenügende Schmierung zu schließen. Eine Ölerneuerung ist nur nach Erreichen oder Überschreiten der Nz = 3,0 vorzunehmen.

EVERS [*130*] weist nach, daß es sehr wohl möglich ist, den Zusammenhang zwischen Nz und Vz unter bestimmten Umständen in eine einfache mathematische Beziehung zu bringen.

g) Verseifungszahl (Vz.) Wie aus II, 4f bereits bekannt, werden durch die Vz die wasserlöslichen und wasserunlöslichen freien und gebundenen organischen Säuren erfaßt, und es ist die Nz in Vz bereits eingeschlossen. Die Differenz $Vz - Nz = Ez$ gibt die Größe der gebundenen Säuren bekannt. Ez wird Esterzahl genannt. Die Vz ist die wichtigste Kennzahl zur Beurteilung des Alterungsgrades des Umlauföles von Dampfturbinen. Diese, gemeinsam mit der Nz, läßt nach dem heutigen Stande der chemisch-analytischen Untersuchungsverfahren auf verhältnismäßig einfache Weise den Alterungsverlauf des Umlauföles und die Not-

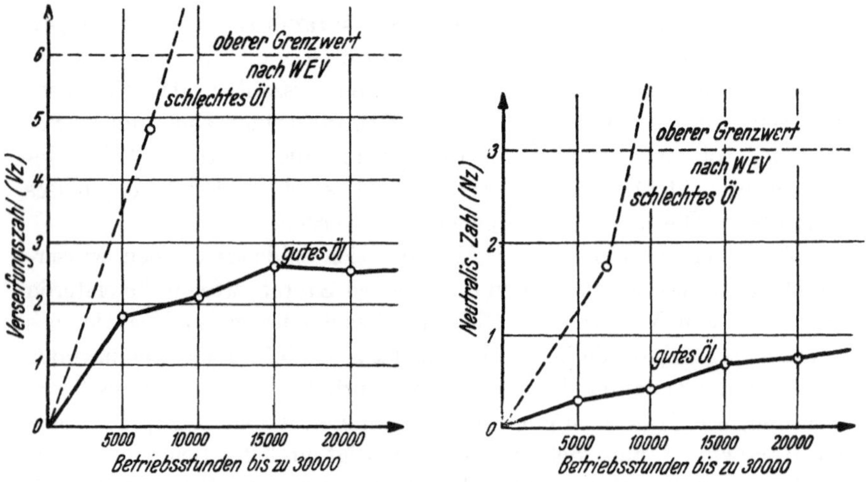

Abb. 34. Alterungskurven.

wendigkeit der Ölerneuerung erkennen, die nach WEV-Ölbewirtschaftung vorgenommen werden soll, wenn die $Vz = 6{,}0$ erreicht oder überschritten ist.

Abb. 34 zeigt Alterungskurven eines guten und schlechten Dampfturbinenöles.

h) Aschegehalt. Nach WEV-Ölbewirtschaftung gilt auch der Aschegehalt als Maßstab für den Alterungsgrad eines Umlauföles, und es soll dieser den Höchstwert von 0,05 % nicht überschreiten. Diese Vorschrift ist für die Praxis unbrauchbar, da auch bei stark überalterten Umlaufölen in den vom Verfasser und seinen Mitarbeitern überwachten Dampfturbinen dieser Maximalwert nie erreicht wurde. Sofern jedoch durch den Aschegehalt auch Verunreinigungen durch feste Fremdstoffe erfaßt werden sollen, müßte wohl die Wartung der Dampfturbinenschmierung sehr unsachgemäß durchgeführt werden, wenn die für den Aschegehalt festgesetzte Grenze erreicht werden soll. Die gefundenen Werte für den Aschegehalt von Umlaufölen liegen fast ausnahmslos unter 0,01 %.

4. Turbinenschlamm.

Es erscheint notwendig, den Begriff „Schlamm" genauest zu definieren, da zur Zeit in der Praxis wiederholt von Schlamm gesprochen wird und sowohl Chemiker als auch Ingenieure nicht immer das gleiche darunter verstehen. Eine Unsicherheit in der Auffassung brachte das Normalbenzinunlösliche (Nbu), das vielfach als benzinunlöslicher Schlamm bezeichnet wird, und der benzollösliche Schlamm nach WEV-Ölbewirtschaftung [131].

Den Betriebsingenieur, dem die Betreuung der Dampfturbine obliegt, interessiert in erster Linie der „Turbinenschlamm". Dieser unterscheidet sich von dem nach den verschiedenen analytischen Methoden im Laboratorium gefundenen „Laborschlamm" vor allem dadurch, daß er sich im Schmiersystem der Turbine bildet. Auf Grund vom Verfasser veranlaßter Untersuchungen über die Zusammensetzung und die Eigenschaften des Turbinenschlammes kann zusammenfassend folgendes gesagt und für die Praxis abgeleitet werden [32].

„Turbinenschlamm" zum Unterschied von „Laborschlamm" findet sich im Schmier- und Regelsystem der Dampfturbinen in verschiedenen Modifikationen von feinst verteilt als Öl-Wasser-Seifen-Dispersion im Umlauföl dispergiert, ölig bis trocken fest. Der Turbinenschlamm besteht neben „echtem Schlamm" aus Wasser und meist nur Öl. Das Wasser ist sauer und enthält immer Eisen. Das im Turbinenschlamm enthaltene Öl hat eine wesentlich höhere Nz und Vz als das Umlauföl und bildet daher bei der Ölerneuerung und Wiederfüllung der Dampfturbinen eine Gefahr für das Neuöl, sofern das Schmiersystem nicht gründlich gereinigt wird. Der „echte Schlamm" besteht aus Oxysäuren, Eisen- und Kupferseifen sowie Laktonen, also sauren Kondensationsprodukten.

Die Frage der Löslichkeit des Turbinenschlammes in Dampfturbinen-Neuöl ist von besonderem schmiertechnischen Interesse, da hiervon der Alterungsverlauf des Umlauföles — der Neufüllung — ganz wesentlich beeinflußt wird. Bei diesen zur Klärung dieser Frage vorgenommenen Untersuchungen wurde von der Verwendung des Turbinenschlammes, also des Gemenges von saurem Öl, Wasser und festem Schlamm, dem „echten Schlamm", Abstand genommen, denn bei den Zusätzen von saurem Öl wird natürlich eine erhöhte Nz und Vz im Neuöl auftreten, die aber nicht eindeutig auf die Wirkung des Schlammes zurückgeführt werden kann. Es wurde daher der Turbinenschlamm durch Zentrifugieren von Wasser und Öl befreit, dann der noch ölfeuchte Schlamm weitgehend vom Öl befreit und mit diesem „festen Rückstand", dem trockenen Schlamm, als „echten Schlamm" bezeichnet, die Versuche durchgeführt.

Auf Grund dieser Versuche wurde festgestellt, daß eine katalytische Wirkung „echten Schlammes" auf Dampfturbinen-Neuöl nicht vorhanden ist und weder der schwach saure (Nz = 16, Vz = 52) noch der stark saure (Nz = 75, Vz = 169) „echte Schlamm" das Neuöl weiter altern. Auch die Zusammensetzung des echten Schlammes ist auf das Neuöl ohne Einfluß.

An dieser Stelle sei ein Untersuchungsergebnis von Turbinenschlamm angeführt.

Die Gesamtanalyse des ölfreien Schlammes ist folgende:

Benzol-Extrakt:
Organische Säuren 20,0%
Eisenoxyd (organische Eisenseifen) 0,8%
Kupferoxyd 0,0%

Chloroform-Extrakt:
Organische Säuren 17,8%
Eisenoxyd 0,9%
Kupferoxyd 0,2%

n/2 alkohol. KOH-Extrakt:
Oxysäuren 3,8%
Fettsäuren 0,0%

Rückstand:
Fasern 8,2%
Eisenrost 48,3%
Sand . . . .   Spuren
Kupferoxyd 0,0%
                                          ───────
                                           100,0%

Die organischen Alterungsprodukte im ölfreien Schlamm machen 41,6% der Gesamtmenge aus. Das an organische Materie gebundene Metall ist gering (1,9%) im Verhältnis zur Menge Eisenrost, der mit 48,3% die Hauptmenge des Schlammes darstellt; der Anteil der Fasern mit 8,2% ist sehr hoch.

Das aus dem wasserfreien Schlamm mit Normalbenzin extrahierte Öl hatte eine Nz = 2,4 und eine Vz = 9,3, das Umlauföl einer Nz = 0,17 und Vz = 0,15.

Das in diesem Turbinenschlamm vorhandene Wasser war klar und wurde nach kurzem Stehen trübe, grün und setzte einen braunen Niederschlag ab. Der p_H-Wert betrug 4,5 und änderte sich durch Absetzen des Niederschlages nicht.

Die quantitative Analyse des Wassers ergab im Liter Wasser:

Eisenoxyd . . . .   1960 mg
Schwefelsäure als SO_3 . . . .   482 mg
Chlor . . . .   Spuren
Kalk und Magnesia   0

Auf Grund vorstehender Ausführungen über den Turbinenschlamm ist es daher bei Wiederfüllungen dringend notwendig, das gesamte Schmier- und Regelsystem der Dampfturbinen vom Turbinenschlamm der abgelassenen Ölfüllung zu reinigen, um die Neufüllung nicht von vornherein durch alterungsbeschleunigende Rückstände zu infizieren.

Den Betriebsingenieur interessiert natürlich, wann mit dem ersten Auftreten von Turbinenschlamm im Schmier- und Regelsystem der Turbine zu rechnen ist. Genaue Untersuchungen, die eine einwandfreie Feststellung der Turbinenschlammneubildung ermöglichen, liegen derzeit noch nicht vor. Auf Grund von langjährigen Beobachtungen des Verfassers dürfte mit dem Beginn der Turbinenschlammneubildung bei einer Nz von 1,8 und Vz von 3,5 zu rechnen sein. Mit einer Turbinenschlammneubildung bereits bei Nz = 0,8 und Vz = 1,85 zu rechnen, wie dies von anderer Seite festgestellt wurde, hält Verfasser für stark verfrüht, da bei Nz = 0,5 und Vz = 2,0 erst mit dem Beginn der Bildung von wasserlöslichen, organischen Säuren, also mit der ersten Vorstufe des Turbinenschlammes zu rechnen ist.

Bei normaler Beanspruchung des Umlauföles, somit bei normalem Alterungsverlauf, ist die Bildung von Turbinenschlamm im Schmiersystem mengenmäßig äußerst gering, so daß bis zur Erreichung der Alterungsgrenze, Nz = 3,0, oder Vz = 6,0 praktisch bedeutungslos ist und keinerlei Grund vorliegt, vor Erreichen der WEV-Alterungsgrenze eine Ölerneuerung oder Regenerierung des Umlauföles vorzunehmen.

Verfasser lehnt daher auch die von WEV gegebene Empfehlung [131] bei Auftreten von Schlamm im Umlauföl, wenn dieser Schlamm nach vollkommener Extraktion mit Normalbenzin benzollösliche Anteile enthält, auch vor Erreichen der Alterungsgrenze das Umlauföl zu regenerieren, als schmiertechnisch keineswegs nötig ab.

Daß das Auftreten von Nbu kein Vorbote für die beginnende Turbinenschlammbildung im Schmiersystem ist, wurde vom Verfasser in Abschn. VII, 3c unter Beweis gestellt. Jede Schlammbestimmung mit Fällungsmitteln im Laboratorium ist für die Praxis unverwendbar, sofern nicht das zur Nachfüllung verwendete Turbinenöl selbst als Fällungsmittel benützt wird.

Bei Dampfturbinen-Umlaufölen nahe der Alterungsgrenze oder nach Überschreiten derselben kann es zu stärkeren Turbinenschlammausscheidungen im Schmiersystem kommen, wenn infolge abgesunkenem Normalölstandes im Ölbehälter eine größere Menge Turbinen-Neuöl nachgefüllt wird. In Abschn. X, 3 wird die Frage der Wieder- und Nachfüllung behandelt.

An dieser Stelle sei darauf hingewiesen, daß die Öllöslichkeit des Turbinenschlammes mit der Temperatur abnimmt, weshalb sich der Turbinenschlamm zuerst an den kalten Stellen des Schmiersystems — im Ölkühler — absetzt. Eine starke Kühlung des Umlauföles durch Zwischenschaltung eines Zusatzkühlers bis auf 20° C kann ein sofortiges Ausfallen des ölgelösten Turbinenschlammes nicht bewirken, weil das

Ausfallen des Turbinenschlammes aus dem Umlauföl nicht plötzlich, sondern erst nach Stunden und Tagen erfolgt, so daß im Nebenschlußfilter im Schmiersystem einer Dampfturbine auch bei Einschaltung eines Zusatzkühlers nur jener Turbinenschlamm ausgeschieden wird, der bei der Durchschnittstemperatur des Umlauföles ölunlöslich wird. Auf diese Frage wird in Abschn. IX, 3b eingegangen.

5. Natürliche Alterung des Umlauföles.

a) Allgemeines. Unter natürlicher Alterung des Umlauföles versteht man die chemischen und physikalischen Veränderungen der Eigenschaften desselben während der Verwendung im Schmier- und Regelsystem der Dampfturbinen. Wie jedes Material während des Gebrauches Abnützungen unterworfen ist, so verändert sich auch das Öl während der Verwendung. Die Veränderungen treten langsamer oder rascher ein, je nach der Größe der Beanspruchung des Öles im Gebrauch.

Der Chemismus der Schmierölalterung ist sehr kompliziert, und es würde hier zu weit führen, darauf näher einzugehen. Die Alterung des Mineralöles wird durch Oxydation desselben mit oder ohne alterungsbeschleunigende Katalysatoren, wie Metalle, Wasser, feste Fremdstoffe usw., hervorgerufen. Nach SUIDA [121] erfolgen drei Arten der Oxydation: Die Dehydrierung, die oxydative Kondensation sowie Destruktionen, Spaltungen.

Ein wichtiger Faktor ist nach STÄGER [21] dabei auch die Temperatur. Es ist wichtig festzuhalten, daß die kritischen Temperaturen für jedes Dampfturbinenöl bei 100 bis 130° C liegen. Es ist jedoch im Interesse der Schonung des Umlauföles darauf zu achten, daß möglichst nicht mehr als 80° C an Stellen auftreten, die das Öl passieren muß.

In diesem Zusammenhang sei auch hier darauf hingewiesen, daß im allgemeinen bei einer Temperaturerhöhung von 10° C die Reaktionsgeschwindigkeit auf das Doppelte steigt. Bei einer Temperatursteigerung von 100 auf 110° C wird die Alterung des Dampfturbinenöles verdoppelt, von 100 auf 120° C vervierfacht, von 100 auf 130° C verneunfacht und von 100 auf 140° C versechzehnfacht. Daraus ist die Wichtigkeit der Vermeidung örtlicher Überhitzung des Umlauföles im Schmier- und Regelsystem von Dampfturbinen deutlich erkennbar. Diese Ausführungen haben im Hinblick auf die Höchstdruckdampfturbinen besondere Bedeutung [7].

Als wichtigste Stufen bei der Alterung der Oxydation bei erhöhter Temperatur müssen die folgenden festgehalten werden: Bildung saurer öllöslicher Verbindungen, wasserlöslicher organischer Säuren — Oxysäuren —, Bildung anhydridartiger Verbindungen, ebenfalls öllöslich, Bildung von Polymerisaten, die im warmen Mineralöl noch löslich sind, und schließlich Bildung höherer Polymerisate, die auch im warmen

Mineralöl nicht mehr löslich sind und die sich als Turbinenschlamm im Schmier- und Regelsystem der Dampfturbinen absetzen.

Diese Wärmepolymerisation ergibt endlich sehr harte, selbst in Chloroform schwer lösliche Reaktionsprodukte. Die pyrogene Zersetzung kann in extremen Fällen bis zur Koksbildung im Schmier- und Regelsystem führen.

b) Ölzusammenbruch. Alle diese Erscheinungen führen aber keinesfalls den „*Zusammenbruch einer Ölfüllung*" herbei. *Ein plötzlicher „Ölzusammenbruch", richtiger gesagt, ein plötzliches Unbrauchbarwerden beim Erreichen und Überschreiten der Alterungsgrenzen nach WEV-Ölbewirtschaftung tritt niemals ein.* Diese Tatsache sei ganz besonders hervorgehoben. Bei stark überalterten Umlaufölen besteht lediglich die Gefahr starker Turbinenschlammausscheidungen, welche die Betriebssicherheit der Turbinen besonders dann, wenn diese Ablagerungen im Regelsystem und im Schnellschluß erfolgen, sehr stark gefährden können. Der verschiedentlich angeführten Gefahr starker Emulsionsbildung bei plötzlichem Wassereintritt in stark überaltertes Umlauföl kann Verfasser nicht beipflichten, da bei den von ihm und seinen Mitarbeitern schmiertechnisch überwachten Turbinen Wassereintritt in stark gealtertes oder überaltertes Umlauföl niemals Emulsionen auftraten.

c) Wann ist eine Ölerneuerung und Wiederfüllung an Dampfturbinen vorzunehmen? Nun sei abschließend die den Betriebsingenieur und Turbinenbetreuer am meisten interessierende Frage gestellt und beantwortet: Wann muß eine Erneuerung der Ölfüllung der Dampfturbinen, somit eine Wiederfüllung vorgenommen werden?

Diese Frage ist auf Grund der im Abschn. VII, 3 gemachten Feststellung wie folgt zu beantworten:

Eine Ölerneuerung und Wiederfüllung ist, ohne die Betriebssicherheit und Wirtschaftlichkeit des Dampfturbinenbetriebes im geringsten zu gefährden, *nur dann* vorzunehmen, wenn:

1. die Ölfüllung die Alterungsgrenze nach WEV-Ölbewirtschaftung die Neutralisationszahl (Nz = 3,0) oder die Verseifungszahl (Vz = 6,0) erreicht oder überschritten hat,

2. wasserhaltiges Umlauföl — eine Öl-Wasser-Mischung — oder Öl-Turbinenschlamm-Wasser-Suspension beim Erhitzen auf 70 bis 85° C und gleichzeitigem Filtrieren das Wasser und den Turbinenschlamm nicht mehr abgibt und nicht blank wird, sondern trübe, hellbraun, gelb oder weiß bleibt. Dieser Auffassung hat sich in Deutschland auch seinerzeit die RfM angeschlossen und selbige im Merkblatt 7 zum Ausdruck gebracht.

Damit ist eindeutig festgestellt, daß eine vorherige Außerbetriebnahme des Umlauföles vor Erreichen der Alterungsgrenze nach WEV-Ölbewirtschaftung, um es bei Auftreten von Nbu, benzollöslichem Schlamm oder saurer Reaktion zu regenerieren, nicht in Frage kommt, da dies schmiertechnisch unnötig und außerdem unwirtschaftlich ist.

d) Fahren mit überaltertem Umlauföl. Verfasser muß an dieser Stelle auch zur Frage des Fahrens mit überaltertem Umlauföl Stellung nehmen, da verschiedentlich schmiertechnisch normal beanspruchte und somit normal gealterte Gebrauchsöle mit einer $Vz = 8$ bis 10 in Verwendung stehen [*132*].

Ein Fahren mit Umlaufölen, deren Vz 8 bis 10 beträgt, ist nur in Ausnahmefällen, wenn die Dampfturbinen aus betriebstechnischen Gründen nicht stillgesetzt werden können, zulässig und nur dann, wenn folgende Bedingungen erfüllt werden:

a) normaler Alterungsverlauf der Ölfüllung,

b) ständige schmiertechnische Überwachung der Turbinen,

c) bei Großkraftwerken ständige Überwachung des Umlauföles durch Ölspezialisten,

d) ständige Überwachung des Drehzahl- oder Fliehkraftreglers auf einwandfreies Arbeiten und gründliche Reinigung von Ölkrusten und Schmutz,

e) Vornahme der Schnellschlußproben. Der Schnellschlußregler ist auf sein einwandfreies Arbeiten zu prüfen, und zwar bei Spitzenmaschinen, die nur kurzzeitig in Betrieb stehen,

durch Überdrehzahlprobe jede zweite Woche einmal,

von Hand oder durch Eingriff in den Ölkreislauf nach je 250 St.;

bei Grundlastmaschinen, die im Dauerbetrieb stehen,

durch Überdrehzahlprobe einmal wöchentlich, mindestens einmal nach je 250 Betriebsstunden,

von Hand oder durch Eingriff in den Ölkreislauf einmal jede dritte Woche;

f) Einhalten des Normalölstandes im Ölbehälter und Nachfüllung kleiner Ölmengen in kurzen Zeitabständen,

g) dauernde Reinigung des Umlauföles im Nebenschluß durch Zentrifugen oder Filter, sofern kein Hochleistungsfilter im Hauptschluß vorhanden ist.

Die Gründe für diese besonderen Vorkehrungen zum Schutze der Betriebssicherheit liegen in der dauernden Turbinenschlammausscheidung überalterter Umlauföle und dadurch in der Gefährdung des einwandfreien, sicheren Betriebes solcher Dampfturbinen.

Vom Standpunkt der Wirtschaftlichkeit des Dampfturbinenbetriebes ist das Ausfahren des Umlauföles bis zu einer $Vz = 10$ ebenfalls abzulehnen, weil solche überalterte Gebrauchsöle vor allem in Bezug auf *Alterungsneigung nicht mehr neuölwertig aufbereitet werden können.* Überdies betragen die Regenerationsverluste bei solchen Ölen bis 50%, während bei Ölen mit einer $Vz = 6{,}0$ mit einem Regenerationsverlust von 25% gerechnet werden muß.

6. Zusammenfassung.

Im Vorstehenden, für den Betriebsingenieur besonders wichtigen Abschnitt sind alle Fragen behandelt, welche die Weiterverwendungsmöglichkeiten des Umlauföles nach dem heutigen Stande der Schmiertechnik richtig beurteilen lassen.

Es wurden alle Bedingungen angeführt, die eingehalten werden müssen, um normale Beanspruchung des Umlauföles während des Betriebes zu sichern. Nur normale Betriebsverhältnisse an den Dampfturbinen gewährleisten einen normalen Alterungsverlauf, somit eine normale Lebensdauer der Ölfüllung.

Die WEV-Vorschriften für Dampfturbinen-Gebrauchsöle nach „Ölbewirtschaftung" wurden kritisch besprochen. Es wurden erstmalig für den Betrieb Richtlinien zur richtigen Beurteilung wasserhaltiger Umlauföle gegeben und diese Frage besonders ausführlich behandelt.

Es wurde nachgewiesen, daß bei einer $Nz = 0,5$ und $Vz = 2,0$ aufwärts mit der Bildung wasserlöslicher organischer Säuren, somit einer sauren Reaktion zu rechnen ist, und daß diese für die Beurteilung der Regeneriernotwendigkeit eines Gebrauchsöles nicht mehr maßgebend ist.

Es wurde der Nachweis geführt, daß das Normalbenzinunlösliche (Nbu) für die Beurteilung der Schlammbildungsneigung von Dampfturbinen-Gebrauchsölen ungeeignet ist.

Es wurde festgestellt, daß die Viskosität bei normaler Alterung nicht ansteigt, daher auch keine Erhöhung der Lagertemperatur infolge erhöhter Ölreibung in Auswirkung normaler Alterung des Umlauföles eintreten kann. Ein steiler Viskositätsanstieg jedoch ist typisch für thermische Überbeanspruchung und pyrogene Zersetzung des Umlauföles im Schmiersystem.

Nz und Vz sind heute die einfachsten Mittel zur Bestimmung des Alterungsgrades von Dampfturbinen-Gebrauchsöl, doch erfassen sie nach Ansicht verschiedener Forscher nicht die Gesamtheit der bei der Alterung von Mineralölen auftretenden Reaktionsprodukte. Für den praktischen Betrieb jedoch genügen Nz und Vz vollkommen, besonders dann, wenn gleichzeitig mit der chemischen und physikalischen Untersuchung des Dampfturbinenöles auch die schmiertechnische Kontrolle der Turbinen selbst erfolgt.

Die Ausführungen über den Turbinenschlamm und die mitgeteilten Untersuchungsergebnisse des Verfassers werden sicherlich für den Betriebsingenieur wichtige Hinweise für die richtige Erkennung und Bewertung des Turbinenschlammes im Schmier- und Regelsystem der Turbinen geben. Für die Praxis kommt nur der Turbinenschlamm, also das aus dem Gebrauchsöl ausscheidende Alterungsprodukt bei fortgeschrittener Alterung in Frage. Jeder andere, mit Fällungsmitteln

erzeugte Schlamm im Laboratorium läßt für die schmiertechnische Überwachung der Turbinen keine Schlüsse zu.

In diesem Zusammenhang möge nicht unerwähnt bleiben, daß dem
Chemiker auf dem Gebiete der analytischen Untersuchung der Dampf-
turbinen-Neu- und -Gebrauchsöle noch ein weites Feld der Betätigung
offensteht, um auf Grund einfacher, chemischer und physikalischer Methoden, welche die Beanspruchung.des Dampfturbinenöles in den Turbinen weitgehend nachbilden, Untersuchungsergebnisse zu erhalten, die
einwandfreie Rückschlüsse auf den Schmierungszustand der Turbinen
und des Verhaltens des Umlauföles zulassen.

EVERS [133] weist in einer interessanten Arbeit ebenfalls darauf hin,
daß sich die Untersuchungsmethoden von Mineralölen aus der Praxis
heraus entwickelt und diese eine gewisse Bedeutung bei der praktischen
Untersuchung von Schmiermitteln erlangt haben. Die Weiterentwicklung
unserer Kenntnisse schafft aber neue Untersuchungsmethoden. Auch
eine weitere Arbeit von EVERS [134] über Alterungsversuche von Mineralölen gibt bemerkenswerte Anregungen. Auch SUIDA [121] weist unter
anderem darauf hin, daß der Großteil der meistgebrauchten Prüf-
methoden die Wirkung der Metalle, insbesonders des Eisens, gänzlich
vernachlässigt.

Verfasser möchte diese Ausführung in Bezug auf die Dampfturbinenöle noch dahin ergänzen, daß neben der gleichzeitigen Anwesenheit von
Metallen, deren Oberflächengröße im Verhältnis der vom Umlauföl im
Schmiersystem benetzten Metallflächen gegeneinander abgestimmt sind,
auch Wasser anwesend zu sein hat, um die Betriebsbedingungen möglichst genau nachzubilden. Es wäre sicherlich für die Chemiker eine dank-
bare Aufgabe, eine spezielle Alterungsmethode für Dampfturbinen auszuarbeiten, die den tatsächlichen Betriebsbedingungen möglichst nahe-
kommt. Es sei hier angeregt, die Alterungsmethode in zwei Teile gleicher
Versuchsdauer von je 24 Stunden zu teilen und im ersten Teil bei 95° C
und Anwesenheit von 3 % Wasser, im zweiten Teil bei einer Temperatur
von 135° C zu arbeiten. Damit soll nur die Charakteristik einer neu aus-
zuarbeitenden Methode gegeben und es dem Chemiker überlassen werden,
diese unter Überwindung gewisser Schwierigkeiten so weit zu entwickeln,
daß mit genügender Genauigkeit reproduzierbare Werte erhalten werden.
Alle diese Arbeiten zur Weiterentwicklung der analytischen Untersuchungsmethoden müssen in engster Zusammenarbeit mit dem Schmie-
rungs- und Maschineningenieur durchgeführt werden, um für die Praxis
verwertbare Ergebnisse zu sichern.

Schließlich wurde in diesem Abschnitt festgehalten, daß ein plötzlicher „Ölzusammenbruch" im Schmier- und Regelsystem der Dampfturbinen nicht erfolgt und daß auch eine „Zersetzung" des Umlauföles
bei gleichzeitiger Verminderung der Viskosität desselben nicht statt-

findet, sondern daß im Gegenteil durch die Alterung das Schmierfilmbildungsvermögen des Gebrauchsöles zunimmt.

Es wurde auch eindeutig klargelegt, wann eine Ölerneuerung und
Wiederfüllung an den Dampfturbinen vorgenommen werden muß und
unter welchen besonderen Betriebsvorkehrungen in Ausnahmefällen ein
Fahren mit überaltertem Umlauföl ermöglicht werden kann.

VIII. Schmiertechnische Überwachung der Dampfturbinen im Betrieb.

1. Definition und Zweck.

Die Summe der Beobachtungen aller mit der Schmierung der Dampfturbinen in Zusammenhang stehenden Faktoren, wie Lager-, Öl-, Kühlwassertemperatur usw. und der Ergebnisse der periodischen, chemischen
und physikalischen Untersuchungen des Umlauföles im Laboratorium
stellt die schmiertechnische Überwachung der Dampfturbinen im Betrieb
dar [7, 8, 32].

An Hand der Ergebnisse aller dieser Beobachtungen zieht der Ingenieur Schlüsse auf den Schmierungszustand der Turbine, den Reinheits-
grad des Schmiersystems, die Anforderungen an das Umlauföl durch die
speziellen Betriebsverhältnisse, die Weiterverwendungsmöglichkeit des
Umlauföles bzw. die Notwendigkeit einer Ölerneuerung oder eines Öl-
wechsels und gibt auf Grund dieser Ergebnisse ein Schmierungsgutachten
ab. Die schmiertechnische Überwachung ist für die Betriebssicherheit
und Wirtschaftlichkeit der Dampfturbinen von nicht zu unterschätzender
Bedeutung.

2. Schmiertechnische Daten im Betriebsjournal oder im Betriebsbuch.

Für jede Dampfturbine ist ein „Betriebsjournal" oder „Betriebsbuch"
anzulegen, in welches die zur Überwachung des Betriebes der Maschine
nötigen Ablesungen, wie Frischdampftemperatur, Dampfdrücke, Ab-
dampftemperatur, Kondensattemperatur, Lufttemperatur des Generators, Belastung, sämtliche Lagertemperaturen, Öltemperatur vor und
nach dem Kühler, Kühlwassertemperatur vor und nach dem Kühler,
Öldruck vor Regler, Lager und bei Getriebeturbinen auch vor Getriebe
aufzunehmen sind.

Ferner ist es sehr empfehlenswert, für jede Turbine ein „Schmierungsbuch" anzulegen, in welchem alle mit der Schmierung der Turbine und
dem Dampfturbinenöl im Zusammenhang stehende Beobachtungen
festzuhalten sind.

3. Schmierungsbuch für Turbinen.

Nachstehend soll kurz der Inhalt dieses „Schmierungsbuches für Turbinen" [*135*] angeführt werden, welches Verfasser vor Jahren mit bestem Erfolg in der Praxis eingeführt hat. Dieses Schmierungsbuch, das aus Vordrucken besteht, in welche die entsprechenden Eintragungen zu machen sind, ist in folgende Abschnitte eingeteilt:

α) **Schmiertechnische Daten der Turbine.** Hierin werden die technischen Daten der Turbine, für die das Schmierungsbuch bestimmt ist, eingetragen und zusätzlich festgehalten: Ölfüllung/kg, Kühlfläche des Ölkühlers in m², Leistung der Hauptölpumpe in l/min, Ölumwälzzahl, Datum der Erstinbetriebsetzung.

β) **Wartung und Pflege des Umlauföles.** Eintragung von: Betriebsstundenanzahl, Betriebsstillständen, Datum und Dauer von Wassereinbrüchen in das Schmiersystem und ihre Behebung, Beobachtungen über Verunreinigungen im Umlauföl, beim täglichen Abschlammen, Reinigung des Umlauföles (Gesamtfüllung und Teilfüllung), Reinigung der Filter im Schmiersystem.

γ) **Ölwirtschaft.** Eintragung von Datum, Menge und Sorte von: Neufüllungen, Nachfüllungen, Ölverbrauch pro Neufüllperiode, Neuölfassungen. Erfassung vorhandener Ölreinigungsapparate und deren periodischer Reinigung. Erfassung der Vorräte an Neuöl, Absetzöl, gereinigtem Öl, Spülöl, Altöl und Regeneratöl.

δ) **Reinigung des Schmiersystems.** Eintragung von Datum und der gemachten Feststellungen bei Gesamtreinigung und Teilreinigung des Schmier- und Regelsystems, der Art, Menge und Fundstelle von Rückständen.

ε) **Besondere Betriebsvorkommnisse.** Hier sind alle sonst nicht erfaßten betriebstechnischen Beobachtungen unter Angabe des Zeitpunktes und genauer Beschreibung festzuhalten — z. B. Auftreten hoher Temperaturen, Auftreten von vagabundierenden Strömen, elektrolytischen Korrosionen, Abnützung der Schneckenräder von Hauptölpumpe und Fliehkraftregler, unsachgemäß durchgeführte Reinigung des Schmier- und Regelsystems, Verwendung nicht neuölwertigen Regenerates zur Wieder- und Neufüllung, besondere Verunreinigungen des Umlauföles usw., sowie alle maschinentechnischen Arbeiten zu beschreiben und das Datum derselben einzutragen.

ζ) **Besondere Betriebsverhältnisse.** Abnormaler Betriebs- und schmiertechnischer Dauerzustand ist in allen Details festzuhalten.

η) **Maschinentechnische Überholungsarbeiten.** Eintragung von Datum und Dauer sowie Details der vorgenommenen Arbeiten.

ϑ) **Schmierungsgutachten.** Die auf Grund der schmiertechnischen Kontrollen und Untersuchungen ausgearbeiteten Schmierungsgutachten sind in das Schmierungsbuch einzutragen. Alle diese Aufzeichnungen ergeben die Möglichkeit, sich dauernd über den Schmierungszustand der Turbine ein genaues und richtiges Bild zu machen.

4. Schmiertechnische Kontrolle.

Je nach dem Umfang der vorzunehmenden Kontrollen sind a) die Normalkontrolle und b) die Spezialkontrolle zu unterscheiden [32].

Die Normalkontrolle soll periodisch mindestens einmal jährlich oder nach je 4000 Betriebsstunden durchgeführt werden. Die Häufigkeit der Normalkontrollen richtet sich nach den Betriebsverhältnissen an der Turbine. Bei normalen Betriebsbedingungen ist eine schmiertechnische Kontrolle nicht öfter als zweimal jährlich nötig.

Die Spezialkontrollen sind, wenn keine normalen Betriebsverhältnisse, somit abnormale Beanspruchungen des Umlauföles im Sinne Abschn. V vorherrschen, stets gemeinsam mit der periodischen von der Turbinenfabrik vorgenommenen technischen Überholung — meist jedes zweite Jahr — durchzuführen und gleichzeitig auch eine Gesamtreinigung des Schmier- und Regelsystems damit zu verbinden. Liegen außerordentliche Betriebsverhältnisse vor, dann müssen bis zur Behebung derselben — wie im Abschn. V niedergelegt — Spezialkontrollen und Normalkontrollen in kürzeren Zeitabständen vorgenommen werden. Die schmiertechnische Kontrolle hat zu umfassen:

a) Die turbinentechnische Kontrolle: Diese hat sich auf Überprüfung nachstehender Punkte zu erstrecken und es sind festzuhalten:

α) Normalkontrolle. Bezeichnung und technische Daten der Dampfturbine, die am Kontrolltag festgestellten oder dem Betriebsbuch entnommenen Lager-, Öl- und Kühlwassertemperaturen, Öldruck vor Regler, Lager und Getriebe; Bezeichnung des in Verwendung stehenden Dampfturbinenöles, Datum der letzten Neufüllung, Betriebs- und Einfüllstundenanzahl bis zum Kontrolltag; Nachfüllölverbrauch im Überwachungsabschnitt sowie von letzter Neufüllung bis zum Kontrolltag (Neuöl, Filtrat oder Zentrifugat, Regenerat), besondere Betriebsverhältnisse und Beobachtungen sowie maschinentechnische Überholungsarbeiten im Überwachungsabschnitt. Ergebnis der Überprüfung des Schmier- und Regelsystems auf bauliche Zweckmäßigkeit in bezug auf Schonung des Umlauföles.

Bei abnormaler Alterung des Umlauföles ist eine Spezialkontrolle durchzuführen.

β) Spezialkontrolle. Diese hat sich zu erstrecken auf: Genaue Erhebung der bisherigen Betriebsvorkommnisse an Hand des Betriebsjournals und des Schmierungsbuches, Zeitpunkt der letzten Demontage und Reinigung des Schmiersystems sowie Ergebnis der Prüfung auf Turbinenschlamm im Schmiersystem, Prüfung des im Schmier- und

Regelsystem auf bauliche Zweckmäßigkeit in bezug auf Schonung des Umlauföles im Sinne der im Abschn. III hierfür gestellten Forderungen, Überprüfung der speziellen Betriebsbedingungen im Sinne Abschn. V, Lebensdauer (Betriebs- und Einfüllstundenanzahl) der früheren Ölfüllungen.

Bei der Spezialkontrolle ist nach Kontrolle der Turbine während des Betriebes, wie vorstehend angeführt, das Schmiersystem zu öffnen. Vor allem sind die Lagerdeckel abzuheben, die Kupplungsgehäuse, Lagergehäuse — wenn vorhanden Getriebegehäuse — und Ölkühler zu öffnen. Der Deckel des Ölbehälters ist abzunehmen, wenn nötig, die Gesamtölfüllung abzulassen. Wenn im Schmiersystem Filter vorhanden sind, dann sind auch diese zu öffnen. Durch thermische Überbeanspruchung gefährdete Ölleitungen zu und von den Lagern und Ölleitungen des Regelsystems sind abzunehmen, Reglerzylinder zu öffnen, besonders dann. wenn Unregelmäßigkeiten in der Steuerung festgestellt wurden.

b) Musterziehung. Vor Entnahme des Umlaufölmusters ist am Schlammablaß (Schlammschleuse) des Ölbehälters eine Kontrolle vorzunehmen, ob Wasser oder Turbinenschlamm vorhanden sind. Die hierbei aus dem Ölbehälter abzulassende Flüssigkeitsmenge ist, bis reines, wenn auch trübes Öl abfließt, in einem reinen Gefäß aufzufangen. Werden bei diesem „Abschlammen" Wasser und Turbinenschlamm — meist eine Öl-Wasser-Mischung — festgestellt, dann ist, sofern größere Wassereinbrüche auftreten — über 0,3 % der Gesamtölfüllung in 24 Stunden —, von der bei der K   enen Wasser- und Turbinenschlamm-menge ein 1-Liter   uster zu ziehen und der Untersuchung zuzuführen.

Ergibt diese Kontrolle, daß das Öl im Ölbehälter vollkommen wasser- und schlammfrei ist, oder daß diese Verunreinigungen unter 0,3 % der Gesamtölfüllung in 24 Stunden betragen, ist von der Schlammschleuse, der tiefsten Stelle des Ölbehälters — *kein Muster* zu ziehen. In diesem Falle ist das Umlaufölmuster aus dem Ölumlauf am besten aus dem Ölkühler unter gleichzeitiger Angabe der Entnahmestelle zu ziehen.

Bei *Normalkontrollen* sind daher folgende Muster zu ziehen und zu untersuchen:

a) Ölprobe aus dem Umlauf mit Angabe der Entnahmestelle,

b) Wasser- und Turbinenschlamm-Durchschnittsprobe *nur dann*, wenn größere Wassereinbrüche in das Schmiersystem festgestellt werden.

Die Untersuchung hat im Laboratorium zu erfolgen auf: Viskosität °E bei 50° C, Neutralisationszahl (Nz), Verseifungszahl (Vz), Aussehen, Farbe, Wassergehalt %. Hierbei ist zu unterscheiden: Abgesetztes Wasser, das meist während des Transportes von der Dampfturbine in das Laboratorium aus dem Öl ausgeschieden wurde, und mechanisch verteiltes, gelöstes Wasser, wodurch das Öl trübe erscheint. Über die Beurteilung wasserhaltiger Umlauföle sei auf die Abschn. V, 2 u. VII, 3a hingewiesen.

Nach Vornahme der angeführten Untersuchungen ist bei Öl-Wasser-Turbinenschlamm-Suspensionen zu bestimmen:

Öl %, Turbinenschlamm, % (Aussehen, Asche, quantitativ und qualitativ), Wasser %, Aussehen des Wassers, p_H-Wert des Wassers.

Ist der p_H-Wert des Wassers $p_H = 7$, so ist das Wasser *neutral*, bei allen Werten, die *unter 7* liegen, ist das Wasser *sauer*, und bei allen Werten *über 7 alkalisch*.

Kann bei der turbinentechnischen Kontrolle an der Dampfturbine nicht mit Sicherheit festgestellt werden, ob es sich bei den Wassereinbrüchen um Kondensat oder Kühlwasser handelt, dann ist das Wasser weiter auf Magnesium *und* Kalk zu untersuchen.

Durch diese Untersuchung ist einwandfrei feststellbar, ob es sich um Kondensat, Kühlwasser oder um eine Mischung der beiden handelt. Es liegt Kondensat vor, wenn Magnesium *oder* Kalk nicht über 1 mg/l vorhanden sind.

Bei Spezialkontrollen sind folgende 1-Liter-Durchschnittsmuster zu ziehen:

a) Muster aus dem Ölumlauf unter gleichzeitiger Angabe der Entnahmestelle,

b) Wasser- und Turbinenschlamm-Durchschnittsprobe aus der Schlammschleuse des Ölbehälters *in jedem Falle*, wenn Wasser im Schmiersystem festgestellt wurde.

c) Kühlwasser nur dann, wenn Wasser im Schmiersystem festgestellt wurde, ferner wenn nötig,

d) Kesselspeisewasser, roh,

e) Kesselspeisewasser, aufbereitet,

f) Wasser aus dem Dampfkessel.

Für sämtliche Wassermuster sind ausnahmslos Glasflaschen zu verwenden.

g) Öl nach Abschlammen aus dem Ölbehälter,

h) in Verwendung stehendes Nachfüllöl (Neuöl, Filtrat oder Zentrifugat und Regenerat),

i) im Schmiersystem vorgefundene Rückstände, Turbinenschlamm, feste Fremdstoffe, Metallabrieb usw. unter Angabe der Entnahmestelle (Ölbehälter, Reglergehäuse, Lagerböcke, Filter, Getriebegehäuse usw.).

Alle diese Muster sind — sofern kein eigenes Laboratorium mit Einrichtung für Öluntersuchungen im Betriebe vorhanden ist — den Turbinenöllieferanten zur Untersuchung einzusenden.

c) Schmierungsgutachten. Das Schmierungsgutachten wird an Hand der Ergebnisse der schmiertechnischen Kontrollen an den Dampfturbinen und des Laboratoriumsbefundes der gezogenen Muster ausgearbeitet [32].

In diesem Schmierungsgutachten ist anzuführen:

Bezeichnung der Dampfturbine, die am Kontrolltag festgestellten oder dem Betriebsbuch entnommenen Lager-, Öl- und Kühlwassertemperaturen, Öldruck vor Regler, Lager und Getriebe; Bezeichnung des in Verwendung stehenden Dampfturbinenöles, Ölfüllung in kg, Datum der letzten Neufüllung, Betriebs- und Einfüllstundenanzahl bis zum Kontrolltag; Nachfüllölverbrauch im Überwachungsabschnitt sowie von letzter Neufüllung bis zum Kontrolltag, spezifischer Nachfüllölverbrauch pro 1000 kW Nennleistung und Stunde; anzustrebender Nachfüllölverbrauch pro 1000 kW und Stunde; besondere Beobachtungen und Betriebsverhältnisse.

Anschließend Besprechung der Temperaturen und gleichzeitig Vergleich derselben mit jenen, die bei der letzten Kontrolle beobachtet wurden. Besonders zu erwähnen sind starke Temperaturdifferenzen zwischen den Werten der letzten und vorletzten Kontrolle, zu niedrige Öltemperatur nach dem Kühler und zu hoher Öldruck.

Hierauf sind die analytischen Daten des Umlauföles anzuführen, und zwar: Viskosität °E bei 50 °C, Neutralisationszahl (Nz), Verseifungszahl (Vz), Farbe und Aussehen, Wassergehalt %.

Beurteilung der Alterung nach WEV-Ölbewirtschaftung und Vergleich mit letzter Kontrolle. Wurden Wasser- und Turbinenschlammmuster oder sonstige Rückstandsmuster aus dem Schmier- und Regelsystem gezogen, dann sind auch hierfür die Untersuchungsbefunde anzuführen und die Schlüsse zu ziehen.

Abschließend sind der Schmierungszustand der Turbine zu beschreiben, die zur Verbesserung etwa nötigen Vorkehrungen zu empfehlen und bekanntzugeben, ob das Umlauföl weiter in Verwendung belassen werden kann, oder ob eine Erneuerung der Ölfüllung mit gleichzeitiger Gesamtreinigung des Schmiersystems vorzunehmen ist.

Es ist zweckmäßig, zur schmiertechnischen Überwachung der Dampfturbinen den Technischen Dienst des Dampfturbinenöllieferanten heranzuziehen. Die Erzeuger von Dampfturbinenölen von Sondergüte und langjährig bewährter Marken stellen den Technischen Dienst ihren Kunden hierfür jederzeit zur Verfügung.

Die Wichtigkeit der schmiertechnischen Überwachung an Dampfturbinen im Betriebe wurde bereits mit Rücksicht auf die Betriebssicherheit und die Wirtschaftlichkeit von Dampfkraftwerken durch die Ausführungen der Abschn. III, IV, V, VI u. VII unterstrichen.

IX. Maßnahmen zur Schonung des Dampfturbinenöles im Betrieb und während des Stillstandes.

In diesem Abschnitt sollen alle betrieblichen Maßnahmen besprochen werden, die zur Schonung des Umlauföles durchzuführen sind, um nicht nur einen klaglosen Betrieb, sondern auch eine lange Lebensdauer der Ölfüllung zu erzielen. Die einwandfreie Reinigung des Schmier- und Regelsystems vor der Erst- und jeder Wiederfüllung ist Grundbedingung.

1. Reinigung des Schmier- und Regelsystems.

a) Vor Erstfüllung. Bei der Reinigung des Schmier- und Regelsystems für eine Erstinbetriebnahme einer neuen Dampfturbine empfiehlt Verfasser [136] die Einhaltung nachstehender Richtlinien.

Bei der Montage der Dampfturbinen werden meist die Behälterinnenwandungen, das Innere der Lagerböcke und Läuferwellen sowie auch die Reglerteile mit einem Rostschutzmittel bestrichen. Es ist daher nötig, sämtliche von Dampfturbinen-Umlauföl und auch Regleröl bespülten Maschinenteile, Rohrleitungen sowie Kühler und Ölbehälter bei Fertigmontage gründlichst zu reinigen, um sämtliche Rostschutzmittel und Verunreinigungen vor der Erstfüllung restlos zu entfernen.

Die Rostschutzmittel werden mit Hilfe von nichtfasernden Lappen — keine Putzwolle —, die in Benzol oder Trichloräthylen getränkt werden, entfernt. Nach dem Trocknen durch Abwischen mit reinen Lappen werden diese Flächen mit dem zur Füllung vorgesehenen Dampfturbinenöl bestrichen. Hierzu können ebenfalls nichtfasernde Lappen oder steif abgebundene Pinsel verwendet werden. Die Hohlräume der Lagerböcke sind mit Preßluft auszublasen und mit in Turbinenöl getränktem Lappen auszuwischen.

Die Rohre werden nach dem Abklopfen mittels einer Drahtbürste gründlichst gereinigt, oder es wird Dampf durch die Leitung geblasen. Nach der Reinigung nach beiden Methoden sind die Rohre mit dem Turbinenöl einzufetten und so lange in turbinenölgetränkte, nichtfasernde Lappen durchzuziehen, bis keinerlei Rost mehr festgestellt werden kann.

Sofern bei der Fertigmontage alle Rohrleitungen, Ölkühler, Ölbehälter, Regler, Filter usw. gründlichst gereinigt worden sind, erübrigt sich in vielen Fällen eine sonst übliche Spülung des Schmiersystems mit Hilfe von Dampfturbinenöl, vielmehr kann sofort anschließend an die gründliche Reinigung die endgültige Füllung für den Dauerbetrieb vorgenommen werden. Wird eine Spülung der Turbine vorgenommen, dann ist nur das zur Befüllung derselben vorgesehene Turbinenöl zu verwenden.

Findet jedoch die Montage der Turbinen unter sehr ungünstigen Bedingungen, wie abwechselnde klimatische Verhältnisse, starke Staubentwicklung, Einwirkung von Gasen oder hoher Luftfeuchtigkeit usw. statt, dann ist *unter allen Umständen* ein mehrstündiges Durchpumpen des Turbinenöles mittels Hilfsölpumpe durch das gesamte Schmiersystem vor Inbetriebsetzung der Dampfturbinen vorzunehmen.

Die Nachreinigung durch Spülen ist, falls sie bei neuen und schon im Betrieb gewesenen Turbinen *allein ohne* vorherige mechanische Reinigung angewendet wird, als nutzlos erkannt worden. Sofern beim Zusammenbau für eine gründliche Reinigung sämtlicher ölbespülter Teile Sorge getragen wurde, kann die Füllung bis zum normalen Ölstand erfolgen, wobei ein mit feinem Haarsieb versehener Trichter anzuwenden ist.

Nach ungefähr ein- bis zweiwöchigem Betrieb ist aus dem Schmiersystem eine Probe des Umlauföles zu ziehen, um es auf seine Eigenschaften untersuchen zu lassen. Der Untersuchungsbefund läßt einwandfrei erkennen, ob die Reinigung des Schmiersystems vor Befüllung einwandfrei war.

b) Vor Wiederfüllung. Die Reinigung des Schmier- und Regelsystems bei Ölwechsel oder Ölerneuerung in Betrieb gewesener Turbinen soll, wenn möglich, mit einer maschinentechnischen Überholung des Turboaggregates zeitlich zusammengelegt werden. Je nach dem Umfang der Reinigungsarbeiten ist die Gesamtreinigung und die Teilreinigung zu unterscheiden.

Grundsätzlich ist bei jedem Ölwechsel oder jeder Ölerneuerung vor dem Einfüllen des Neuöles unbedingt *eine Gesamtreinigung des Schmier- und Regelsystems* anzustreben und vorzunehmen, um alle Verunreinigungen, Schlammsammlungen usw. restlos zu entfernen und um höchste Lebensdauer der Neufüllung zu sichern.

Die Reinigung muß bereits beim Stillsetzen des Turboaggregates beginnen: sogleich nach dem Stillsetzen des Turboaggregates und dem Abstellen der Hilfsölpumpe ist das Umlauföl in *betriebswarmem Zustand* vollständig abzulassen, damit eine möglichst vollständige Entleerung und Mitspülung fester Verunreinigungen erfolgt. Das Ablassen erfolgt an der Schlammschleuse des Ölsammelbehälters und am tiefsten Punkt des Schmiersystems — meist der Ölprobehahn am Kühler —, um die im Rohrsystem zurückgebliebenen Ölmengen möglichst vollkommen zu entfernen. Dabei darf nicht übersehen werden, daß trotz dieser Vorkehrungen noch immer etwa 10 % der Ölfüllung in den toten Räumen des Schmiersystems, Lagergehäusen u. dgl. zurückbleiben, die erst durch Demontage entfernt werden müssen.

α) Gesamtreinigung. Diese Reinigung ist mit einer *vollkommenen Demontage* des Schmier- und Regelsystems verbunden. Es darf dabei nicht übersehen werden, daß bei stark verunreinigten Systemen ein bedeutender Zeitaufwand nötig ist, der bei Großturbinen bis zu einer Woche und mehr betragen kann. Daß sich aber dieser Arbeitsaufwand bezahlt macht, beweist die Praxis, da nur dadurch größtmögliche Wirtschaftlichkeit der Schmierung bei vollster Betriebssicherheit erzielt wird.

Sämtliche *Rohre* sind nach dem Abflanschen im Freien mit hochgespanntem Dampf durchzublasen, sofern vorher bei Vorhandensein von Ölrückständen diese entfernt wurden, um ein Anbrennen derselben zu vermeiden. Die Ölrückstände sind mittels Drahtbürsten zu entfernen, und die gereinigten Rohre mit in Dampfturbinenöl getränkten nicht fasernden Lappen durchzuziehen.

Die Reinigung der *Ölbehälter*, die bei neuzeitlichen Bauarten fast immer glatte Wände haben, ist verhältnismäßig einfach. Nach Abheben des Deckels werden sämtliche Ölsiebe und Prallbleche, soweit dies möglich, herausgenommen, um vorerst die Grobreinigung des Behälterinnern mittels Lappen zur Entfernung der Schlamm- und Rückstandsreste vorzunehmen. Anschließend werden die Innenwände mit in Tri getränkten Lappen gründlich abgewischt und sodann mit in Turbinenöl getauchten Lappen nachgewischt. Ölsiebe werden mit Dampf durchgeblasen und diese sowie die Prallbleche in gleicher Weise wie der Ölbehälter nachgereinigt. Ist am Ende der Saugleitung der Hauptölpumpe ein Saugkorb vorhanden, so ist dieser abzumontieren, mit Dampf auszublasen und mit Tri-getränkten Lappen gründlich zu reinigen; anschließend mit in Turbinenöl getränkten Lappen nachwischen und einfetten. Deckel und Entlüftungshaube müssen ebenfalls gereinigt und geölt werden.

Die *Hilfsölpumpe* ist auszubauen und gründlichst zu reinigen. Der Reinigung des Saugkorbes ist besonderes Augenmerk zuzuwenden. Es ist in gleicher Weise wie bei der Hauptölpumpe vorzugehen.

Der *Ölkühler* ist stets wasser- und ölseitig zu reinigen. Ist das Rohrbündel ausziehbar, so sollen die Ölkühlerrohre in einen mit 10% iger P3-, P3-dimal SP- oder Siliron WH-Lösung von 80° C gefüllten Behälter gestellt und 24 Stunden „ausgekocht" werden. Bei Anwendung einer P3-dimal SP- oder Siliron WH-Lösung ist meist nach 3 bis 4 Stunden die Reinigung bereits vollkommen. Nach dieser Reinigung ist das Rohrbündel mit Sattdampf (oder niedergespanntem Dampf, etwa 4 atü) durchzublasen und anschließend so lange mit heißem Wasser zu waschen, bis sowohl das Waschwasser als auch Tupfproben mit Lackmuspapier an den Rohrwandungen eine vollkommen neutrale Reaktion zeigen. Wenn möglich, ist das Kühlergehäuse auf die gleiche Weise zu reinigen; oder man säubert mit Tri-getränkten Lappen und nachherigem Auswischen mit Öllappen. Tri soll *nicht* in den Kühler hineingegossen werden.

Sind jedoch die Kühlerrohre nicht ausziehbar — was bei modernen Turboaggregaten nicht mehr der Fall sein soll —, so ist der Kühler abzuflanschen und eine 10% ige P3-, P3-dimal SP- oder Siliron WH-Lösung einzufüllen. Sodann wird durch Einblasen von niedergespanntem Dampf der Kühler durch 24 Stunden ausgekocht und nach Ablassen der Lösung der Vorgang nochmals wiederholt. In den meisten Fällen kann mit einer genügenden Reinigung gerechnet werden. Anschließend ist nach Ablassen der Lösung so lange mit heißem Wasser zu spülen, bis das Wasser sowie Rohr- und Behälterwandungen bei der Tupfprobe keinerlei Spuren von Alkali zeigen.

Die Wasserseite wird am zweckmäßigsten mit Stahlbürsten gereinigt, und wenn diese infolge festen Schlammansatzes nicht ausreichen sollten — jedoch nur im äußersten Notfall —, mit 3- bis 5 % iger Salzsäure (Einwirkungsdauer höchstens 2 bis 3 Stunden); anschließend muß mit P3-, P3-dimal SP oder Siliron WH-Lösung und sodann mit Wasser so lange nachgespült werden, bis die Entfernung von Säure und Lauge mit Sicherheit festgestellt ist.

Sämtliche Lagerdeckel sind abzuheben und Gehäuse zu öffnen. Die größten Verunreinigungen sind mit Lappen herauszuwischen und feste Rückstände vorsichtig herauszukratzen. Sodann wird mit Tri-getränkten Lappen ausgewischt, um durch diese Maßnahme die letzten Reste der Verunreinigungen herauszulösen. Es ist wichtig, insbesondere die Ecken in den Lagerböcken sowie die Ein- und Auslaufstutzen gründlichst zu reinigen. Danach werden die Lagerböcke mit Preßluft ausgeblasen und mit in Turbinenöl getränkten Lappen nochmals gründlichst ausgewischt. Diese Richtlinien sind sinngemäß für Kupplungsgehäuse, Reglerantrieb und bei Getriebeturbinen für Getriebegehäuse sowie Zahnräder anzuwenden.

Sind im Schmiersystem spezielle *Filter* vorhanden, so sind diese in gleicher Weise zu reinigen wie Ölbehälter.

Die gesamte Regelanlage muß restlos auseinandergenommen und das Rohrleitungssystem abgeflanscht werden. Handelt es sich um vollhydraulisch gesteuerte Turbinen, so bietet das weitverzweigte Rohrleitungsnetz nicht unerhebliche Schwierigkeiten. Am zweckmäßigsten erfolgt die Reinigung durch Spülen der engen Leitungen mit Methylenchlorid oder Tri. Alle gereinigten Teile sind sodann mit Preßluft zu trocknen und mit Turbinenöl durchzuspülen. Die Anwendung von Dampf nach der Behandlung mit Tri darf keinesfalls stattfinden.

β) Teilreinigung. Wenn die vollständige Reinigung nicht durchgeführt werden kann, wird man die nötigsten Überholungsarbeiten auf den Ölbehälter, Kühler, Filter sowie einzelne Rohrleitungen, bei Getriebeturbinen überdies auf Getriebe und Getriebegehäuse beschränken. Die Teilreinigung hat somit mindestens folgende Reinigungsarbeiten zu beinhalten:

Ölbehälter, Ölkühler, Filter und leicht zugängliche Rohrleitungen. Über die Art der durchzuführenden Reinigungsarbeiten wurde im Abschnitt a) gesprochen.

Ein Umpumpen des Reinigungsmittels ist unbedingt zu unterlassen, da aus dem Schmiersystem ohne Demontage nie die gesamte eingefüllte Menge durch einfaches Ablassen entfernt werden kann und erfahrungsgemäß etwa 10% in den toten Räumen, Lagergehäusen u. dgl. zurückbleiben.

Für sämtliche Reinigungsarbeiten steht der Technische Dienst der führenden Turbinenöllieferanten zur Verfügung.

Reinigungsmittel:

Für die Reinigung des Schmiersystems werden nachstehend angeführte Lösungsmittel verwendet:

P3, P3-dimal SP, Siliron WH; Benzin, Benzol, Benzol-Spiritus-Gemisch, Chloroform, Methylenchlorid, Tetrachlorkohlenstoff und Trichloräthylen.

Die ersten drei genannten Reinigungsmittel werden in 10%iger wäßriger Lösung bei etwa 80°C angewendet, wovon P3-dimal SP und Siliron WH weitaus das beste Lösungsvermögen für Turbinenschlamm haben.

Benzin löst nur die öligen Anteile. Benzol neben den öligen auch die asphaltartigen Rückstände. Benzol-Spiritus-Mischung — 2 Teile Benzol + 1 Teil Spiritus — besitzt ein sehr gutes Lösungsvermögen. Bei Anwendung dieser Reinigungsmittel besteht aber eine sehr große Feuer- und Explosionsgefahr.

Bei Chloroform, Tetrachlorkohlenstoff (Tetra) und Trichloräthylen (Tri), die nahezu das gleiche Lösungsvermögen für Turbinenschlamm haben, fällt die Brandgefahr weg, dafür haben die bei normaler Temperatur entwickelten Dämpfe eine gesundheitsschädigende Wirkung, weshalb bei deren Anwendung besondere Vorsichtsmaßnahmen zu treffen sind. Chloroform wirkt narkotisch, Tetra wirkt auf die Magennerven und Tri ist ein Herzgift.

Bei Chloroform und Tetra ist eine nachteilige Wirkung auf das Umlauföl nicht zu befürchten, hingegen besteht bei Tri die Gefahr der Salzsäurenabspaltung, weshalb bei nicht restloser Entfernung von Tri aus dem Schmiersystem Verrostungen auftreten und dadurch die Ölfüllung alterungsbeschleunigend beeinflußt wird.

Eine Ausnahmestellung unter diesen Lösungsmitteln nimmt Methylenchlorid ein, das bei gleichem Lösungsvermögen wie Chloroform und Tri vollkommen unschädlich ist.

Bei Verwendung dieser organischen Lösungsmittel, besonders von Tri, sind die Vorschriften der Herstellerfirmen stets einzuhalten, in geschlossenen Räumen, die schwer gelüftet werden können (Ölbehälter), Gasmasken zu tragen; bei Methylenchlorid, bei dem besondere Vorsichtsmaßnahmen nicht nötig sind, ist bei Reinigung des Ölbehälters Frischluft in diesen einzublasen.

Beim Arbeiten mit sämtlichen Reinigungsmitteln ist eine Schutzbrille zu tragen, und die Hände sind vor und nach den Reinigungsarbeiten mit einer fettfreien Creme zu schützen.

Dampf als Reinigungsmittel kommt eigentlich nur dann in Frage, wenn Preßluft nicht zur Verfügung steht. Es ist vorerst eine Reinigung von Hand mit nichtfasernden, in Lösungsmittel getränkten Lappen vorzunehmen und nur niedergespannter Sattdampf zu verwenden. Dampf kommt meist nur zum Ausblasen der demontierten Ölleitung in Betracht, die bereits frei von Turbinenschlamm ist, da ansonsten ein Verkoken und Anbrennen der Ölrückstände eintritt, die sehr schwer entfernbar sind und die Ölfüllung ungünstig beeinflussen würden.

Vielfach wird die Verwendung alkalischer Reinigungsmittel — wie P3, P3-dimal SP und Siliron WH — wegen der Emulsionsgefahr für die Ölfüllung abgelehnt. Dies aber zu unrecht, da eine solche Gefahr bei Vornahme der Reinigung im Sinne vorstehender Richtlinien — wie langjährige Beobachtungen des Verfassers zeigten — keineswegs besteht und nie Schwierigkeiten dieser Art aufgetreten sind. Verfasser bevorzugt alkalische Reinigungsmittel, weil diese — wie aus den Schlammuntersuchungen Abschn. IV, 8 u. VII, 4 bekannt — in der Hitze das beste Lösungsvermögen für Turbinenschlamm besitzen, das noch jenes von Chloroform, Methylenchlorid und Trichloräthylen übertrifft.

Die alkalischen Reinigungsmittel haben überdies den Vorteil, weder feuer- und explosionsgefährlich zu sein, noch eine giftige sowie narkotische Wirkung auszuüben.

2. Einhaltung der von den Dampfturbinenherstellern gegebenen Schmierungsvorschriften für den Dampfturbinenbetrieb.

Verfasser nahm als schmiertechnischer Berater sämtlicher führenden Herstellerfirmen Mitteleuropas wiederholt Gelegenheit, auf die besondere Bedeutung hinzuweisen, welche den, jeder einzelnen Turbine mitgegebenen Betriebsvorschriften und den in diesen enthaltenen Vorschriften für das Turbinenöl und für die Schmierung nicht nur die Schonung des Umlauföles während des Betriebes, sondern auch für die Betriebssicherheit und die Wirtschaftlichkeit des Turbinenbetriebes zukommt. In den im Abschn. VI niedergelegten schmiertechnischen Vorschriften sind neben den im Abschn. III gegebenen konstruktiven Richtlinien alle jene Faktoren enthalten, welche vom Konstrukteur und dem Turbinenlieferanten Rechnung getragen werden sollen, um eine einwandfreie, richtige Schmierung der Turbinen zu erzielen.

Es wird daher an dieser Stelle sowohl dem Konstrukteur als auch dem Betriebsingenieur nochmals dringendst empfohlen, die im Abschn. VI vom Verfasser gegebenen Richtlinien zwecks Schonung des Umlauföles einzuhalten.

3. Wartung und Pflege des Umlauföles.

a) Allgemeines. Das beste Dampfturbinenöl, die besten konstruktiven Maßnahmen zur Schonung des Umlauföles im Betrieb, die gründlichste Reinigung des Schmiersystems und die schmiertechnische Überwachung können das Maximum an Leistungsfähigkeit und Lebensdauer einer Öl-füllung allein nicht sichern, wenn das Umlauföl während des Betriebes und längerer Stillstandspausen nicht sachgemäß gewartet und gepflegt wird und die in den Bedienungsvorschriften der Turbinenherstellerfirmen enthaltenen Schmierungsvorschriften für den Turbinenbetrieb nicht befolgt werden [7, 8].

Zur Wartung und Pflege des Umlauföles werden in der Praxis mit mehr oder weniger Erfolg verschiedene Methoden angewendet, die in diesem Abschnitt kritisch besprochen werden sollen. Es sind dies: Filtrieren im Nebenschluß, Filtrieren im Hauptschluß, Zentrifugieren im Nebenschluß, das De Laval-Funk-Verfahren.

Diese Reinigungsverfahren des Umlauföles werden während des Betriebes der Turbinen im Schmiersystem selbst angewendet.

Bei der Reinigung des Umlauföles im Nebenschluß handelt es sich um die Reinigung des abgezweigten Teilstromes. Für die Auswahl des Reinigungsverfahrens ist die Beschaffenheit und die Art der Verunreinigungen des Umlauföles maßgebend, somit bei Dampfturbinen die Anwesenheit von Wasser, Turbinenschlamm und festen Fremdstoffen.

Gegen die Nebenschlußreinigung kann rein theoretisch das Argument erhoben werden, daß es vorkommen könnte, daß ein im Umlauföl vorhandenes Teilchen des festen Fremdstoffes, Turbinenschlammes oder auch Wassers überhaupt nie aus dem Umlauföl herausgeholt wird. Dieses Argument versuchen die Anhänger der Nebenschlußreinigung mit Hilfe einer mathematischen Reihenrechnung zu widerlegen. Ohne darauf einzugehen, möchte Verfasser auf die ihn besonders bei seinen Vorträgen gestellte Frage, welche Methode zur Reinigung des Dampfturbinen-Umlauföles die beste sei, beantworten und begründen [7].

Unter Berücksichtigung der besonderen Betriebsbedingungen und der im Umlauföl vorhandenen Verunreinigungen sowie der Leistungsfähigkeit der zur Verfügung stehenden Reinigungsverfahren empfiehlt Verfasser nachstehende Reinigungsmethoden anzuwenden:

1. Hauptstromfilterung mittels Hochleistungs-Feinfilter — wie bereits im Abschn. III, 14 ausführlich beschrieben — zwecks kontinuierlicher Entfernung sämtlicher Fremdstoffe und Turbinenschlamm.

2. Periodische Nebenschlußzentrifugierung mittels einer fahrbaren Hochvakuum-Ölreinigungsanlage zwecks Entfernung des in das Umlauföl eingedrungenen Wassers.

b) Filtrieren im Nebenschluß. Dieses Verfahren zur Reinigung des Dampfturbinen-Gebrauchsöles in der Turbine während des Betriebes ist erst in den letzten Jahren eingeführt worden.

Die Erste Brünner hat als erste Dampfturbinen-Herstellerfirma Hochleistungs-Feinfilter entwickelt und mit den Turbinen mitgeliefert. Diese Feinfilter sind Filterpressen mit Filterpapier. Der zu reinigende Teilstrom wird nach dem Kühler abgezweigt und durch das Filter geführt; das gereinigte Öl wird in den Ölbehälter rückgeleitet.

Die Ansicht, daß ein Nebenschluß-Feinfilter mit Zusatzkühler durch starke Kühlung des Umlauföles eine beschleunigte zusätzliche Ausscheidung und Entfernung von Turbinenschlamm ermöglicht — wie MICHEL und DÖRRFELD [137] annehmen —, ist nicht richtig. Es werden Rückkühltemperaturen bis unter 20° C in Vorschlag gebracht. Bei diesen tiefen Temperaturen ist es, wie im Abschn. VII, 4 bereits erwähnt, unmöglich, ein sofortiges Ausfällen des Turbinenschlammes, der Ölalterungsprodukte — deren Öllöslichkeit bekanntlich mit abnehmender Temperatur ebenfalls abnimmt — zu berechnen.

Für das einwandfreie Funktionieren dieser Feinfilter, bei welchen meist Filterpapier für die Filterpresse verwendet wird, ist die *vollkommene Wasserfreiheit* Bedingung. Bei vom Verfasser empfohlenem Hauptstromfiltrieren besteht diese Gefahr nicht, da diese mit wasserunempfindlichen Metalltressengeweben oder feinsten Metallsieben ausgerüstet sind, so daß auch geringere Mengen Wasser im Hauptstromfilter abgeschieden werden und dessen einwandfreies Funktionieren keineswegs stören.

c) Filtrieren im Hauptschluß. Die vorstehenden Ausführungen über das Filtrieren des Umlauföles im Nebenschluß lassen die besonderen Vorteile der im Abschn. III, 14 beschriebenen Hauptstromfilter deutlich erkennen. Diese leider noch nicht allgemein eingeführte Methode gehört zur modernen Dampfturbinenpflege, und es wäre sehr wünschenswert, wenn die Dampfturbinenhersteller bereits bei der Planung im Schmiersystem eines jeden Aggregates ein Hochleistungs-Hauptstromfeinfilter vorsehen würden.

Verfasser empfahl wiederholt den nachträglichen Einbau eines Hauptstromfilters in bereits bestehenden Anlagen, die unter ungünstigen Betriebsbedingungen arbeiten, mit bestem Erfolge. Bei Turbinen mit geringem Wassergehalt des Umlauföles bis 0,3 %, wurde bei vollkommen einwandfreiem Arbeiten dieser Filter auch gleichzeitig eine Wasserabscheidung aus demselben erzielt. Es ist nach Möglichkeit stets ein umschaltbares Doppelfilter zu verwenden. Die Behandlungsvorschriften der Herstellerfirmen sind einzuhalten.

d) Zentrifugieren im Nebenschluß. Diese Methode ist heute noch die am meisten angewendete. Die Zentrifuge — Separator, Schleuder — kann in allen Fällen angewendet werden, wo Hochleistungs-Feinfilter oder

Filterpressen verwendbar sind. Die Zentrifugen, deren Wirkungsweise auf den Einfluß der Zentrifugalkraft beruht, trennen Turbinenschlamm, feste Fremdstoffe und Wasser.

Verfasser hat in der Praxis äußerst selten einwandfrei arbeitende Zentrifugen gesehen, da es speziell bei der Nebenschlußschleuderung nötig ist, daß das Umlauföl bei *einmaligem* Durchgang durch die Zentrifuge blank und wasserfrei wird — da es sonst überhaupt unmöglich ist, eine vollkommene Reinigung zu erzielen —, weil diese dann eben nur in dem Maße erfolgt, als die Verunreinigungen bei einmaligem Durchlaufen des Umlauföles durch die Zentrifuge entfernt werden.

Verfasser hörte wiederholt, daß die Bedienung und richtige Einstellung einer Zentrifuge eine Wissenschaft sei. Zugegebenermaßen nicht zu unrecht!

Bisher wurde von den Separatorenfirmen den Kunden empfohlen, die Versuche zwecks Feststellung des besten Wirkungsgrades der Zentrifuge *selbst durchzuführen*, um für ein bestimmtes Schmieröl die richtige Einstellung desselben zu bestimmen.

Grundsätzlich ist *nur* mit der *Purifikator*trommel in *einem* Durchsatz durch die Zentrifuge zu arbeiten. Durch die richtige Auswahl der zu verwendenden Regulierscheibe, die *richtige Temperatur* sowie Einstellung der *richtigen Leistung* (Liter/Stunde), muß es bei *einmaligem Durchgang* des Umlauföles möglich sein, dieses *vollkommen zu reinigen* und ein *blankes* sowie *wasserfreies* Zentrifugat zu erhalten.

Verfasser veranlaßte seine Mitarbeiter, Versuche zwecks Feststellung des besten Wirkungsgrades der Zentrifugen vorzunehmen, welchen obige Forderung zugrunde gelegt wurde. Das Ergebnis dieser Versuche sei kurz zusammengefaßt wiedergegeben:

a) *Mit einer Regulierscheibe* (Trennscheibe) kann für Dampfturbinenöl mit einer Viskosität von 4 bis 5° E bei 50° C das Auslangen gefunden werden.

b) Die günstigste Temperatur für das Zentrifugieren ist *mindestens 70° C*, so daß unbedingt eine zusätzliche Erwärmung des Umlauföles notwendig ist.

c) *Die Leistung der Zentrifuge*, an welcher die Versuche vorgenommen wurden, betrug 400 Liter pro Stunde. Um stets mit Sicherheit ein einwandfreies Zentrifugat zu erhalten, war es nötig, die Stundenleistung von 300 Litern *nicht zu überschreiten. Somit kann eine Einstellung der Zentrifuge auf 75% der Nennleistung als Richtlinie dienen.*

Diese für die Praxis sehr interessanten und wichtigen Ergebnisse zeigen, daß es durchaus möglich ist, bei einmaligem Durchgang ein vollkommen blankes Zentrifugat bei Verwendung der Purifikatortrommel allein zu erhalten, und es nicht nötig ist, auch mit der Klarifikation zu arbeiten.

Durch diese Versuche wird der von verschiedenen Seiten vertretene Standpunkt, im Nebenschluß bei möglichst niedriger Temperatur zu zentrifugieren, als für die Praxis nicht durchführbar gekennzeichnet, da bei Temperaturen unter 70° C mit einer einwandfreien, sachgemäßen Reinigung des Umlauföles in einem Durchgang nicht zu rechnen ist. Auch die als Kompromißlösung vorgeschlagene Arbeitstemperatur der Zentrifuge von 50° C, welche bei Entnahme des Umlauföles zur Nebenschlußreinigung aus dem Ölbehälter vorliegen würde, ergibt bei einmaligem Durchlaß kein brauchbares Zentrifugat.

Die Anwendung tiefer Temperaturen wird von verschiedenen Seiten nur aus Gründen der Ölschonung der irrtümlich angenommenen größeren Schlammausscheidungsmöglichkeit bei diesem in Vorschlag gebracht. Es sei jedoch darauf hingewiesen, daß auch bei einer Erhitzung des Öles auf 70 bis 85° C — welcher Temperaturbereich für das Zentrifugieren in Frage kommt — in diesem Temperaturenbereich eine alterungsbeschleunigende Wirkung noch nicht stattfindet und ein bereits ausgeschiedener Schlamm nicht wieder in Lösung geht, daher für das Umlauföl nicht von Nachteil ist.

Eine kontinuierliche Reinigung des Umlauföles durch Zentrifugieren im Nebenschluß ist nicht nötig, denn bei starken Wassereinbrüchen sind im Sinne Abschn. V, 2 u. 9 sofort Maßnahmen zu deren Beseitigung zu ergreifen und durchzuführen, so daß daher dauernder Wassereintritt nur verhältnismäßig kurze Zeit erfolgen kann. Aus diesem Grunde kommt in der Praxis ein diskontinuierliches, periodisches Zentrifugieren in Anwendung, um die sich ansammelnden Verunreinigungen aus dem Umlauföl zu entfernen.

Alle diese Betrachtungen beziehen sich auf die bei normalem Atmosphärendruck arbeitenden Zentrifugen. Wesentlich anders liegen die Verhältnisse bei Hochvakuumzentrifugen.

Diese Hochvakuum-Ölreinigungsanlagen besitzen den großen Vorteil, das Dampfturbinen-Umlauföl in einmaligem Durchgang nicht nur von Wasser, Turbinenschlamm und festen Fremdstoffen zu befreien, sondern auch gleichzeitig vollkommen zu trocknen und zu entgasen. Sie gehören daher zum unentbehrlichen Inventar eines jeden modernen Kraftwerkes. Da sie überdies zu Transformatorenölreinigung bestens Verwendung finden können und nur periodisch an den Dampfturbinen eingesetzt zu werden brauchen, genügt auch für ein Großkraftwerk eine fahrbare Hochvakuum-Ölreinigungsanlage vollkommen. Jedem Kraftwerk, das auf neuzeitliche Pflege des Dampfturbinenöles Wert legt, ist die Anschaffung einer solchen Ölreinigungsanlage zu empfehlen.

e) De Laval-Funk-Verfahren. Dieses Verfahren stützt sich auf die Tatsache, daß die öllöslichen, sauren Alterungsstoffe im Wasser um das Zehnfache löslicher sind als im Öl. Es besteht in erster Linie aus einem ständigen Durchmischen und Waschen des Öles mit Wasser. Das Wasser wird dann zusammen mit den darin gelösten Säuren mittels einer Zentrifuge restlos aus dem Öl ausgeschieden. In Abb. 35 ist eine De Laval-Funk-Anlage zur kontinuierlichen Reinigung des Dampfturbinen-Umlauföles im Nebenschluß schematisch dargestellt.

Dieses Verfahren ist in der Praxis sehr selten anzutreffen, obwohl, wie auch aus Abschn. VII, 3b ersichtlich, eine sehr gute Pflege des Umlauföles damit erzielt wird. Die Gründe hierfür scheinen darin zu liegen, daß es nur schwer gelingt, die bei der Waschung entstehenden Scheinemulsionen in der Zentrifuge restlos zu trennen und ein vollkommen

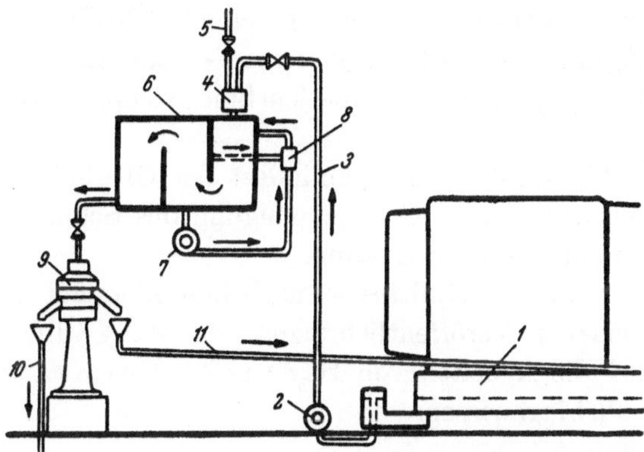

Abb. 35. Schema einer De Laval-Funk-Anlage zur kontinuierlichen Reinigung des Umlauföles von Dampfturbinen im Nebenschluß.

reines, blankes Zentrifugat zu erhalten. Da das De Laval-Funk-Verfahren im Nebenschluß arbeitet, ist es selbstverständlich notwendig, bei einmaligem Durchsatz vollkommen zu reinigen. Dieses Verfahren würde sich bald großer Beliebtheit erfreuen, wenn es nur periodisch eingesetzt und der De Laval-Funk-Anlage eine Hochvakuum-Ölreinigungsanlage nachgeschaltet und beide Anlagen vereinigt fahrbar montiert werden würden, wodurch alle Schwierigkeiten, die sich bisher infolge ungenügender Entwässerung bei einmaligem Durchgang ergaben, aus der Welt geschafft wären.

Um die Gesamtfüllung zu reinigen, sind mehrmals größere Mengen der Ölfüllung abzulassen — auch dann, wenn eine Zentrifuge im Nebenschluß angeschlossen ist. Dabei ist besonders zu achten, daß der Ölstand nicht bis zur unteren Kante des Ansaugstutzens der Hauptölpumpe absinkt. Die abgelassenen Teilfüllungen sind bei 70 bis 85° C zu filtrieren oder zu zentrifugieren und jeweils das gereinigte, blanke Umlauföl in das Schmiersystem zurückzuführen. Durch mehrmalige Wiederholung dieser Teilreinigung des Umlauföles wird die Gesamtfüllung wieder vollkommen blank und wasserfrei, ohne daß eine Ölerneuerung erforderlich ist. Diese

Filtrate oder Zentrifugate sind stets *nur* als Nachfüllöl für Dampfturbinen zu verwenden.

f) Pflege des Gebrauchsöles während des Stillstandes der Turbine.

Nicht nur während des Betriebes der Turbine, sondern auch während der Stillstände derselben, muß das Umlauföl gepflegt und gewartet werden. Bei jeder periodischen, maschinentechnischen Überholung oder bei Reparaturen an den Turbinen, die meist längere Zeit — mehrere Tage oder Wochen — in Anspruch nimmt und soweit es die periodischen Überholungen betrifft, gewöhnlich jedes zweite Jahr vorgenommen werden, ist die gesamte Ölfüllung der Turbinen abzulassen und das Öl bei 70 bis 85° C zu zentrifugieren, um sämtliche Verunreinigungen, vor allem das Wasser zu entfernen. Die so gereinigte Ölfüllung bleibt sodann so lange außerhalb des Schmiersystems — am zweckmäßigsten im Reservebehälter — gelagert, bis die Turbine wieder in Betrieb gesetzt wird.

Vor jeder Wiederfüllung ist zumindest der Ölbehälter zu reinigen, wenn nicht gleichzeitig eine Gesamtreinigung des Schmier- und Regelsystems vorgenommen werden kann.

Am Schluß dieses Abschnittes sei noch besonders auf die auf diesem Gebiete erschienenen Veröffentlichungen, wie WEV-Ölbewirtschaftung [*138*] sowie auf die Arbeiten von HANA [*132*], UHTHOFF [*28, 139, 140*] und SIMON [*29*] hingewiesen.

X. Ölwirtschaft in Turbozentralen.

1. Versand von Dampfturbinenöl.

Der Versand des Dampfturbinenöles erfolgt in Kesselwagen oder in Eisenfässern, die innen unverzinkt sein müssen.

Holzfässer dürfen für den Transport für Dampfturbinenöl keinesfalls verwendet werden.

Es ist selbstverständlich, daß sämtliche Transportgefäße für Dampfturbinenöl vor Befüllung vollkommen rein und auch nicht Spuren eines anderen Öles vorhanden sein dürfen. Bei Übernahme der Lieferungen ist auf die Unversehrtheit der Plomben zu achten. Neuöle müssen frei von festen Fremdstoffen sein. Diese Forderung kann bei Anwendung entsprechender Vorsicht durchaus erfüllt werden.

2. Lagerung von Dampfturbinenöl.

Für einwandfreie Lagerhaltung ist eine übersichtliche Lagerung der Öle in einem geschlossenen Raum und eine klare, entsprechende Beschriftung der Behälter sowie Betrauung einer bestimmten verantwortlichen Person nötig.

Es ist empfehlenswert, Vorratsbehälter für folgende Sorten vorzusehen: Neuöl, Absetzöl, gereinigtes Öl, Regenerat, Altöl.

Eine moderne Öllagerung ist für sämtliche in einem Kraftwerk benötigten Öle vorzusehen, und zwar außer für Dampfturbinenöl auch für: Transformatorenöl, Maschinenöl, Sattdampfzylinder- und Heißdampfzylinderöl usw. [31]. Es soll jedoch hier nur über Dampfturbinenöl gesprochen werden.

Die Vorratsbehälter sind stets verschlossen und staubdicht zu halten. Die Lagerung von Dampfturbinenöl in Fässern ist zu vermeiden und ortsfesten, stehenden Lagergefäßen der Vorzug zu geben.

Sie sind mit konischem Boden und mit einer Schlammschleuse zu versehen, um Verunreinigungen leicht entfernen zu können. Es sind Meßstandgläser, Schwimmer mit Ölstandanzeiger oder zumindest Probierhähne vorzusehen, um jeweils die Vorratsmenge feststellen zu können.

Für den Transport des Dampfturbinenöles sind, sofern keine speziellen Ölleitungen vom Lagerraum — Ölkeller — in das Maschinenhaus vorgesehen sind, gut verschlossene, vollkommen reine, stets nur für denselben Zweck verwendete Transportgefäße zu verwenden, die für jede Ölsorte getrennt vorhanden sein müssen und die gleiche Beschriftung wie die Vorratsbehälter tragen sollen. *Ölbehälter und Transportgefäße dürfen unter keinen Umständen einen Innenanstrich bekommen.*

Die Lagerung des Dampfturbinenöles im „Ölkeller" soll möglichst nahe der Turbinenhalle in einem getrennten, heizbaren Raum vorgesehen werden und gleichzeitig alle Einrichtungen besitzen, um nicht nur die Schmiermittel für das Gesamtkraftwerk, sondern auch die Apparate zur Wartung und Pflege des Dampfturbinenöles und der übrigen Öle aufzunehmen imstande sein, so daß darin die physikalische Reinigung — Filtrieren oder Zentrifugieren — des Dampfturbinenöles vorgenommen werden kann. Beim Bau eines neuen Kraftwerkes soll bereits bei der Planung auf den „Ölkeller" Rücksicht genommen werden.

3. Durchführung und Überwachung der Ölwirtschaft.

Die Verwendung und Handhabung des Dampfturbinenöles innerhalb des Kraftwerkes hat planmäßig und den gegebenen Vorschriften entsprechend zu erfolgen.

Grundsätzlich darf Dampfturbinenöl mit keinem anderen Öl, auch nicht mit Spuren eines solchen, vermischt werden.

Dampfturbinenöl soll auch nur für Dampfturbinenschmierung verwendet werden. Gebrauchsöle sollen, wenn sie die Alterungsgrenze nach WEV-Ölbewirtschaftung erreicht oder überschritten haben, unverzüglich der Regenerierung zugeführt werden. Diese Altöle sind neuölwertig zu regenerieren und für Wieder- und Nachfüllungen an Dampfturbinen weiter zu verwenden. Werden gereinigte Gebrauchsöle zur Nachfüllung verwendet, dann müssen diese den gleichen oder einen geringeren Alterungsgrad — geringere Nz oder Vz — als die Ölfüllung besitzen, zu der nachzufüllen ist. Umlauföle — Gebrauchsöle — gleicher Marke, aber verschiedenen Alterungsgrades, sind weder im Schmiersystem der Dampfturbine noch bei der Ölhandhabung im Betriebe miteinander zu vermischen. Der Reservebehälter ist ebenfalls vollkommen zu entleeren und außerdem nach jeder Benützung zu reinigen. Sämtliche Filter und Zentrifugen sind nach jedem Gebrauch gründlich zu reinigen sowie Filterpapier oder Filtermassen zu erneuern.

Die gesamte Dampfturbinenölbewegung innerhalb des Kraftwerkes ist mengenmäßig zu erfassen. Die Überwachung der Turbinenölwirtschaft wird am besten in die Hand des Betriebsingenieurs der Kraftzentrale gelegt.

Bei Beschaffung der *Erstfüllung* ist nach den Vorschriften des Turbinenlieferanten und der WEV-Ölbewirtschaftung vorzugehen und für das gesamte Kraftwerk im Sinne Abschn. II, 6 *nur eine Dampfturbinenölsorte* in Verwendung zu nehmen.

Grundsätzlich sind Wiederfüllungen nur dann vorzunehmen, wenn:

a) Vollverlust der Ölfüllung durch Betriebsunfälle eingetreten ist,

b) die Ölfüllung die Alterungsgrenzen nach WEV-Ölbewirtschaftung die Neutralisationszahl $Nz = 3{,}0$ oder die Verseifungszahl $Vz = 6{,}0$ erreicht oder überschritten hat,

c) wasserhaltiges Umlauföl — Öl-Wasser-Mischung oder Öl-Turbinenschlamm-Wasser-Suspension — beim Erhitzen auf 70 bis 85° C und gleichzeitigem Filtrieren das Wasser und den Turbinenschlamm nicht mehr abgibt und nicht blank wird, sondern trübe, hellbraun, gelb oder weiß bleibt.

Die Beschaffung einer *Reservefüllung* ist für alle Fälle empfehlenswert. Wenn mehrere Turbinen in einer Kraftzentrale vorhanden sind, ist eine Reservefüllung nur für eine Turbine im Ausmaße der größten Ölfüllung zu beschaffen. Diese Reservemengen sollen nicht für Nachfüllungen verwendet werden, sondern sind nur für äußerste Notfälle zu bestimmen.

Grundsätzlich ist zur Nachfüllung nur jene Ölsorte zu verwenden, die in der Turbine in Verwendung steht. Es kommt hierfür entweder Neuöl, neuölwertiges Regenerat oder gereinigtes Öl, wenn dieses keinen größeren Alterungsgrad als das Umlauföl aufweist, in Frage.

Ein Absinkenlassen des Ölspiegels im Ölbehälter bis zur untersten Ölmarke ist zu unterlassen. Es sind nur kleine Mengen in regelmäßigen Zeitabständen zur Ergänzung des Normalölstandes nachzufüllen. Das Nachfüllöl soll stets Maschinenhaustemperatur haben.

Unter *Nachfüllöl* sind nur jene aus dem Vorratslager entnommenen Ölmengen zu verstehen und festzuhalten, die zur Ergänzung auf den normalen Ölstand im Ölbehälter nachgefüllt werden müssen. Der Nachfüllölbedarf an Dampfturbinen ist im allgemeinen abhängig von den Verlusten durch Undichtheiten, Verdunsten, Ablassen des abgesetzten Wassers aus dem Ölbehälter und im besonderen, wie Verfasser in der Praxis wiederholt feststellen konnte, in der unrichtigen Beurteilung wasserhaltiger Umlauföle — und deswegen vorgenommener Teilerneuerung der Ölfüllung.

Die Dampfturbinenhersteller geben für die gelieferten Turboaggregate stets den garantierten Mindestbedarf an Nachfüllöl in g/Betriebsstunden

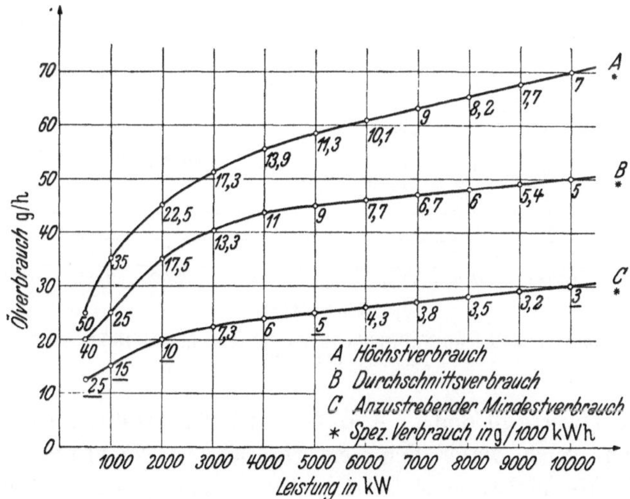

Abb. 36. Schmierverbrauch an Nachfüllöl für Dampfturbinen bis 10000 kW Leistung. (Nach WOLF.)

an. Verfasser hat bei wiederholten schmiertechnischen Beratungen auch diese Frage mit den Turbinenlieferanten besprochen und gefunden, daß diese Werte um 100% und mehr streuen. Daher können auch diese Werte nicht als Grundlage für die Errechnung des Turbinenölverbrauches an Dampfturbinen dienen.

Es ist zu unterscheiden zwischen dem „Schmierverbrauch" und dem „Verlustverbrauch". Der Schmierverbrauch gibt an, welche Schmierstoffmenge an einer Maschine in der Zeiteinheit zugeführt wird, unabhängig davon, ob das zugeführte Schmiermittel nur aus Frischöl, aus Filtrat oder Zentrifugat, aus Regenerat bzw. aus Mischungen derselben besteht. Der Verlustverbrauch gibt an, welche Schmierstoffmengen an Frischöl ersetzt werden müssen, um die unvermeidlichen Verluste auszugleichen.

Für Dampfturbinen und Turboaggregat ist daher zu unterscheiden:

a) Schmierverbrauch an Nachfüllöl in g/1000 kW (Nennleistung),

b) Schmierverbrauch für Neufüllung in g/1000 kW mit Kennzeichnung der Lebensdauer der Ölfüllung in Betriebsstunden, der Ölfüllmenge, der Umwälzzahl/h und der Nennleistung.

c) Verlustverbrauch und g/1000 kWh (Summe aus Nachfüllöl und Neufüllöl) unter Berücksichtigung der Regenerierung des Altöles.

Verfasser hat den Schmierverbrauch an Nachfüllöl für Dampfturbinen von mehreren hundert Turbinen zusammengestellt, und es wurden die

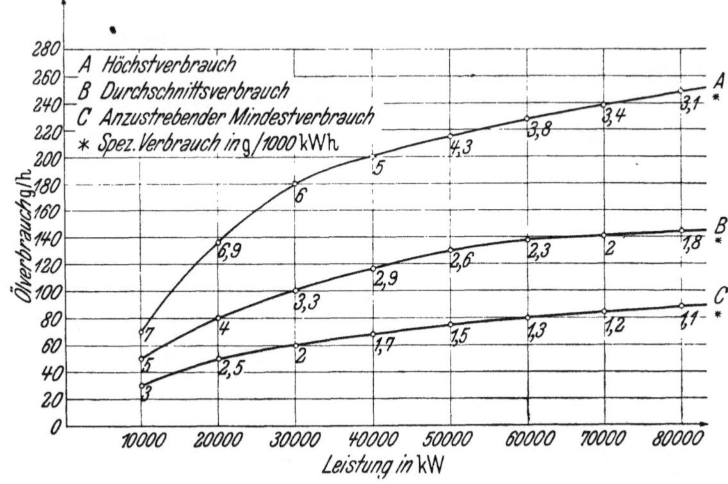

Abb. 37. Schmierverbrauch an Nachfüllöl für Dampfturbinen von 10000 bis 80000 kW Leistung. (Nach WOLF.)

Durchschnittswerte in den in Abb. 36 u. 37 dargestellten Diagrammen festgehalten. Auch dieser Schmierverbrauch an Nachfüllöl wurde in g/1000 kWh Nennleistung × Betriebsstunden angegeben, weil der Nachfüllölbedarf von der effektiven Leistung der Turbine — von der Be-

Zahlentafel 11. *Bedarf an Nachfüllöl für Dampfturbinen in g/1000 kWh (Nennleistung × Betriebsstunden)* [8].

Nennleistung in kWh	Mittelwerte	Bestwerte
500	25	16
1000	15	12
2000	10	7
3500	6	4
5000	4	3
10000	3	2
15000	2	unter 2
über 15000	unter 2	unter 2

lastung derselben, Belastungsschwankungen und Blindstromerzeugung — vollkommen unabhängig ist. Dieser Nachfüllölbedarf konnte, wie aus Zahlentafel 11 ersichtlich, noch weiter gesenkt werden.

Diese vom Verfasser aus der Praxis zusammengestellten anzustrebenden Mindestverbräuche können bei normalen Betriebsbedingungen und sachgemäßer Ölpflege, bei Erfassung sämtlicher Einsparungsmöglichkeiten und bei Vermeidung aller Verlustquellen ohne weiteres erreicht werden.

Für jede Dampfturbine muß jederzeit der Schmierverbrauch an Nachfüllöl in g/1000 kWh (Nennleistung) feststellbar sein.

Das beim periodischen Abschlammen durch Reinigung — Filtrieren oder Zentrifugieren bei 70 bis 85° C — aus der Öl-Wasser-Mischung oder Öl-Turbinenschlamm-Wasser-Suspension wiedergewonnene Umlauföl ist in das Schmiersystem wieder einzufüllen, *ohne jedoch diese Mengen als Nachfüllöl auszuweisen.*

Diese Werte gelten ohne wesentliche Abweichungen auch für Turbogebläse, Turbokompressoren und Turbovakuumpumpen. Voraussetzung ist in allen Fällen, daß die Turboaggregate unter normalen Betriebsverhältnissen und mit einwandfreier Ölpflege laufen.

Da für Turbogebläse fast ausschließlich die Gebläse- und nicht die Turbinenleistung angegeben wird, wegen der Errechnung des Ölbedarfes an Nachfüllöl aber die Turbinenleistung interessiert und benötigt wird, soll hier ein Umrechnungsfaktor bekanntgegeben werden, der von den Turbokompressoren-Herstellerfirmen benützt wird. Danach ergibt die Kompressorleistung in m³ durch 10 dividiert die Leistung in PS. Somit ist m³/10 = PS und ist dann in kW umzurechnen. Zum Beispiel ein Turbokompressor mit einer Ansaugleistung von 13600 m³/h entspricht einer Turbinenleistung von 1360 PS = 1000 kW. Wenn die Turbinenleistung unbekannt ist, kann diese somit mit einer für diesen Zweck genügenden Genauigkeit errechnet werden.

Abschließend sei nochmals auf die Notwendigkeit hingewiesen, alle Verlustquellen zu vermeiden und die gegebenen Richtlinien für die Wartung und Pflege des Umlauföles einzuhalten, um normalen Nachfüllölverbrauch an Dampfturbinen zu erzielen.

4. Apparate zur Reinigung von Dampfturbinen-Gebrauchsölen.

Neben der kontinuierlichen und periodischen Reinigung des Umlauföles während des Betriebes kommt auch der Reinigung des Gebrauchsöles während der Betriebsstillstände größte Bedeutung zu. Dafür kommen verschiedene Methoden zur Anwendung, die bereits im Abschn. IX, 3 beschrieben wurden. In diesem Abschnitt soll nur mehr eine kurze Beschreibung der für diese Zwecke verwendeten Apparate erfolgen.

a) Absetzvorrichtungen. Die einfachste Reinigung — die Vorreinigung — wasserhaltiger und durch feste Fremdstoffe verunreinigter Dampfturbinen-Gebrauchsöle geschieht durch *Absetzen* in Klär- oder Absetzbehältern. Diese sind zweckmäßigerweise heizbar und mit schrägem Boden auszurüsten. In der oberen Hälfte ist ein Ablaßhahn für das gereinigte Öl anzubringen, an der tiefsten Stelle ein Ventil, am besten in Form einer Schlammschleuse zum Ablassen der Verunreinigungen (Abb. 38).

Nach jedem Gebrauch sind die Absetzvorrichtungen zu reinigen. In Abb. 39 ist neben einer Absetzvorrichtung auch ein Einfachfilter dargestellt.

b) Filter. Durch *Filter* werden mechanische Verunreinigungen, Turbinenschlamm und Wasser, noch besser als durch Absetzen allein aus dem Dampfturbinen-Gebrauchsöl entfernt.

Das einfachste Filter ist das *Putzwollefilter* (Abb. 39). Verfasser gibt an Stelle der Putzwolle feinstem Filterfilz — von der Art der Naßfilze der Papierindustrie mit feinsten Drahtsieben 3000 bis 5000 Maschen/cm² unbedingt den Vorzug.

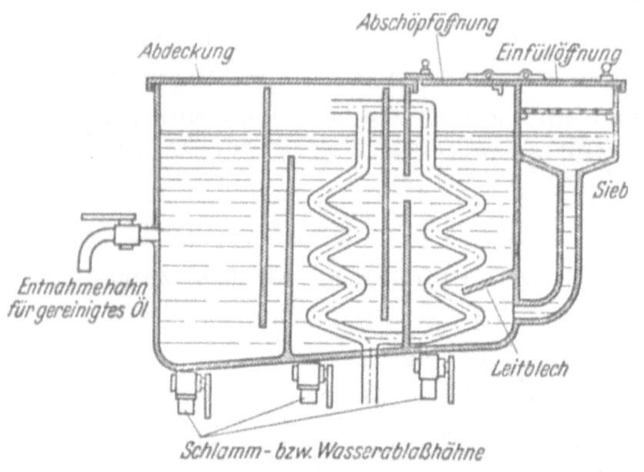

Abb. 38. Absetzvorrichtung zur Trennung von Verunreinigungen und Wasser vom Öl.

Neben diesen einfachen Filtern kommen auch Filterpressen — Rahmen- und Kammer-Filterpressen — zur Reinigung des Dampfturbinen-Gebrauchsöles zur Anwendung. Diese sind meistens fahrbar ein-

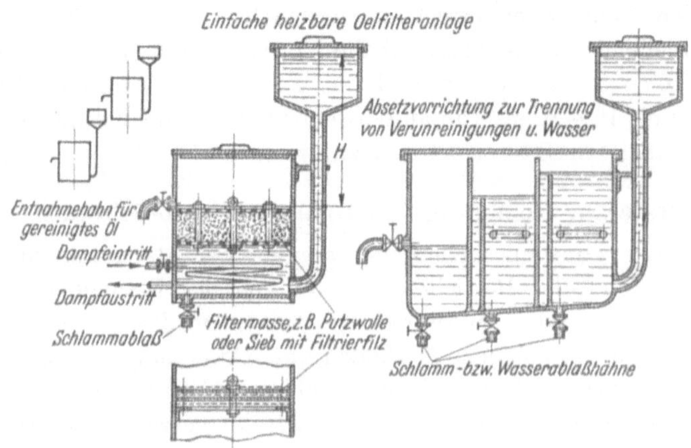

Abb. 39. Absetzvorrichtung und einfache Filteranlage für Dampfturbinen-Gebrauchsöl.

gerichtet. Es ist zweckmäßig, daß das zu filtrierende Öl in den Absetzgefäßen vollkommen vom Wasser befreit wird.

Die bisher beschriebenen Filter arbeiten rein mechanisch, während das vielfach in Deutschland eingeführte *Schlegelfilter* eine physikalische

Reinigung des Gebrauchsöles vorsieht. Diese wird durch die Behandlung des Öles mit Bleicherde erzielt. Es handelt sich dabei selbstverständlich nicht um eine Vollregenerierung — also um keine chemische Reinigung. Da in diesem Schlegelapparat eine elektrische Heizplatte eingebaut ist,

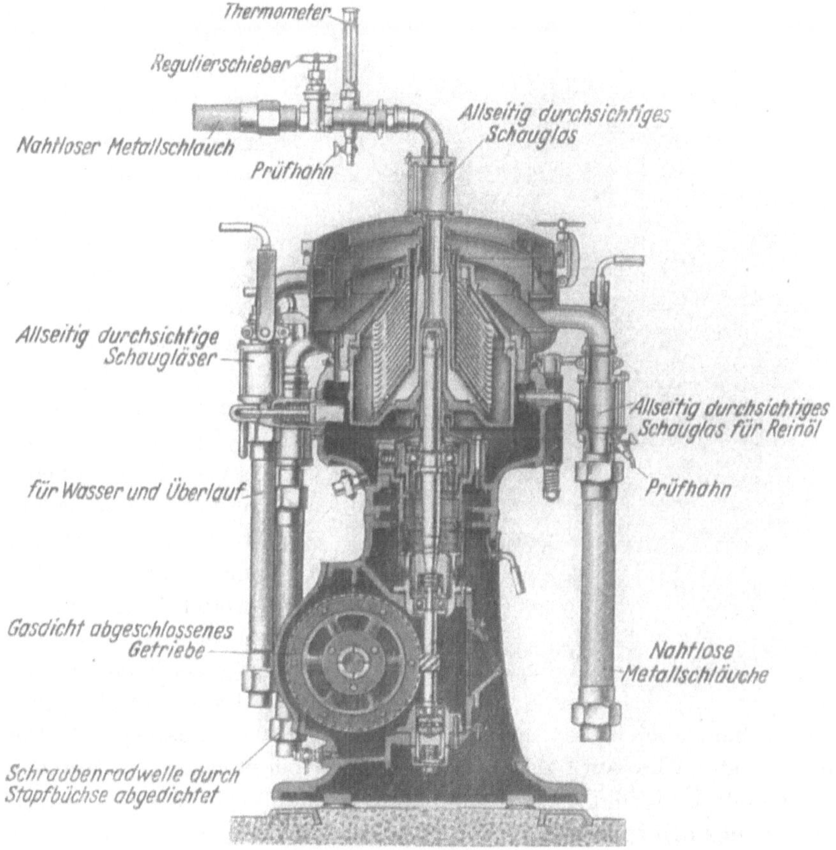

Abb. 40. Schnitt durch eine Vakuumzentrifuge.

konnten Temperaturen des aus dem Apparat abfließenden Filtrates von 250° C festgestellt werden. Diese hohen Temperaturen sind für Dampfturbinenöle unzulässig, weshalb bei Verwendung eines Schlegelfilters sichergestellt werden muß, daß eine Überhitzung des zu reinigenden Öles in demselben über 115° C nicht möglich ist, da diese Temperatur auf keinen Fall überschritten werden darf.

Es ist selbstverständlich, daß sämtliche Filter nach Gebrauch gründlichst gereinigt werden und die Filtermassen erneuert werden müssen.

c) **Zentrifugen.** Im Abschn. IX, 3 d wurde bereits ausführlich die Erfahrung des Verfassers mit den Zentrifugen — Separatoren, Schleudern — berichtet und jene Forderungen gestellt, die zur Erreichung eines einwandfreien Zentrifugates erfüllt werden müssen. Die Wirkungsweise der Zentrifugen kann als bekannt vorausgesetzt werden.

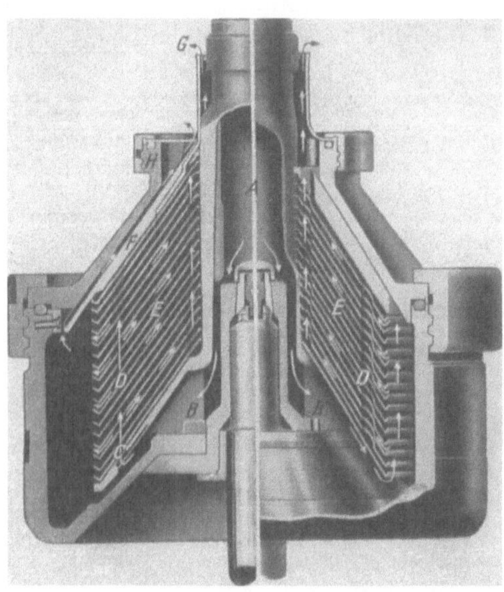

Abb. 41. Die beiden Hauptarten der De Laval-Spezialtrommel. Purifikation. Klarifikation.

Man unterscheidet im wesentlichen zwei Arbeitsweisen, je nachdem man zwei Flüssigkeiten trennen will oder besonderen Wert auf die Klärung der Flüssigkeiten von festen Fremdstoffen legt. Im ersteren Falle — der Purifikation — linke Bildhälfte Abb. 41 — steigt die leichtere, gereinigte Flüssigkeit an den Tellern nach innen auf, wird in den oberen Fangraum ausgeschleudert und beim mittleren Auslauf abgeleitet. Die schwere Flüssigkeit sammelt sich an der Peripherie der Trommel und wird von dort gleichfalls nach außen, aber in den unteren Blechdeckelauslauf ausgespritzt. Der dritte, sog. „Überlauf" zeigt die gewöhnlich bei etwa 5 bis 8 Stunden eintretende Überfüllung der Trommel mit Schlamm an, für dessen Aufnahme ein ringförmiger Raum an der Peripherie der Trommel vorgesehen ist. Die Einstellung der Trommel erfolgt in einfacher Weise durch Einsetzen eines dem spez. Gewicht der Flüssigkeit entsprechenden Regulierringes. Im zweiten Fall — der Klarifikation — rechte Bildseite Abb. 41 — bleibt jede feste Beimengung, evtl. auch Wasserspuren im sog. Schlammraum der Trommel zurück, daher nur eine Auslauftülle, und zwar für die gereinigte Flüssigkeit.

Es sei wiederholt, daß grundsätzlich *nur* mit der Purifikationstrommel in einem Durchsatz durch die Zentrifuge zu arbeiten ist und durch die richtige Auswahl der zu verwendenden Regulierscheibe, der richtigen Temperatur sowie der Einstellung der richtigen Leistung (Liter/Stunde) bei einmaligem Durchgang ein vollkommen gereinigtes, blankes, wasserfreies Zentrifugat zu erhalten ist.

Speziell für die Reinigung von Dampfturbinen-Gebrauchsölen sind Vakuumzentrifugen (Abb. 40) besonders empfehlenswert, die Vorzüge derselben wurden im Abschn. IX, 3d beschrieben.

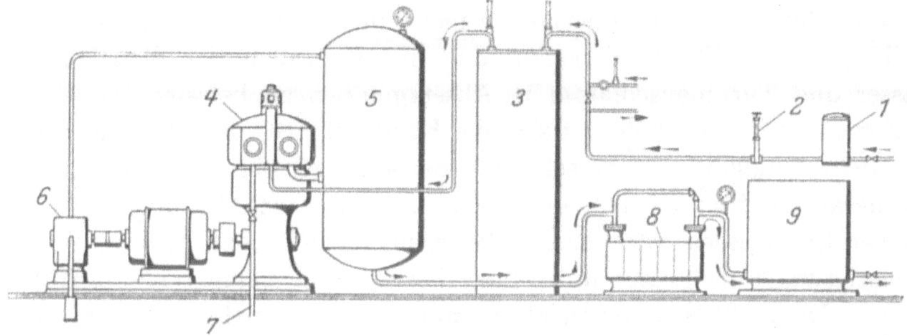

Abb. 42. Schema einer Westfalia-Hochvakuum-Ölreinigungsanlage.
1 Siebfilter am Eintritt des Schmutzöles, *2* Mengenmesser, *3* Vorwärmer, *4* Westfalia-Ölseparator, *5* Vakuumkessel, *6* Vakuumpumpe, *7* Wasserablauf, *8* Reinölpumpe, *9* Feinfilter für Kohle und Ruß bei Schalterölen.

Abb. 42 und 43 zeigen Ölreinigungsanlagen, die sich in der Praxis des Kraftwerkbetriebes ausgezeichnet bewährt haben.

Vollkommen abweichend von den beschriebenen „Tellerzentrifugen" ist die „Sharples-Superzentrifuge", die mit 16000 U/min arbeitet und

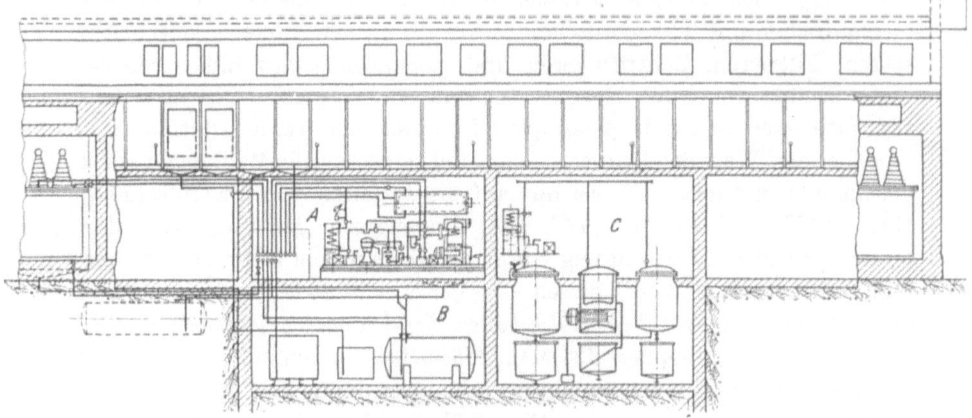

Abb. 43. Ölreinigungsanlage. (Nach A. HERING.)
A Stationäre Ölreinigungsanlage, *B* Raum für diverse Öltanks, *C* Trocken- und Tränkanlagen für Wicklungen.

bei welcher die Trennung der Flüssigkeiten und festen Fremdstoff in einem vertikalen rotierenden Zylinder erfolgt.

Es sei auch hier wiederholt darauf hingewiesen, daß sämtliche Zentrifugen nach jedem Gebrauch vollkommen zu reinigen sind.

d) Bensmann-Floridin-Verfahren. Dieses Verfahren ist eine rein physikalische Aufbereitung von Gebrauchsölen. Es beruht darauf, daß die Gebrauchsöle mit „Floridin" — einer Bleicherde — behandelt werden, wodurch die im Öl enthaltenen freien und gebundenen Säuren und die gebildeten Oxydationsprodukte entfernt werden. Es tritt eine wesentliche Senkung der Nz und Vz ein, was bei sämtlichen bisher beschriebenen mechanischen Reinigungsmethoden nicht der Fall ist. Es ist zweckmäßig, vor der Bleicherdebehandlung des Gebrauchsöles dieses vom Wasser und Turbinenschlamm in Absetzgefäßen zu befreien.

Für Dampfturbinenöle hat sich die Korngröße SG des Floridins und eine Behandlung mit 10 % sehr gut bewährt, es konnte jedoch kein Regenerat erhalten werden, das auch in Bezug auf Alterungsneigung neuölwertig gewesen wäre. Diese Forderung jedoch kann nur bei Vollregenerierung und da nur unter ganz bestimmten Bedingungen erfüllt werden. Dieses Bleicherdeverfahren hat sich in der Praxis sehr gut bewährt.

5. Regenerierung.

Aufgabe der Regenerierung ist es, die während des Gebrauches im Dampfturbinen-Umlauföl entstandenen Alterungsstoffe aus dem Öl restlos zu entfernen und das Altöl wieder neuwertig zu machen. Das Endprodukt wird Regenerat genannt.

Unter Regenerierung versteht man lediglich die chemische Aufbereitung, auch *Vollregenerierung* genannt, zum Unterschied von der mechanischen und physikalischen Aufbereitung der Altöle — durch Absetzen, Filtrieren, Zentrifugieren und Behandlung mit Bleicherde —, deren Endprodukte nie Regenerate, sondern Absetzöle, Filtrate, Zentrifugate oder allgemein *gereinigte Öle* bezeichnet werden dürfen.

Über den Wert der Regenerierung sind seinerzeit die Meinungen stark auseinander gegangen. Es sei nur auf die Arbeiten von BAADER [*141*], HANA [*142*] und STÄGER [*143, 144*] hingewiesen. Da speziell in den letzten Jahren die Verwendung von *Regeneraten* immer mehr Verbreitung fand, sei betont, daß mit diesen — *sofern sie neuölwertig sind —, aber auch nur dann, in der Praxis die besten Erfahrungen gesammelt wurden.* HEILE [*145*] und besonders THOMAS [*146*] befaßten sich in ihren Arbeiten ebenfalls mit der Regenerierung, nachdem sich im letzten Jahrzehnt die Wiedergewinnung gebrauchter Mineralöle zu einem beachtlichen Zweig der Mineralölindustrie entwickelt hat.

Von den möglichen Verfahren der Altölrückgewinnung erfüllt allein die *Vollregenerierung* — durchgeführt von den Dampfturbinenölherstellern selbst oder von Regenerieranstalten — alle technischen und wirtschaftlichen Anforderungen.

Bei der Vollregenerierung werden die in der Mineralölindustrie in Verwendung stehenden Raffinationsmethoden angewendet, wie sie bereits im Abschn. II, 1 beschrieben wurden. Die chemische Aufbereitung

ist sehr schwierig und erfordert große Erfahrungen in der Raffinations-
technik.

*Bekanntlich stellt Verfasser für Dampfturbinenöl-Regenerate die Forde-
rung, daß diese auch in Bezug auf Alterungsneigung neuölwertig sein
müssen,* welche Forderung durch die im Abschn. V, 8 gemachten Feststellungen des Verfassers mehr als begründet erscheint. Der großen Bedeutung wegen soll im Abschn. X, 6 darauf nochmals näher eingegangen
werden.

Die Verluste bei der Vollregenerierung von Dampfturbinen-Altöl betragen bei der in der Praxis normal in Betracht kommenden Vz von 6,0
rund 25 %. Bei abnormal gealterten oder stark überalterten Dampfturbinen-Gebrauchsölen — Vz = 8 bis 10 — steigen die Regenerierverluste bis 50 % an, ohne daß trotzdem die Gewähr besteht, ein neuölwertiges Regenerat zu erhalten. Die Regenerierverluste sind nach der
Art der Alterung und nach dem Grad derselben verschieden und in
starkem Maße von der Art der chemischen Aufbereitung abhängig, so
daß obige Werte nur als Richtlinie dienen können.

Die Regenerate sind nur zur Dampfturbinenschmierung zu verwenden.

6. Gütemäßige Anforderungen an die Dampfturbinenöl-Regenerate und ihre Bedeutung für die Lebensdauer der Ölfüllungen von Dampfturbinen.

*Nach WEV-Ölbewirtschaftung [147] darf das bei der chemischen Auf-
bereitung — der Vollregenerierung — anfallende Endprodukt nur dann als
Regenerat bezeichnet werden, wenn es in allen Eigenschaften den Anforderungen an Neuöl des gleichen Verwendungszweckes genügt.*

Wie Verfasser im Abschn. V, 8 nachweisen konnte, wird diese Forderung vor allem von Großkraftwerken, die in eigenen Regenerieranlagen
Altöle der chemischen Aufbereitung unterziehen, nicht erfüllt, weil diese
Regenerate in Bezug auf Alterungsneigung nicht neuölwertig sind. Die
große Bedeutung dieser Forderung nach Neuölwertigkeit in Bezug auf
Alterungsbeständigkeit geht aus den Untersuchungen des Verfassers
hervor, deren Ergebnisse im Abschn. V, 8 niedergelegt sind.

SKALA [148] hat erstmalig in einer ausgezeichneten Arbeit die Alterungsneigung regenerierter Isolier- und Dampfturbinenöle untersucht
und nachgewiesen, daß das ungünstige Verhalten regenerierter Isolieröle
bei der künstlichen Alterung weder auf das Vorhandensein von Alterungs-
stoffen, die durch Regenerierung nicht entfernbar sind, noch auf unbeständige Verbindungen, die erst durch Einwirkung von konzentrierter
Schwefelsäure auf das Öl entstehen sollen, zurückgeführt werden kann,
sondern daß in derartigen Regeneraten gewisse schwefelhaltige, harz-
artige und in Neuölen stets in geringer Menge vorhandene Stoffe fehlen,

die eine Art natürliche Schutzwirkung bei der Alterung der Öle ausüben. Setzt man nach SKALA solchen „ungeschützten" Regeneraten aus Neuöl gewonnene Extraktstoffe, die solche Schutzstoffe angereichert enthalten, in verhältnismäßig geringen Mengen — 13 bis 20% — zu oder mischt sie mit Neuölen, am besten im Verhältnis 1 : 1, so verhalten sich die so „geschützten" Regenerate bei der künstlichen Alterung den Neuölen gleichwertig.

Nach weiteren Untersuchungen von SKALA [34] kann zusammenfassend gesagt werden, daß zwischen Neuölen und „ungeschützten" Regeneraten schon bei 95° C erhebliche Unterschiede in der Alterungs- und Oxydationsbeständigkeit nachweisbar sind, die wohl für den praktischen Elektrizitätswerkbetrieb, da bei Umspannungen diese Temperaturen nie erreicht werden und die Möglichkeit des Zutrittes von Luftsauerstoff in neuzeitlichen Umspannern erschwert ist, belanglos sind. Für die Schmierung von Dampfturbinen, besonders aber von Höchstdruckturbinen, konnte Verfasser nachweisen — Abschn. V, 8 —, daß „ungeschützte" Turbinenöl-Regenerate infolge der wesentlich größeren betrieblichen Anforderungen, vor allem im Hinblick auf die thermische Beanspruchung, eine wesentlich geringere Alterungsbeständigkeit aufweisen und solche Ölfüllungen eine bedeutend kürzere Lebensdauer besitzen.

SKALA weist mit diesen beiden Arbeiten den richtigen und allein gangbaren Weg, um aus Dampfturbinen-Altöl Regenerate zu erhalten, die *allen* an Neuöl zu stellenden Anforderungen genügen. Es ist unverständlich, daß diese wichtigen Erkenntnisse von Chemikern abgelehnt werden, die in ihren Betrieben Vollregenerierung von Dampfturbinen-Altöl vornehmen. Dieser ablehnende Standpunkt ist durch nichts zu begründen und ungerechtfertigt.

Aus diesem Grunde sind *Dampfturbinenöl-Regenerate* in Hinkunft stets auch auf ihre *Neuölwertigkeit in Bezug auf Alterungsneigung zu prüfen,* und es sollen nur solche Regenerate zur Wieder- und Neufüllungen verwendet werden, deren Vz-Cu nach BAADER *nicht über 0,30 liegen.* Nur solche Regenerate dürfen auch nach WEV-Ölbewirtschaftung als *neuölwertig* bezeichnet werden. Verfasser würde überhaupt nur solche chemisch aufbereitete Altöle, zumindest soweit es Dampfturbinenöl betrifft, als Regenerat bezeichnen; wird diese Forderung nicht erfüllt, so wären die aufbereiteten Öle nur als „chemisch gereinigte" Öle zu bezeichnen.

Für die Praxis haben diese Erkenntnisse die größte Bedeutung, wie dies auch aus den Feststellungen aus Abschn. V, 8 hervorgeht. Es ist somit allen Dampfturbinenbetreibern dringendst zu empfehlen, in Hinkunft nur neuölwertige Regenerate zur Verwendung zuzulassen. Die Regenerierung von Dampfturbinen-Altöl auf Neuölwertigkeit bringt keine größeren Regenerierverluste als die im Abschn. X, 5 bereits angegebenen.

Die Dampfturbinenbesitzer müssen daher im eigenen Interesse darauf
achten, daß Dampfturbinenöl-Regenerate auch in ihrer Alterungsbeständigkeit dem Neuöl gleichwertig sind, was dadurch sichergestellt wird,
daß — wie bereits mitgeteilt — die Vz-Cu nach BAADER nicht über 0,30
liegt. Ist diese Forderung erfüllt, dann wird kein abnormales Verhalten
der Ölfüllungen an Dampfturbinen auftreten, dessen Ursache in der Verwendung eines nicht alterungsbeständigen Regenerates liegt.

7. Über die Mischbarkeit von Dampfturbinenölen verschiedener Herkunft.

Sowohl von den Dampfturbinenherstellern als auch von den Dampf-
turbinenölerzeugern wird bisher die Mischung von Dampfturbinenölen
verschiedener Herkunft abgelehnt. Die gleiche Auffassung kam auch bei
der WEV-Tagung in Stuttgart im Juni 1943 zum Ausdruck. Verfasser
bezeichnete es damals als Zufall, daß eine Mischung von Dampfturbinenölen verschiedener Herkunft gute Betriebsresultate ergaben, denn es
könnte genau das Gegenteil eintreten, und es ist aus Literatur und Praxis
bekannt, daß Provenienzmischungen zu Nachteilen führen und diese
daher abzulehnen sind.

Es ist nunmehr die Frage zu beantworten, ob Mischungen von
Dampfturbinenölen verschiedener Herkunft zugelassen werden sollen
oder nicht.

Die besondere Bedeutung dieser Frage wird dadurch gekennzeichnet,
daß bei Durchführung von Provenienzmischungen weder die Betriebssicherheit und Einsatzbereitschaft der Dampfturbinen und damit der
Kraftwerke im Hinblick auf die Energiewirtschaft im geringsten gefährdet werden darf, noch eine Verkürzung der derzeitigen Lebensdauer
der Ölfüllung — infolge Nachfüllung von Ölen anderer Herkunft in das
Schmiersystem von Dampfturbinen — eintritt, die mit Rücksicht auf die
Versorgung der Kraftwerke mit diesem höchstwertigen Schmierstoff unwirtschaftlich wäre.

Zur Frage der Mischung von Ölen verschiedener Herkunft seien nachstehende Arbeiten angeführt:

Unter Mischbarkeit weist HANA [149] darauf hin, daß Mischungen
von Ölen verschiedener Herkunft tunlichst vermieden werden sollten.
Sind diese nicht vermeidbar, so muß unbedingt vorher mit der Mischung
ein Alterungsversuch, etwa in Form eines der üblichen Schnelloxydations-
verfahren, ausgeführt werden. Aus der bloßen Mischbarkeit zweier Öle
ohne Schlammbildung kann nach HANA auf ein einwandfreies Verhalten
der Mischung im Betrieb auf keinen Fall geschlossen werden.

Nach SCHICK [150] führen Mischungen von russischem Bakuin und
amerikanischen Brightstock zu bald sichtbaren Trübungen und schließlich wolkigen Sedimenten eines graugelben und oft auch farblosen

Schlammes. Es handelt sich hierbei um labile kolloidale Lösungen, aus welchen durch Mischung polymere Körper ausfallen. Diese Untersuchungen zeigen deutlich die Zunahme der „Alterungsfreudigkeit" der Mischungen gegenüber den Komponenten. Die Alterungsneigung der Mischungen liegt um mehr als das Doppelte höher als die der Komponenten.

SUIDA [151] stellt fest, daß Ölmischungen größere Mengen Erdölharze und Asphaltharze sowie Schlammstoffe ausbilden, als sich aus den Komponenten errechnen läßt. SUIDA spricht von der „Alterungssteigerung durch Infektion" von seiten des alterungsgeneigten Öles und daß die Alterungsneigung von Ölgemischen artfremder Komponenten wesentlich größer ist als das arithmetische Mittel der Alterungsneigung der Komponenten.

SUIDA weist darauf hin, was besonders festgehalten werden soll, daß die übliche Kennzeichnung des Normalbenzinunlöslichen (Nbu) samt den freiwillig ausgeschiedenen Produkten als „Schlamm" als irreführend bezeichnet werden muß. Bei dem von SUIDA bestimmten „Schlamm" handelt es sich stets nur um den freiwillig ausgeschiedenen Schlamm ohne Zuhilfenahme eines Lösungsmittels. SUIDA führt den Nachweis, daß die Schlammbildung bei gealterten Mischungen wesentlich höher liegt als die Summe des Schlammes der gealterten Komponenten. Nach SUIDA ist jede Mischung artfremder Öle zu vermeiden, weil die Benützungsdauer der Öle dadurch wesentlich verringert wird.

STANISAVLIEVICI [152] versucht, die Neutralisationszahl zur Prüfung der Alterungsbeständigkeit sowie der Mischbarkeit von Isolier- und Turbinenölen heranzuziehen. Die künstliche Alterung der Öle und Mischungen wird hierbei nach der Straßburger Methode [153] (WEISS u. SALOMON) vorgenommen und die Bestimmung des gebildeten Schlammes nach seiner Ausfällung durch Verdünnung des Öles mit einer bestimmten Menge Normalbenzin durchgeführt. Obwohl die Heranziehung der Nz und die Ausfällung des Schlammes mit Normalbenzin als abwegig zu bezeichnen ist, wird auch für den Betrieb die Mischung verschiedener Öle nur mit Einschränkung empfohlen.

Schließlich sei noch auf die diesbezüglichen Ausführungen in WEV-Ölbewirtschaftung [154] hingewiesen. Es heißt unter anderem unter Mischbarkeit der Öle:

„Zum Nachfüllen von Neuöl zu Gebrauchsöl in Betriebsgeräten ist möglichst das ursprüngliche Öl zu verwenden." Ist dies nicht möglich, so können auch andere Neuöle oder Regenerate nach vorschriftsmäßiger Aufbereitung unbedenklich nachgefüllt werden.

In Zweifelsfällen ist es empfehlenswert, *vor* dem Zumischen eine Mischungsprobe vorzunehmen. Mischöl vier Wochen lang unter Lichtabschluß und in einem luftdicht abgeschlossenen Reagensglas abstehen lassen; dabei darf keine Schlammausfällung erfolgen. Eine weitere Möglichkeit: Mischung nach BAADER prüfen.

Aus allen diesen Arbeiten geht einwandfrei hervor, daß Mischungen von Ölen verschiedener Herkunft nach Möglichkeit zu unterlassen sind.

HANA weist besonders darauf hin, daß aus der bloßen Mischbarkeit zweier Öle ohne Schlammbildung auf ein einwandfreies Verhalten im Betrieb nicht geschlossen werden kann. SCHICK und SUIDA weisen nach, daß die Alterungsneigung der Mischungen wesentlich größer ist als das arithmetische Mittel der Alterungsneigung der Komponenten. Zu den Ausführungen in „Ölbewirtschaftung" über Mischbarkeit ist zu bemerken, daß die Vorschriften nach WEV 1935 beraten wurden, wo Höchstdruckturbinen, die eine wesentlich höhere thermische Beanspruchung des Umlauföles mit sich bringen, noch nicht gebaut wurden. In diesen Belangen ist die „Ölbewirtschaftung" als überholt zu bezeichnen.

Die in Vorschlag gebrachten labormäßigen Überprüfungen sind abzulehnen, da sie das betriebliche Verhalten von Mischungen in der Dampfturbine nicht mit Sicherheit erkennen lassen und im Labor die Betriebsverhältnisse mit den derzeitigen Methoden nicht reproduziert werden können. Daß labormäßige Untersuchungen allein ohne gleichzeitige schmiertechnische Überprüfung der Turbine nicht nur keine schmiertechnische Überwachung der Turbine zulassen, sondern chemische Untersuchungen allein zu schweren Fehlschlüssen führen können, ist durch zahllose Beispiele aus der Praxis bewiesen.

Bei allen diesen Überlegungen muß festgehalten werden, daß Einzelbeispiele für eine anscheinend erfolgreich durchgeführte Provenienzmischung kein Beweismaterial darstellen und ein vermeintlich günstiges Verhalten in einigen wenigen Turbinen nur auf einen Zufall zurückzuführen ist, da der Chemismus ein zu komplizierter ist, um, wie dies auch SUIDA zeigt, auf Grund normaler chemischer Labormethoden eine einwandfreie Vorhersage über das betriebliche Verhalten von Turbinenölmischungen zu machen. Besonders die erhöhten thermischen Beanspruchungen an den Höchstdruckturbinen können sämtliche Überlegungen und Berechnungen umwerfen.

Neben der festgestellten Alterungsbeschleunigung durch Mischung von Ölen verschiedener Herkunft besteht ferner bei Dampfturbinen die Gefahr der Schlammausscheidung, des Emulgierens und des Ölschäumens. Dadurch wird das einwandfreie Funktionieren der Regelung, die Wirksamkeit des Ölkühlers und die einwandfreie Schmierung der Lager infolge Verlegung der Durchflußquerschnitte im Schmiersystem gefährdet.

Schließlich sei besonders darauf hingewiesen, daß die Möglichkeit der Durchführung von Mischungen von Dampfturbinenölen verschiedener

Herkunft von den in der Praxis seit einigen Jahren durchgeführten Mischungen von Transformatorenölen verschiedener Herkunft *unter keinen Umständen abgeleitet* werden darf. Die Gründe für diese Ablehnung liegen im folgenden:

Diesen Transformatorenölmischungen lagen mehrjährige Untersuchungen und Großversuche im praktischen Betrieb, die von der Studiengesellschaft für Höchstspannungsanlagen durchgeführt wurden, zugrunde, bevor die WEV solche Mischungen zuließ und dann nur unter ganz bestimmten Bedingungen. Weiter sind die Betriebsbedingungen im Transformator und in der Dampfturbine grundverschieden und miteinander in keiner Weise vergleichbar. Das Dampfturbinenöl ist wesentlich stärker beansprucht, da es dauernd umgewälzt wird — 8 bis 12 mal in der Stunde — und dadurch bei wesentlich höheren Temperaturen wie im Transformator in Gegenwart von Luftsauerstoff, Dampf, Wasser und der katalytischen Einwirkung von Eisen und Messing ausgesetzt ist.

Zusammenfassend muß gesagt werden, daß auf Grund der derzeitigen Erkenntnisse auf diesem Spezialgebiet der angewandten Schmiertechnik eine Mischung von Dampfturbinenölen verschiedener Herkunft sowohl bei Neufüllungen als auch bei Nachfüllungen zur Ergänzung des Ölverbrauches im Hinblick auf die Sicherheit des Dampfturbinenbetriebes und auf die Gefährdung der bedeutenden Ölfüllungen unter allen Umständen abzulehnen ist.

In diesem Abschnitt — X — wurden Richtlinien für die sachgemäße Ölwirtschaft in Dampfkraftwerken gegeben, deren Einhaltung für die Wirtschaftlichkeit des Dampfturbinenbetriebes von größter Bedeutung ist.

XI. Ölbrände und Vorkehrungen zu deren Verhütung.

Wenn auch Ölbrände an Dampfturbinen äußerst selten sind, bei Auftreten derselben jedoch große Verheerungen und Zerstörungen auftreten, soll auch diese Frage im Rahmen dieses Buches behandelt werden.

Die Ursache von Ölbränden an Dampfturbinen ist fast immer ein Rohrbruch oder das Leckwerden von Rohrverbindungen der Öldruckleitungen, so daß der austretende Ölstrahl sich an heißen Turbinenteilen oder ungenügend isolierten Dampfleitungen entzündet. In diesem Zusammenhang sei auf die Ausführungen im Abschn. II, 4 hingewiesen.

Die wichtigste Maßnahme ist die Einrichtung eines ausreichenden Brandschutzes [25], damit dieser bei auftretenden Ölbränden sofort in Aktion treten kann.

Bei Ölbränden ist vorsorglich sofort die Feuerwehr zu benachrichtigen. Der Einbau einer besonderen Alarmanlage von der Turbine zur Schalttafel, die vom Maschinisten bei Auftreten eines Brandes in Tätigkeit gesetzt werden kann, ist empfehlenswert. Während das Personal der Warte von sich aus die weitere Benachrichtigung vornimmt, kann sich der Maschinist voll der Bekämpfung des Brandes widmen.

Die wichtigste Maßnahme zur Bekämpfung, besonders bei alleinstehenden Kraftwerken, ist eine schlagfertige und gut ausgerüstete Werksfeuerwehr, die bei Ausbrechen eines Brandes gleichzeitig mit der Aufnahme der Selbsthilfemaßnahmen durch den Maschinisten sofort zu benachrichtigen ist. Die Werksfeuerwehr ist mit Schaum- und Kohlensäuregeräten sowie mit Steinschen bzw. Kurzawa-Düsen und vor allem mit guten Rauchschutz- und Sauerstoffgeräten auszurüsten. Die Entscheidung über die Verwendung der in Frage kommenden Löschgeräte bleibt dem Führer der Einsatzgruppe der Werksfeuerwehr überlassen.

In der Nähe jeder Turbine sind geeignete Löschmittel bereitzustellen. Am besten hat sich bei größeren Bränden Wasser wegen der guten Kühlwirkung zum Löschen bewährt. Es sind daher Hydranten für C-Rohranschluß in ausreichender Zahl vorzusehen und daneben die Schlauchleitung mit Strahlrohr, besser Kurzawa- bzw. Steinscher Düse aufzuhängen. Die Steinsche und die Kurzawa-Düse gibt durch einen Wasserschleier dem Bedienungsmann die Möglichkeit, unmittelbar an das Feuer heranzukommen.

Außerdem sind für kleine Brände an den Turbinen greifbar Handschaumlöscher anzubringen, auch ein fahrbarer Kohlensäureschnelllöscher kann von Vorteil sein. Für Bodenbrände, hervorgerufen durch abtropfendes Öl, das auf dem Boden weiterbrennt, sind an passenden Stellen im Maschinenhaus gefüllte Sandkästen nebst Schaufeln bereitzustellen.

Es ist zweckmäßig, eine Rauchschutzeinrichtung für die Maschinisten vorzusehen. Zu diesem Zweck sind besondere Kästen mit geeigneten Gasmasken im ganzen Maschinenhaus verteilt anzuordnen. Alle Maschinisten sind in der Benützung sämtlicher Lösch- und Rauchschutz- sowie Sauerstoffgeräte auszubilden.

Nach BACHMEIER [155] hat sich in allen Fällen *Wasser* als ein gutes, vor allem als das zuverlässigste Löschmittel bei Ölbränden bewährt. Die Steinsche Sprühdüse, die Kurzawa-Düse und die Universaldüse sind als gleichwertig zu bezeichnen. Der Vorteil der großen Kühlwirkung, die völlige Unabhängigkeit von jedem chemischen Mittel und damit die schnelle und einfache Bereitschaft sind die wesentlichsten, wenn nicht überhaupt die entscheidendsten Punkte für die erfolgreiche Bekämpfung von Ölbränden.

Schaum wirkt gut bei brennenden Ölbehältern, Gruben usw. Da man hier näher an den Brandherd heran muß, ist die Ausrüstung der Löschmannschaft mit Rauchhelmen und gegebenenfalls sogar mit Feuerschutzschirmen notwendig. *Kohlen*säure ist bei allen Anlagen anwendbar, die unter Spannung stehen, besonders bei Bränden in geschlossenen Räumen.

Sie ist jedoch ungeeignet, wenn bei Ölbränden auch Holzteile entzündet worden sind und damit eine Wiederentfachung des Feuers infolge Nachglühen des Holzes eintritt. Beim Löschen mit Kohlensäure ist ein Schutzanzug erforderlich.

Die *Handfeuerlöscher* sind ein wirksames Löschmittel für Entstehungsbrände. Die Bereitstellung dieser Geräte in genügender Zahl und an zweckentsprechenden Stellen ist deshalb unerläßlich. Die genaue Kennzeichnung der Handfeuerlöscher über ihre Verwendungsmöglichkeit ist deutlich sichtbar anzubringen. Dabei wird vorausgesetzt, daß das Bedienungspersonal der Turbine mit der Handhabung dieser Geräte vertraut ist, da sonst bei einem entstehenden Brand wertvolle Sekunden verlorengehen können, wodurch die weitere Löschung infolge der schnellen und starken Rauchentwicklung erschwert, wenn nicht unter Umständen sogar unmöglich gemacht wird.

Wichtiger als der Brandschutz sind die Vorkehrungen zu dessen Verhütung, die bereits bei der Planung der Anlage vorgesehen werden müssen, wodurch viele Gefahrenquellen vermieden werden können. Diese bei der Planung zu berücksichtigenden Vorkehrungen gegen Ölbrände wurden bereits im Abschn. III, 4, 7 u. 8 ausführlich besprochen. Es ist vor allem dafür Sorge zu tragen, daß die Ölleitungen nach Möglichkeit nicht in der Nähe von Dampfleitungen oder unter Dampf stehenden Turbinenteilen verlegt werden. Wo sich dies nicht immer umgehen läßt, ist der Isolierung der den Ölleitungen nahe liegenden Dampfleitungen erhöhte Aufmerksamkeit zu schenken; vor allem sind auch die Flanschen zu verkleiden.

Ölschieber, an zugänglichen Stellen eingebaut, unter Umständen fernbetätigt, sind einzubauen, um im Ernstfalle den Ölstrom abzusperren. Daß es sich bei Ölfüllungen von Turbinen um erhebliche Mengen handelt, die im Brandfalle große Zerstörungen anrichten können, ist bekannt, weshalb nochmals auf eine entsprechende Planung der Vorkehrungen und einem ausreichenden Brandschutz im Betriebe aufmerksam gemacht sei.

XII. Konservierung stillgelegter Dampfturbinen.

Nach dem Abstellen von Dampfturbinen treten bekanntlich besonders in den dampfführenden Teilen, Beschaufelung, Maschinenhohlräumen usw. erhebliche Korrosionen auf, sofern nicht geeignete Maßnahmen zur Vermeidung derselben getroffen werden. Nach Abstellen der Maschine bleiben Kondensatreste zurück, oder infolge von Temperaturunterschieden entsteht Schwitzwasser. Die Korrosion kann auch ihre Ursache in undichten Absperrorganen der Dampfleitungen haben.

Beim Stillegen der Dampfturbinen sind deshalb vor allem Maßnahmen zu treffen, die die verbleibende Restfeuchtigkeit entfernen und

Schwitzwasser vermeiden und daß außerdem keine Dampfschwaden — Sickerdampf — in die Turbine eindringen können [*156*]. Gleich an dieser Stelle sei erwähnt, daß alle diese Vorbeugungsmaßnahmen und auch direkte Korrosionsschutzmaßnahmen immer von den ausführenden Organen abhängen. Obige Maßnahmen können nur dann einwandfrei getroffen werden, wenn sie schon bei der Planung der Anlage von den betreffenden Herstellern diesbezügliche Beachtung gefunden haben, z. B. zweckentsprechende Anordnung und zweckentsprechende Auswahl der notwendigen Absperrorgane. Es seien hier nur einige Momente angedeutet, die zeigen, welche verschiedenartige Beachtung der Ingenieur einer Dampfturbine schenken muß, um Schwierigkeiten bezüglich der Korrosion zu vermeiden.

Bei der eigentlichen Konservierung der Dampfturbinen muß grundsätzlich unterschieden werden, ob die Maschinen aufgedeckt werden können oder in zugebautem Zustande verbleiben. Beim Aufdecken der Dampfturbinen nur zum Zwecke der Konservierung entstehen verhältnismäßig umfangreiche, zeitraubende Arbeiten. Auch wird man es für wenig zweckentsprechend halten, gut laufende Maschinen häufiger als zum Zwecke der inneren Revision aufzudecken.

Aufgedeckte Maschinen werden meist so konserviert, daß vor allem die Maschinen selbst sehr eingehend, insbesondere die Beschaufelung, gereinigt werden und alle der Korrosion ausgesetzten Teile mit einem luftabschließenden Überzug, wie Leinölfirnis, Zylinderöl und Vaseline versehen werden, oder man verwendet Korrosionsschutzöl, wobei zweckmäßigerweise Spritzpistolen zur Aufbringung des Korrosionsschutzmittels verwendet werden.

Die vorgeschilderten Maßnahmen erfordern umfangreiche Arbeiten, die sich bei kleinen Einheiten im allgemeinen nicht lohnen. Aus diesem Grunde zieht man meist bei diesen die Konservierung bei geschlossener Turbine vor.

Die Beschaufelung *derjenigen Turbinen, die geschlossen bleiben,* wird vor Rostschäden durch Einfetten der Schaufeln geschützt. Hierzu muß die Maschine vor der Stillsetzung noch einmal in Betrieb genommen und gut durchgewärmt werden. Nach dem Abstellen des Dampfes läßt man die Maschine auf etwa 50 bis 100 Umdrehungen pro Minute auslaufen und an einer geeigneten Stelle hinter dem Anfahrventil (z. B. Thermometerstutzen) durch das vorhandene Vakuum je nach Größe der Maschine 3 bis 8 kg flüssige, säurefreie *Vaseline* oder *Korrosionsschutzöl* einsaugen. Hierauf wird bei noch laufender Maschine das Anfahrventil ganz kurzzeitig geöffnet, so daß die Maschine nur einen Dampfstoß erhält, der die eingebrachte Vaseline über die ganze Maschine verteilt. In die Gehäusestopfbüchsen sind dann bei geringem Vakuum (etwa 100 mm Hg) etwa 300 g dickflüssiges Öl bei Labyrinthstopfbüchsen oder 200 g heißes

Paraffin bei Kohlestopfbüchsen einzuspritzen. Das hierbei anfallende Kondensat darf nicht in den Speisewasserkreislauf zurückgeführt werden, da es mit Fett durchsetzt ist. Bei Mehrzylindermaschinen muß die entsprechende Vaselinmenge dem Dampf vor jedem Zylinder zugesetzt werden.

Bei diesem Verfahren ergab sich in vielen Fällen der Nachteil, daß die Vaseline als Deckschicht über vorhandene Feuchtigkeiten bzw. Wassernester gelegt wurde. Da bekanntlich Vaseline nicht emulgiert, konnte unter der Schutzschicht die Korrosion vor sich gehen. *Diesen Nachteil überwindet* mit Leichtigkeit ein emulgierendes Öl, *wie Korrosionsschutzöl.* Man verwendet zu diesem Konservierungszweck auch Zylinderöl, jedoch hat sich diese Art gegenüber den beiden anderen nicht bewährt, da es sich infolge seiner hohen Viskosität nur sehr schwer zerstäuben läßt und den gleichen Nachteil wie Vaseline besitzt.

In allen diesen Fällen ist es besonders schwierig, die zuzuführende Menge so richtig zu dosieren, daß alle Teile mit dem Korrosionsschutzöl in Berührung kommen. Selbstverständlich wird die sachgemäße, erfahrungsreiche Ausführung der Konservierungsarbeiten immer Voraussetzung bleiben. Die Einführung des Konservierungsmittels ist genügend, wenn man im Kondensationsteil den Korrosionsschutz findet.

Es besteht auch die Möglichkeit, die Vaseline und das Korrosionsschutzöl durch Preßluft in die Maschine einzublasen. Diese Art der Einbringung hat den Vorteil, daß die Maschine selbst vorher durch Durchleiten von Warmluft gut ausgetrocknet werden kann.

Die Zeit, während der ein gut aufgebrachter Schutzfilm eine ausreichende Schutzkraft behält, beträgt 1 bis 4 Wochen, wenn Dampfschwaden auftreten. Wenn nur mit Raumfeuchtigkeit zu rechnen ist, bis zu 3 Monaten.

Diese Nachteile, die alle den vorgenannten Methoden anhaften, sind ausgeschaltet, wenn man dazu übergeht, die Turbine durch *Einbringung einer Ölfüllung* zu konservieren. Diese Art der Konservierung hat bei größeren Einheiten den Nachteil verhältnismäßig hoher Unkosten, da die Betriebsfüllung der Maschine im allgemeinen kleiner ist, als die Füllung des Turbinengehäuses an Öl nötig macht. Bei Maschinen kleinerer Leistungen, wie wir es bei Zuckerfabriken finden, sind die Hohlräume der Turbine so klein, daß die Preisfrage in Fortfall kommt. Hierbei sei erwähnt, daß Radialmaschinen dafür sehr günstig in ihrer Bauart sind, dagegen sind Axialmaschinen unter Berücksichtigung des Ablassens der Schutzfüllung nicht sonderlich geeignet.

Vor Inbetriebsetzen der Maschinen sind naturgemäß die Ölfüllungen abzulassen und nach Entfernung aller Blindflanschen ist bei allen besprochenen Konservierungsarten etwa zwei Stunden, am besten mit Sattdampf, auf Auspuff zu fahren, damit die Ölrückstände während dieser Zeit aus der Turbine entfernt werden und nicht in den Dampfkreislauf verbleiben.

In der Praxis wird auch häufig für die stillgesetzte Dampfturbine ständige Bereitschaft verlangt, und es soll außerdem die Konservierung nach einer Benützung für unbestimmte Zeit ohne Öffnen erfolgen können. Ölkonservierung kann daher nicht in Anwendung gebracht werden. An Stelle des Korrosionsschutzmittels Öl tritt die Trockenhaltung des Turbineninneren durch warme Luft. Da aber auf diesem Wege nur die schädlichen Einwirkungen der Luftfeuchtigkeit des Sickerdampfes, jedoch nur sehr bedingt bekämpft werden kann, ist das Vorhandensein eines wirksamen Schwadenabzuges Voraussetzung für den Enderfolg.

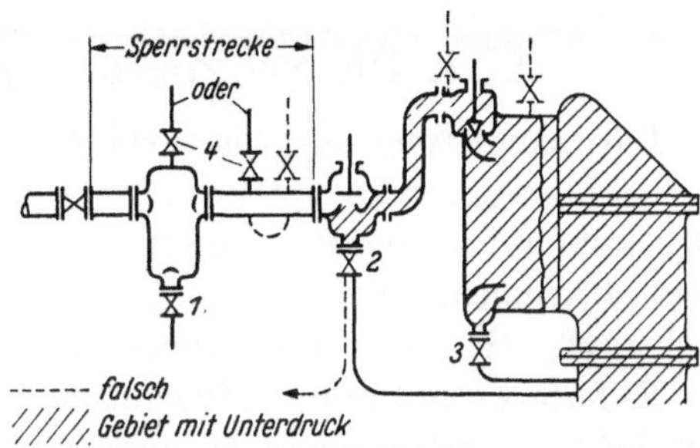

Abb. 44. Anordnung von Entwässerung und Schwadenabzug einer Kondensationsturbine. (Nach Pohl.)
1 Entwässerung des Wasserabscheiders ins Freie oder in die allgemeine Entwässerungsleitung,
2 in den Kondensator, nicht ins Freie,
3 Gehäuseentwässerung der Turbine,
4 Schwadenabzug.

Nach Pohl [157] wird zur Trockenhaltung an geeigneter Stelle während des ganzen Stillstandes ohne Unterbrechung Warmluft in die Turbine eingeblasen, so daß die Innenteile eine Temperatur annehmen, die über der Temperatur des Maschinenhauses liegt.

An solchen Turbinenteilen kann sich dann die in der eingeatmeten Luft enthaltene Feuchtigkeit nicht ausscheiden, die Teile bleiben vielmehr trocken. Die Größe der eingeblasenen Luftmenge richtet sich nach der Größe des Turbinengehäuses und die Heizleistung nach den zu erwärmenden Eisenmassen

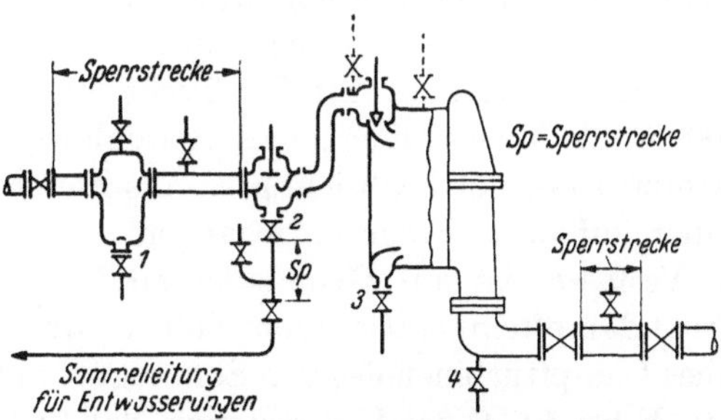

Abb. 45. Anordnung von Entwässerung und Schwadenabzug an einer Gegendruckturbine. (Nach Pohl.)
1 Entwässerung des Wasserabscheiders wie bei Abb. 44,
2 Entwässerung ins Freie. Falls in allgemeine Entwässerung geführt, Sperrstrecke notwendig,
3 u. 4 Gehäuseentwässerung ins Freie.

und dem Temperaturunterschied zwischen der Maschinenhausluft und dem Turbineninneren. Nicht zulässig ist es, die Luft, anstatt sie aufzuheizen, von besonders heißen Stellen des Maschinenhauses zu entnehmen und einzublasen, weil diese Luft neben der hohen Temperatur oft auch eine hohe relative Feuchtigkeit hat, z. B. dann, wenn die Erhitzung durch Leckdampf aus Ventilstopfbüchsen der Frischdampfleitung erfolgte. Solche Luft würde bei der Abgabe der Wärme in der Turbine alsbald den Taupunkt erreichen und Feuchtigkeit abscheiden.

In Abb. 44 u. 45 sind für Kondensationsturbinen und für Gegendruckturbinen die zweckmäßigsten Anordnungen von Entwässerungen und Schwadenabzug übersichtlich dargestellt.

XIII. Die Schmierung von Gasturbinen.

Die Schmierung von Gasturbinen unterscheidet sich grundsätzlich nicht von der der Dampfturbinen. Auch die Gasturbinen besitzen eine Druckumlaufschmierung, somit das gleiche Schmiersystem wie die Dampfturbinen, nur wird meist eine von der Turbine unabhängige elektrische Hauptölpumpe vorgesehen.

Es haben somit alle Ausführungen über die Schmierung von Dampfturbinen — insbesondere Höchstdruckturbinen — auch für die Gasturbinen Geltung. Da jedoch bei Gasturbinen mit Temperaturen bis 700° C zu rechnen und eine besondere Erwärmung der Lager durch Strahlungs- und Leitungswärme zu erwarten ist, erscheint es notwendig, den in Abschn. III gegebenen Richtlinien für die konstruktive Ausbildung des Schmier- und Regelsystems — vor allem III, 11 — besonders Rechnung zu tragen.

Die an Gasturbinen zu erwartende noch größere thermische Beanspruchung des Umlauföles wie in den Höchstdruckdampfturbinen, veranlaßte die Gasturbinenkonstrukteure mit dem Verfasser in Verbindung zu treten, um dessen Ansicht über die Lösung dieses Schmierproblems zu erfahren, da man mit Rücksicht auf die hohen Temperaturen von 700° C die Verwendung eines Spezialöles von höherer Viskosität als Dampfturbinenöl beabsichtigte. Aus diesem Grunde sei hier nochmals näher auf diese Frage eingegangen.

Verfasser ist auf Grund der an Getriebedampfturbinen mit einer Frischdampftemperatur von 600° C durchgeführter Dauererprobung eines Dampfturbinenöles von Sondergüte mit einer Viskosität von 4,5 bis 5,0° E bei 50° C der Überzeugung, daß auch für Gasturbinen mit Temperaturen von 700° C Dampfturbinenöl ebenfalls mit bestem Erfolg verwendet werden kann.

Es sollen die Gründe angeführt werden, weshalb die Verwendung besonderer Öle für Gasturbinen auf Schwierigkeiten stößt, die jedoch auf besonderen Wunsch der Gasturbinenkonstrukteure vom Mineralölerzeuger überbrückt werden könnten, sofern man vielleicht den 5- bis 10fachen Preis gegenüber den für Dampfturbinenöl von Sondergüte üblichen auslegen würde.

Auf Grund der Erfahrungen des Verfassers wäre für Gasturbinen ein Öl von Sondergüte mit einer Viskosität von 4,5 bis 5,0° E bei 50° C zu verwenden, dessen Alterungsneigung eine besonders geringe ist, somit bei Alterung nach dem WEV-Baader-Test die Vz zwischen 0,03 bis 0,11 und bei Alterung nach dem BBC-Stäger-Test die Nz nicht über 0,10 und die Vz nicht über 0,60 liegen. Verfasser hält die Verwendung eines zähflüssigeren Öles als des vorgenannten nicht nur vom schmiertechnischen Standpunkt für ungünstig, sondern auch wegen der im allgemeinen geringeren Alterungsbeständigkeit für nicht empfehlenswert, weil auch Turbinenöle von Sondergüte mit einer Viskosität von über 5,0° E bei 50° C den beiden vorerwähnten Bedingungen nicht mehr entsprechen.

Die Frage der Emulsionsbeständigkeit fällt bei Gasturbinen ohnehin weg.

Wie aus obigen Ausführungen ersichtlich, kann daher dem Schmierungsproblem an Gasturbinen von der Ölseite her nur mit gewissen Schwierigkeiten beigekommen werden, und es ist nach Ansicht des Verfassers nur durch besondere konstruktive Maßnahmen zu lösen — und auch bereits gelöst —, wobei dafür Sorge zu tragen wäre, daß Lagerzapfen, Lagerschalen und besonders Lagergehäuse möglichst wenig leitender und keiner strahlenden Wärme ausgesetzt werden.

Es sei an dieser Stelle auf die im Abschn. IV, 1 u. V, 1 bekanntgegebenen Untersuchungen über die thermische Beanspruchung des Umlauföles von Dampfturbinen hingewiesen. Bei einer Frischdampftemperatur von 360 bis 370° C wurden nachstehende schmiertechnisch wichtigen Feststellungen gemacht:

Innerhalb der Lagerschale bewegt sich die Erwärmung der Zapfenoberfläche in normalen in Bezug auf Ölbeanspruchung zulässigen Grenzen um 80° C gegen das turbinenseitige Ende der Lagerschale und unmittelbar außerhalb des Bereiches des Öleintrittschlitzes steigt die Temperatur plötzlich bis hinter den Ölabspritzring an, wo 200 bis 220° C erreicht werden. Unmittelbar am Austritt aus der Lagerschale beträgt die Temperatur 150° C, an der Ölabspritzringstirnseite 175 bis 180° C.

Auf Grund dieser Feststellungen ist es außerordentlich wichtig, an dieser Stelle des Lagers bzw. der Turbinenwelle, geeignete konstruktive Maßnahmen zu treffen — im Abschn. III, 11 ausführlich beschrieben —, um eine Überhitzung des Öles zu vermeiden, dessen thermische Überbeanspruchung in der Hauptsache davon abhängen wird, mit welcher Schnelligkeit und in welcher Menge das Öl aus der Lagerschale an dieser Stelle austritt und am Ölabspritzring hochsteigt. Es wäre also beim Bau eines solchen Lagers darauf zu achten, daß die Ölabspritzring-Stirnfläche noch reichlich vom Öl bespült wird und daß das vom Spritzring abgeschleuderte Öl nicht mehr auf die Welle zurückgelangen kann.

Da der obere Knick der Temperaturkurven unmittelbar hinter dem Spritzring liegt, Temperaturen von über 200° C sich also bis in das Lager-

gehäuse hineinziehen, könnte man durch Bespülen der Welle mit Kühl-
luft zwischen Lagergehäuse und Turbinengehäuse diesen Temperaturbereich mehr nach der Turbine hin zurückdrängen, so daß er außerhalb
des Lagergehäuses zu liegen käme. Dabei müßte der Zwischenraum
zwischen Turbinen- und Lagergehäuse entsprechend groß gehalten
werden. Verfasser empfiehlt zur wesentlichen Verbesserung der Betriebsbedingungen — wie dies auch von Uhthoff für Dampfturbinen geschieht — das Anbringen von rotierenden Abweisscheiben zwischen
Turbinen- und Lagergehäuse, wodurch für eine entsprechende Ventilation
gesorgt würde, die durch radiale, auf den Abweisscheiben aufgesetzte
kurze Kühlrippen noch erhöht werden könnte.

Auf die Zapfentemperatur nach dem Stillsetzen der Gasturbinen sei
hier nicht näher eingegangen. Jedenfalls ist mit einem starken Anstieg
derselben zu rechnen. Es wurden bereits an Dampfturbinen nach dem
Stillsetzen Lagertemperaturen von 120° C und darüber, abhängig von
Konstruktion und Dampftemperatur, gemessen. Die Vorschriften für das
Stillsetzen der Dampfturbinen gelten in diesen Belangen in erhöhtem
Maße für die Gasturbinen.

Diese Meßergebnisse sind im Hinblick auf die Gasturbinen mit
Temperaturen bis 700° C, wo also diese um 350° C höher liegen als bei
den vorbeschriebenen Untersuchungen, von besonderer Bedeutung. Es
sei daher noch auf die vom Verfasser an einer Höchstdruckdampfturbine
vorgenommenen Messungen hingewiesen, deren Ergebnisse im Abschnitt IV, 1 niedergelegt sind.

Das Ergebnis war sehr interessant, es zeigt nämlich, daß die thermische Überbeanspruchung nicht im Lager selbst — somit nicht im
Schmierfilm —, sondern im Austritt des Öles aus dem Lager, im Lagerbock oder im Lagergehäuse erfolgt. Bei diesen Messungen lag die Schmierfilmtemperatur zwischen 57 und 63° C, während die Lagertemperatur
— normale Messung in der oberen Lagerschale — um 65° C lag. Es
konnte durch diese Messung auch festgestellt werden, daß während des
Betriebes trotz hoher Zapfentemperatur im Schmierfilm keine thermische
Überbeanspruchung des Turbinenöles stattfindet.

An der gleichen Turbine am gleichen Lager vorgenommene Temperaturmessungen am Lagergehäuse ergaben Temperaturen zwischen
150 bis 300° C, wodurch nachgewiesen erscheint, daß eine thermische
Überbeanspruchung des Umlauföles in den Lagergehäusen erfolgen kann,
wenn nicht konstruktiv dafür Sorge getragen wird, daß das aus den
Lagern abfließende Umlauföl von den durch Leitungs- und Strahlungswärme erhitzten Lagergehäusewandungen ferngehalten wird.

Aus diesen hier kurz wiederholten Untersuchungsergebnissen geht
einwandfrei hervor, daß der Weg des Umlauföles vom Austritt aus dem
Lager durch das Lagergehäuse die größte Gefahr für eine thermische

Überbeanspruchung desselben in sich birgt. Sofern das Umlauföl im Lagergehäuse Flächen passieren muß, die über 130° C erhitzt sind, wird ein solches Lager, wie vom Verfasser in der Praxis an Höchstdruckdampfturbinen wiederholt an Lager I und II festgestellt werden konnte, zu einer „Koksfabrik"; diese Lager werden zu einer „Ölalterungsmaschine".

Die Gefahr der thermischen Überbeanspruchung des Umlauföles ist bei Gasturbinen mit Temperaturen bis 700° C natürlich noch wesentlich höher als bei Höchstdruckdampfturbinen. Es sind daher aus den bereits angeführten Gründen nur konstruktive Maßnahmen imstande, eine einwandfreie Schmierung an Gasturbinen zu sichern.

Verfasser empfiehlt daher bei Planung, Berechnung und Konstruktion des Schmier- und Regelsystems von Gasturbinen, mit einem Dampfturbinenöl von Sondergüte von besonderer Alterungsbeständigkeit und einer Viskosität von 4,5 bis 5,0° E bei 50° C zu rechnen und diesen Faktor als gegeben anzusehen.

Es wurden bereits von den Herstellerfirmen von Gasturbinen durch ein entsprechendes Schmiersystem auch an Gasturbinen Betriebsbedingungen geschaffen, die einer weitgehenden Schonung des Umlauföles Rechnung tragen.

Es sei nicht unerwähnt gelassen, daß von der Anwendung einer Wasserkühlung für die Lager von Gasturbinen entschieden abgeraten werden soll. Solche Lager haben sich im Dauerbetrieb nicht bewährt und waren stets eine Quelle von Betriebsstörungen. In Bezug auf Wartung und Schonung des Umlauföles im praktischen Betrieb sollen sich die Gasturbinen von den Dampfturbinen nicht unterscheiden. Es ist Aufgabe des Konstrukteurs der Gasturbinen, dieses Ziel zu erreichen, da dem Mineralölerzeuger bei der Rohstoffauswahl und Auswahl des Verarbeitungsverfahrens Grenzen gesetzt sind, die in erster Linie in der Natur des Rohstoffes gelegen sind.

Literaturverzeichnis.

[1] BAADER, BAUM, HANA: Dauerversuche über die Alterung von Dampfturbinenölen im Betrieb. VDEW EV Berlin und VDEh, Gemeinschaftsstelle Schmiermittel in Düsseldorf. 1927.

[2] WEV-Ölbewirtschaftung. Betriebsanweisung für Prüfung, Überwachung und
Pflege der im elektrischen Betrieb verwendeten Öle. 2. Aufl. Berlin: Springer
1937.

[3] WOLF, K.: Die Bedeutung neuzeitlicher Schmiermitteltechnik für die Energie-
ersparnis im Betrieb mit besonderer Berücksichtigung der Lagerschmierung.
Petroleum, Berl. Bd. XXII (1926) Nr. 6.

[4] WOLF, K.: Die Bedeutung moderner Schmiertechnik für die Rationalisierung
industrieller Betriebe. Petroleum, Berl. Bd. XXIV (1928) Nr. 31.

[5] WOLF, K.: Angewandte Schmiertechnik und Energiewirtschaft. Petroleum,
Berl. Bd. XXVI (1930) Nr. 24.

[6] VDEh-Richtlinien für Einkauf und Prüfung von Schmierstoffen. Hrsg. vom
Verein Deutscher Eisenhüttenleute und vom Deutschen Normenausschuß.
8. Aufl. 1939. Verl. Stahleisen mbH. Düsseldorf, Beuth-Vertrieb GmbH.,
Berlin SW 68.

[7] WOLF, K.: Die Praxis der Dampfturbinenschmierung unter besonderer Berücksichtigung von Konstruktion, Austauschwerkstoffen und Ölpflege. Öl u.
Kohle, Nr. 7/8, 1944.

[8] WOLF, K.: Die Schmierung von Dampfturbinen. Maschinenbau u. Wärme-
wirtsch. (MuW), 1/2, Wien 1946.

[9] Shell Techn. Dienst: Die Schmierung von Dampfturbinen, Ausarbeitung AEG-
Turbinen. Hrsg. vom Shell Techn. Dienst der Rhenania-Ossag Mineralölwerke AG. Hamburg 1941.

[10] Shell Techn. Dienst: MAN-Dampfturbinen und ihre Schmierung. Ausgearbeitet
vom Shell Techn. Dienst der Rhenania-Ossag Mineralölwerke AG. im Einver-
nehmen mit MAN-Maschinenfabrik, Augsburg-Nürnberg AG., Nürnberg,
Hamburg, 1941.

[11] Shell Techn. Dienst: WUMAG-Dampfturbinen und ihre Schmierung. Ausgearbeitet vom Techn. Dienst Rhenania-Ossag Mineralölwerke AG. im Ein-
vernehmen mit der WUMAG Waggon- und Maschinenbau AG., Görlitz, Abt.
Maschinenbau. Hamburg 1941.

[12] BAADER, A.: Die Bestimmung der Alterungsneigung von Isolier- und Dampfturbinenölen. Elektrizitätswirtsch., Z. des REV, 1928. H. 27.

[13] WEV-Ölbewirtschaftung, wie unter [2], S. 48.

[14] STÄGER, H.: BBC-Mitt. H. 2, 1929.

[15] VDEh-Richtlinien wie unter [6], S. 124.

[16] VOGEL, H.: Die Bedeutung der Temperaturabhängigkeit der Viskosität für die
Beurteilung von Ölen. Z. angew. Chem. 35 (1922) Nr. 82.

[17] VOGEL, H.: Über das Verhalten von Ölen beim Erstarren und Schmelzen.
Erdöl u. Teer III, 33.

[18] BAADER, A.: Über „Anomalien" im Kälteverhalten der Öle. Öl u. Kohle Nr. 16,
April 1942.

[19] VDEh-Richtlinien, wie unter [6] S. 105—106.

[20] KADMER, E. H.: Schmierstoffe und Maschinenschmierung. 2. Aufl., S. 168. Berlin: Bornträger 1941.

[21] STÄGER, H.: Betriebserfahrungen mit Mineralölen. ÖPI-Veröffentlichung 5, Wien 1937.

[22] KRAFT, E. A.: Die neuzeitliche Dampfturbine. 2. Aufl., S. 185. Berlin: Springer 1930.

[23] KRAFT, E. A.: Die Dampfturbine im Betriebe. 2. Aufl., S. 76. Berlin: Springer 1935.

[24] Shell Techn. Dienst: Die Schmierung von Dampfturbinen. Mitteilungen des Shell-Techn. Dienstes der Rhenania-Ossag Mineralölwerke AG., Hamburg 1940.

[25] WEV Technische Richtlinien für Ölversorgungsanlagen von Dampfturbinen. Berlin: Franz Weber, Ausg. 1939.

[26] RICHTER, H.: Über die Größe der Ölfüllung von Dampfturbinen. Elektrizitätswirtsch. Nr. 16 u. 18. 1934.

[27] RICHTER, H.: Technische Schmierölfragen für Dampfturbinen. Öl u. Kohle Nr. 33. 1935.

[28] UHTHOFF, E.: Ölpflege bei Industrieturbinen. Arch. Wärmew., H. 12, 1936.

[29] SIMON, W.: Ölpflege im Kraftwerk. Arch. Wärmew., H. 11, 1937.

[30] ADK-Arbeitsgem. Deutscher Kraft- und Wärmeingenieure: Einsparung und Pflege von Dampfturbinenöl. ADK-Merkblatt 2, VDI-Verlag.

[31] UHTHOFF, E. u. K. WOLF: Schmierstoffe im Kraft- und Wärmebetrieb.

[32] WOLF, K.: Über die schmiertechnische Überwachung von Dampfturbinen. Dissertat. TH Wien. 1943.

[33] Shell Techn. Dienst: Zeitgemäße Gesichtspunkte für die richtige Schmierung von Dampfturbinen. Shell Techn. Dienst der Rhenania-Ossag Mineralölwerke AG., Hamburg 1940.

[34] SKALA, F.: Über die Alterung „ungeschützter" Isolierölregenerate. Öl u. Kohle, Nr. 10, 1942.

[35] ANDERSON, B.: Isolieröle. Hrsg. von der Rhenania-Ossag Mineralölwerke AG., Hamburg, S. 169. Berlin: Springer 1938.

[36] BAADER, A.: Isolieröle, wie unter [35], S. 215.

[37] BOHNENBLUST, I. P.: BBC-Baden-Schweiz, Mitteilung vom 7. 5. 1943.

[38] BBC: Ventilationseinrichtung zur Verhütung des Anrostens von Getriebeteilen und Ölleitungen. BBC-Mitt. Nr. 1, 2, 3 u. Nr. 9, 10, 1942, S. 308.

[39] DANNINGER, P.: WUMAG Görlitz, Mitteilung vom 2. 12. 1943.

[40] KRAFT, E. A.: Wie unter [23], S. 90.

[41] BÄSSLER: Schuhmann & Co., Armaturen und Apparatebau, Leipzig.

[42] HEINRICH, E. u. E. STÜCKLE: Wärmeübertragung von Öl an Wasser. Mitt. über Forschungsarbeiten, H. 271. Berlin: VDI-Verlag 1925.

[43] DANNINGER, P.: Berechnung der Öltemperatur von Ölkühlern. Elektrizitätswirtsch. Nr. 511, Juli 1930.

[44] PETERSEN, A.: Betriebseignung von wassergefüllten Ölkühlern. Arch. Wärmew. H. 19, 1938.

[45] SKALA, F.: Über das Altern von Isolier- und Dampfturbinenölen unter dem Einfluß des Eisen und seiner Oxyde in Kombination mit Kupfer. Dissert. TH Wien 1933.

[46] GUILHAUMAN, W.: Stopfbuchsschaltung der Dampfturbinen. Arch. Wärmew. H. 9, 1943.

[47] FALZ, E.: Grundzüge der Schmiertechnik. 2. Aufl. Berlin: Springer 1931.

[48] PETROFF, N.: Neue Theorie der Reibung. 1883.

[49] REYNOLDS, O.: On the theory of lubrication and its application to Mr. Beauchamp Tower's experiments. Phil. Trans. roy. Soc. Lond. 1886.

[50] SOMMERFELD, A.: Zur hydrodynamischen Theorie der Schmiermittelreibung. Z. Math. u. Phys. 1904. Zur Theorie der Schmiermittelreibung. Z. techn. Phys. 1921.

[51] GÜMBEL, L.: Das Problem der Lagerreibung. Monatsblätter Berlin, des Bez.-VDI, April u. Mai 1914.

[52] GÜMBEL, L. u. EVERLING: Reibung und Schmierung im Maschinenbau. Berlin: Krayn 1925.

[53] TOWER, B.: Proc. Inst. mech. Engrs., Lond. 1883.

[54] STRIBECK, R.: Die wesentlichen Eigenschaften der Gleit- und Rollenlager. Forsch.-Arb. H. 1, Z. VDI 1902.

[55] LASCHE, O.: Die Reibungsverhältnisse in Lagern mit hoher Umfangsgeschwindigkeit. Forsch.-Arb. H. 9, Z. VDI 1902.

[56] FREUDENREICH, J. v.: Untersuchung an Lagern. BBC-Mitt. 1917, H. 1—4.

[57] VIEWEG, V.: Bestimmung der Ölschicht in Lagern. Arch. Elektrotechn. 1919, H. 8.

[58] MEYER-JAGENBERG, G.: Lagerversuche. Werkstattstechn., 1924, 4, 3, 7 u. 8.

[59] SCHNEIDER, E.: Versuche über die Reibung in Gleit- und Rollenlagern. Dissert. TH Karlsruhe. Petroleum, Berl., Wien 1930.

[60] NÜCKER, W. u. E. HEIDEBROEK: Maschinenteile und Werkstoffkunde (Lagerversuche Nücker). Z. VDI, H. 37, 1930.

[61] DUFFING, G.: Reibungsversuche am Gleitlager. Z. VDI, 1928, 72.

[62] UBBELOHDE, L.: Zur Theorie der Reibung geschmierter Maschinenteile. Petroleum, Berl. 1912, 14, 16 u. 17.

[63] KIESSKALT, S.: Untersuchungen über den Einfluß des Druckes auf die Zähigkeit von Ölen und seine Bedeutung für die Schmiertechnik (Dissertation). Berlin: VDI-Verl. 1927.

[64] KIESSKALT, S.: Bedeutung der hydrodynamischen Lagerreibungstheorie für die Praxis. Z. VDI 1927, 71.

[65] KLEMENCIC, A.: Die Haftfähigkeit von Öl an Metall als Maß für die Schmierfähigkeit bei gemischter Reibung. Ing.-Arch. Bd. VI (1935) S. 183.

[66] KLEMENCIC, A.: Die Dynamik der Lagerreibungsmessung. Forsch. Ing.-Wes. Bd. 11 (1940) Nr. 3.

[67] KLEMENCIC, A.: Bemessung und Gestaltung von Gleitlagern. Z. VDI 27/28, 1943.

[68] VOGELPOHL, G.: Zur Klärung des Gleitreibungsvorganges. Öl u. Kohle, 1939, Nr. 37.

[69] KYROPOULOS, S.: Der gegenwärtige Stand der Schmierungs- und Schmierölfrage. Z. VDI 1930, H. 45.

[70] WOOG, P.: Die Bedeutung der molekularen Oberflächenerscheinungen für die Reibungsverminderung in den Fällen der unvollkommenen Schmierung. Der Ölmarkt 1927, H. 27/28 u. 29/30.

[71] HEIDEBROEK, E.: Neuere Probleme der Forschung und Konstruktion von Gleitlagern. Z. VDI, Bd. 83 (1939).

[72] KRAFT, E. A.: Wie unter [23], S. 50.

[73] KADMER, E. H.: Wie unter [20], S. 346.

[74] BRENNECKE, C.: Gleitlager mit Austauschwerkstoffen in Kraftmaschinen und Elektromotoren. Arch. Wärmew. 1940, H. 10.

[75] CONNELLY, J. R.: The Influence of crystal Size on the Wear Properties of a High-Lead-Bearing Metal, Trans. Amer. Soc. mech. Engrs. 1940, Nr. 4.

[76] SCHMID, E. u. R. WEBER: Gleiteigenschaften von Blei-Lagerlegierungen. Z. VDI 1942, Nr. 13/14.

[77] KUEHNEL, R.: Bewährung der metallischen Gleitlager-Werkstoffe im Spiegel des neueren Schrifttums. Z. VDI 1941, Nr. 9.

[78] FALZ, E.: Wie unter [47], S. 203.

[79] ZABEL, H.: AEG-Berlin, Mitteilung vom 16. 6. 1942.

[80] FLATT, E.: Neuere Entwicklung der Escher-Wyss-Dampfturbine. Escher-Wyss-Mitteilungen „100 Jahre Dampfturbinenbau", S. 60, 1942/43.

[81] MICHELL, A. G. M.: The lubrication of plane surfaces. Z. Math. Phys. Bd. 74 (1905) S. 236.

[82] KRAFT, E. A.: Wie unter [23], S. 51.

[83] RIBARY, F.: Aus Untersuchungen an Segmentlagern. BBC-Mitteilungen Bd. 20 (1933) S. 119.

[84] FREUDENREICH, J. v.: Neuere Untersuchungen an Segment-Kammlagern. BBC-Mitteilungen, Nov. 1941, S. 366.

[85] KREUTZ u. STRATIL: Erste Brünner, Mitteilung vom 20. 3. 1942.

[86] FALZ, E.: Wie unter [47], S. 213.

[87] KUSE, G.: AEG, Mitteilung vom 11. 12. 1943.

[88] Faudi Feinbau GmbH., Oberursel i. Ta.

[89] Schuhmann & Co., Leipzig: Armaturen-Apparatebau.

[90] H. Helms, Hemelingen bei Bremen, Metallwarenfabrik.

[91] KUSE, G.: Die Zahnradgetriebe. AEG-Dampfturbinen. Juni 1938, S. 29.

[92] MEDAHL, A.: Weshalb pfeift ein Getriebe? Wie wird das Pfeifen verhindert? BBC-Mitteilungen Nr. 9/10, 1942.

[93] BBC: BBC-Patent. Elektrotechn. Ztschr. 1913, 264.

[94] STEINITZ, E. W.: Richtige Maschinenschmierung. S. 62. Berlin: Springer 1932.

[95] MEDAHL, A.: Beitrag zur Theorie der Getriebeschmierung und der Beanspruchung geschmierter Zahnflanken. BBC-Mitteilungen 1941, S. 374. Zweckmäßigste Form eines Abwälzfräsers für Evolventenzahnräder. BBC-Mitteilungen 1940, S. 142.

[96] MELAN, H.: Neuere Entwicklungen im Hochdruckturbinenbau. Elektrizitätswirtsch. 1943, H. 9.

[97] BBC: Druckschrift CT 9002/S und BBC-Mitteilungen 1942, H. 3.

[98] FABER: BBC, Mitteilung vom 11. 6. 1943.

[99] PENZIG, F.: Sichtbarmachung von Temperaturfeldern durch temperaturabhängige Farbanstriche. Z. VDI Nr. 3, 1939.

[100] HÜTTNER, F. u. L. HIEBLE: Temperaturuntersuchungen an hochdruckseitigen Turbinenlagern. Arch. Wärmew. H. 1, 1941.

[101] SKALA, F.: Wie unter [45], Privatmitteilung vom 21. 3. 1940.

[102] VDEh: Wie unter [6], S. 105 u. 106.

[103] POWER: „Die Wärme". Ztschr. f. Dampfkessel- u. Maschinenbetrieb. Bd. 62 (1939) Nr. 25, S. 423.

[104] BEUERLEIN, P. u. K. L. KRYWALSKI: Zur Ölalterung in Maschinen unter Berücksichtigung verschiedener Lagermetalle. Öl u. Kohle. Bd. 38 (1942) S. 625.

[105] MASING, G.: Grundlagen der Metallkunde in anschaulicher Darstellung. Berlin: Springer 1940.

[106] SIEGEL, A.: Korrosionen an Eisen und Nichteisenmetallen. Berlin: Springer 1938.

[107] SIEGEL, A.: Wie unter [106], S. 61, 124.

[108] THOMSEN, T. C.: The Practice of Lubrication, Second Addition 1926, McGraw-Hill-Book Company, Inc. New York, S. 222/223.

[109] JELLINEK u. HOHN: Über Wechselstromkorrosion. Ztschr. Elektrotechn. u. Maschinenbau, 1934, H. 49, S. 577/583.

[110] SIEGEL, A.: Wie unter [106], S. 19.

[111] SIEGEL, A.: Wie unter [106], S. 7.

[112] BAADER, A.: Mitteilung vom 4. 2. 1944.

[113] FINK, M. u. U. HOFMANN: Über Reiboxydation. Z. VDI, Bd. 37, Nr. 36/37.

[*114*] Dies, K.: Die Reiboxydation als chemisch-mechanischer Vorgang. Z. VDI, Bd. 87, Nr. 29/30.

[*115*] Ehrt, M.: Über die Grübchenbildung an Schneckenrädern aus Bronze. „Der Maschinenschaden" 1939, Nr. 3, S. 37.

[*116*] Karas, F.: Dauerfestigkeit von Laufflächen gegenüber Grübchenbildung. Z. VDI, Bd. 85, Nr. 14, S. 341.

[*117*] Siegel, A.: Wie unter [*106*], S. 55.

[*118*] Ehrt, M. u. G. Kühnelt: Zerstörungen an Zahnrädern durch elektrischen Strom. „Der Maschinenschaden" 1942, S. 71.

[*119*] Faber: BBC, Mitteilung vom 11. 6. 1943.

[*120*] Lasche-Kieser: Konstruktion und Material im Bau von Dampfturbinen und Turbodynamos. S. 178. Berlin: Springer 1925.

[*121*] Suida, H.: Über die Alterung von Schmierölen. Öl u. Kohle Nr. 9 u. 10, 1937.

[*122*] Shell Techn. Dienst: Shell-Taschenbuch für Werkstatt und Betrieb. S. 130. Leipzig: Uhland 1939.

[*123*] RfM: Dampfturbinenöl. Richtlinien für die Bewirtschaftung und sparsame Verwendung. Merkblatt 7, hrsg. von d. techn. Abtlg. der Schmierstoffgemeinschaft der Reichsstelle für Mineralöl Berlin, Oktober 1944.

[*124*] Gurwitsch, L.: Wissenschaftliche Grundlagen der Erdölverarbeitung. 2. Aufl. Berlin: Springer 1924.

[*125*] WEV-Ölbewirtschaftung, wie unter [*2*], S. 22/23.

[*126*] WEV-Ölbewirtschaftung, wie unter [*2*], S. 24 u. 78.

[*127*] WEV-Ölbewirtschaftung, wie unter [*2*], S. 24.

[*128*] Hana, F. L.: Chemische Bestimmung von Ölverwendungsgrenzen, Verseifungszahl und Nbu als Kennwerte. Arch. Wärmew. Bd. 20 (1939) S. 3, 81 und Privatmitteilung 16. 5. 1941.

[*129*] Stäger, H.: Die Säurezahl und ihre Bedeutung für die Praxis. Petroleum, Berl. Nr. 15, 21 u. 24, 1930.

[*130*] Evers, F.: Neutralisations- und Verseifungszahl. Öl u. Kohle, Nr. 15, S. 141, 1940.

[*131*] WEV-Ölbewirtschaftung, wie unter [*2*], S. 44.

[*132*] Hana, F. L.: Turbinenölpflege im Großkraftwerk. Arch. Wärmew. Bd. 11. (1935).

[*133*] Evers, F.: Die Oxydation von Mineralölen. „Kraftstoff", Nov. 1939.

[*134*] Evers, F.: Auswertung von Alterungsversuchen an Mineralölen. „Kraftstoff" Januar 1941.

[*135*] Shell Techn. Dienst: „Schmierungsbuch für Turbinen". Hrsg. von der Rhenania-Ossag Mineralölwerke AG., Hamburg 1942.

[*136*] Shell Techn. Dienst: Richtlinien für die zweckmäßige Reinigung von Dampfturbinen. Rhenania-Ossag Mineralölwerke AG., Hamburg 1940.

[*137*] Michel, E. u. W. Dörrfeld: „Wegweiser zur wirtschaftlichen Maschinenschmierung". S. 112. Prag: Lapacek 1943.

[*138*] WEV-Ölbewirtschaftung, wie unter [*2*], S. 81—99.

[*139*] Uhthoff, E.: Ölersparnis bei Industrieturbinen. Arch. Wärmew., H. 1, 1937.

[*140*] Uhthoff, E.: Instandhaltung von Dampfkraftwerken. Z. VDI Nr. 37/38, Sept. 1937.

[*141*] Baader, A.: „Über den Wert der Regenerierung von Mineralölen. Motorenbetrieb und Maschinenschmierung, Nr. 7, 1936.

[*142*] Hana, F. L.: Die Regenerierung von gebrauchten Turbinen- und Transformatorenölen. Elektrizitätswirtsch. Nr. 411, Juni 1936.

[*143*] Stäger, H.: Über die Regeneration von Mineralölen. Schweizer Arch. angew. Wiss. Techn., H. 10, 1935.

[144] Stäger, H.: Über den Wert der Regenerierung von Mineralölen. Motorenbetrieb und Maschinenschmierung, Nr. 8, 1936.
[145] Heide, K.: Öl im Dampfkraftwerk. AEG-Mitt. 1931, H. 8, S. 485.
[146] Thomas, K.: Die Wiedergewinnung gebrauchter Mineralöle. Z. VDI Bd. 85 (1941) Nr. 2.
[147] WEV-Ölbewirtschaftung, wie unter [2], S. 100.
[148] Skala, F.: Zur Alterungsneigung regenerierter Isolieröle. Petroleum, Berl. 1936, XXXII, Bd. 50.
[149] Hana, F. L.: Isolierölpflege im Großkraftwerk. ETZ 1935, S. 859.
[150] Schick: Vorgänge beim Mischen von Mineralölen. Öl u. Kohle, 1937, S. 1157.
[151] Suida, H.: Wie unter [121], S. 201, 225 u. 229.
[152] Stanisavlievici: „Die Neutralisationszahl als Bewertungsmaßstab für die Alterungsbeständigkeit von Mineralölen. Öl u. Kohle, 1943, S. 313.
[153] Weiss, H. u. T. Salomon: Die Mineralöle in der Elektrotechnik. ÖPI-Veröffentlichung 8, Wien 1937.
[154] WEV-Ölbewirtschaftung, wie unter [2], S. 180.
[155] Bachmaier: Löschversuche bei Ölbränden an Turbinen. Elektrizitätswirtsch. Nr. 25, S. 617.
[156] WEV-Richtlinien für den Turbinenbetrieb. Berlin: Frank'sche Verlagsbuchhandlung 1937.
[157] Pohl, E.: Die Dampfturbine im Stillstand. „Der Maschinenschaden" 1940, H. 5/6, S. 42.

Sachverzeichnis.

Leipziger Druckhaus, Leipzig (III/18/203)
Gen.-Nr. 721/77/50.